AF246396

Les Anaérobies

par

M. JUNGANO   A. DISTASO

de l'Institut Pasteur

MASSON ET Cⁱᵉ, ÉDITEURS
120, boulev. Saint-Germain, Paris
1910

DÉPOT LÉGAL
Seine-et-Marne
N° 40
19

LES ANAÉROBIES

8° Td¹¹
326

COULOMMIERS

Imprimerie Paul BRODARD.

LES ANAÉROBIES

PAR LES DOCTEURS

M. JUNGANO
De l'Institut Pasteur.

A. DISTASO
De l'Institut Pasteur.

AVEC 58 FIGURES DANS LE TEXTE

PARIS

MASSON ET Cie, ÉDITEURS

LIBRAIRES DE L'ACADÉMIE DE MÉDECINE

120, BOULEVARD SAINT-GERMAIN, 120

1910

*Tous droits de traduction et de reproduction réservés
pour tous pays.*

A NOTRE MAÎTRE

M. ÉLIE METCHNIKOFF

Hommage

de reconnaissance, d'affection et d'admiration.

PRÉFACE

Si l'étude des microbes anaérobies a été jusqu'à présent assez négligée, c'est que les travailleurs étaient arrêtés par l'idée que la technique spéciale comporte de très grandes difficultés. Cependant le rôle de ces microbes dans la nature est immense. Il suffit de rappeler que ce sont eux qui occupent la première place dans les phénomènes de la putréfaction et dans nombre de fermentations, eux aussi qui constituent la plus grande partie de la flore intestinale de l'homme et de la plupart des animaux.

C'est donc une très heureuse idée qu'ont eue les auteurs du présent ouvrage, de réunir en un volume l'ensemble des connaissances actuelles sur un si vaste et si important sujet. Possédant à la perfection la technique microbiologique et tous les autres éléments de la science des anaérobies, ils facilitent à leurs lecteurs l'étude de ces microbes et contribuent à réaliser de nouveaux progrès dans ce chapitre de la microbiologie.

Il faut espérer qu'enfin, grâce aux livres comme celui-ci, il ne nous arrivera plus de lire des travaux sur la flore

intestinale où l'auteur passe sous silence tous les anaérobies, ainsi que cela s'est vu tout récemment dans un
mémoire sur les microbes du tube digestif du chien.

Ce guide pratique et théorique a sa place marquée dans
les laboratoires, et je lui souhaite tout le succès qu'il
mérite.

Élie METCHNIKOFF.

INTRODUCTION

Aujourd'hui il n'est plus question de monomorphisme et de pléomorphisme. Personne ne songe plus à nier la variabilité des bactéries.

On sait que lès bactéries sont des organismes très plastiques, qu'elles peuvent perdre ou acquérir la mobilité, perdre ou acquérir le pouvoir pathogène, qui, d'ailleurs, paraît bien être un caractère acquis dans le passage de la vie libre à la vie parasitaire; elles peuvent changer leur forme, leur pouvoir fermentatif, etc. Mais il est cependant légitime d'admettre une certaine fixité des caractères, qui a permis de distinguer les espèces.

La question de l'espèce a été portée sur le terrain de l'expérience, en zoologie par les travaux de Standfuss et Fischer et par Klebs en botanique.

Klebs[1] distingue dans une plante trois conditions :

1° Une structure spécifique, c'est-à-dire la composition chimique et physique d'une espèce déterminée;

2° Les conditions extérieures (thermiques, chimiques, mécaniques, etc.);

1. *Willkürliche Entwickelungsänderungen bei Pflanzen*, Iéna, G. Fischer, 1903.

3° Les conditions intérieures (ferments sécrétés, propriétés physiques du protoplasme, du suc cellulaire, de la
paroi cellulaire, etc.).

La condition 1 ne varie pas; tandis que 2 et 3 sont des
grandeurs variables, qui s'expriment avec la courbe de
Galton ou la loi de Quetelet (c'est-à-dire que la valeur des
qualités d'un organe, considérés chez un grand nombre
d'individus, oscille autour d'une valeur moyenne).

La notion de l'espèce que nous donne Klebs s'applique
parfaitement aux bactéries.

En effet, comme nous avons dit, on peut faire varier
les bactéries, mais jusqu'à maintenant personne n'a été
capable de transformer leur caractère de spécificité, et on
sait qu'on peut, en remettant dans leurs milieux de choix
les bactéries modifiées, leur restituer les propriétés chimiques ou morphologiques de l'espèce.

Ce n'est pas que nous songions le moins du monde à nier
l'origine commune des êtres organisés, ni la transformation des espèces, mais jusqu'ici ce domaine des origines
nous échappe.

Les bactéries sont des organismes qui, mieux que les
autres, à cause de leur simplicité, se prêtent à semblables
études.

Sans doute les bactériologistes sont naturellement
portés à étudier les microbes surtout en vue de la thérapeutique; mais chaque bactérie a une biologie spéciale, qui,
étudiée et connue, serait, pour les recherches médicales, de
la plus grande utilité. La révolution accomplie dans la
médecine par Pasteur a eu pour origine des travaux purement biologiques et chimiques.

Gardons-nous bien de décrire des variations individuelles
comme des caractères spécifiques. Les mutations ne sont

pas des acquisitions héréditaires. C'est ce que nous paraît enseigner l'exemple de l'*OEnothera Lamarkiana*.

Méfions-nous aussi des erreurs de laboratoire, des souillures et, principalement, des cultures impures. Si nous ne sommes pas extrêmement soigneux, il pourra bien nous arriver de décrire un microbe morphologiquement et, lorsque nous croirons étudier dans un autre milieu ses propriétés biologiques, d'avoir alors entre les mains un autre microbe.

Il peut paraître excessif de faire de semblables recommandations; mais à cet égard les anaérobies sont d'un maniement particulièrement délicat. L'exemple du *Vibrion septique* et *Bacillus Chauvaei*, l'exemple du *Putrificus* et du *Sporogenes*, sont assez significatifs.

C'est lorsqu'on étudie les anaérobies qu'il est le plus nécessaire de les définir par la série de leurs propriétés biochimiques, constatées sur les divers milieux appropriés: lait, gélatine, blanc d'œuf, amidon, sucre, etc.

Beaucoup de descriptions sont restées imparfaites, parce qu'elles sont restées incomplètes.

Certains caractères, décrits en un temps où l'emploi des milieux solides n'était pas encore universel, ne doivent être admis que s'ils ont été confirmés par les meilleures techniques.

Nous aurions voulu soumettre tous les microbes déjà décrits à une revision de ce genre : c'est un travail immense, qui doit faire pour le travailleur l'objet de monographies spéciales et qui dépasse le but que nous nous sommes proposé dans un modeste manuel. Cependant, lorsque nous nous sommes trouvés devant des descriptions discordantes, nous avons tenu à donner une note personnelle, chaque fois que nous avons eu en notre possession le microbe à étudier.

Nous avons tenté un essai de classification : tâche bien difficile, chacun le sait, mais qui trouve sa justification dans le désir de faciliter le travail du lecteur.

Il y a un nom que nous voulons citer avec reconnaissance, après celui de notre maître M. Metchnikoff. C'est celui de notre éminent collègue et ami le docteur Henri Tissier. Qui pouvait mieux nous guider dans ce domaine de la science des anaérobies, où il est incontestablement un maître? Nous lui sommes redevables de ce qu'il y a de meilleur dans ce petit livre.

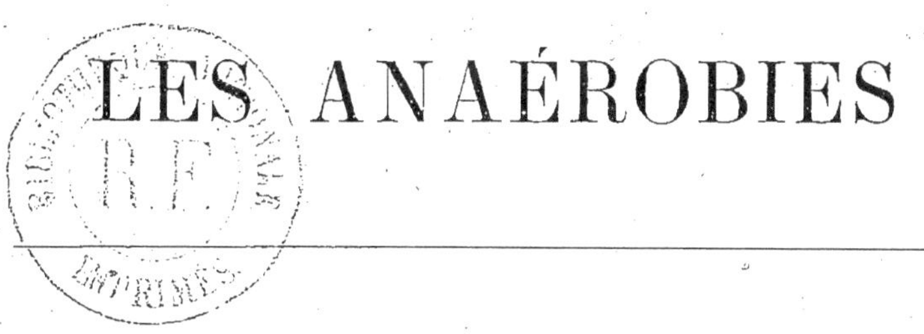

LES ANAÉROBIES

CHAPITRE I

HISTORIQUE

En 1861, Pasteur fait connaître que la fermentation butyrique est provoquée par un organisme microscopique et que cet organisme « vit sans oxygène libre ». Peu de temps après, il émet une théorie nouvelle de la fermentation, qui peut se résumer en ces mots : « la fermentation est la vie sans air ».

Le retentissement de ce nouveau fait et des idées pasteuriennes fut énorme, car il se trouvait en contradiction flagrante avec les lois admises jusqu'alors, qui établissaient que la vie et la végétation étaient inséparablement liées à l'intervention de l'oxygène libre de l'air. Continuant ses recherches, Pasteur signale (1865) la fermentation du tartrate de chaux, causée par un vibrion, ne vivant pas au contact de l'air. Dans la même année, il met en lumière le rôle de ces êtres particuliers dans la putréfaction et dans les nombreuses fermentations qui se passent dans le sol.

A ces microbes ne vivant pas au contact de l'air et de l'oxygène libre, Pasteur donna le nom d'anaérobies.

Avec la découverte du vibrion septique (1878), il nous apprend le rôle de ces microbes dans la gangrène gazeuse et fait faire à la pathologie un notable progrès.

Le principe de la vie sans air étant admis, on étudie le rôle des anaérobies dans certaines fermentations. En même temps, Liborius (1886), Lüderitz (1889), Okada (1892), Sanfelice (1893) cherchent ces mêmes anaérobies dans le sol et arrivent à isoler quelques nouvelles espèces. Gaerstner (1894) étudie les anaérobies dans les boues d'égouts.

1

Au même moment, de nombreux travaux étaient consacrés au vibrion septique, au b. Chauvaei, au b. de Nicolaïer.

Fuchs (1890), Lewy, Achalme, Welch (1891), Fränkel (1893), van Ermengen, Krönig et Menge (1897) faisaient connaître le résultat de leurs recherches personnelles, mais toutes ces observations restaient isolées et disparates et depuis Pasteur le rôle des anaérobies était resté très minime.

Pendant longtemps, ils n'ont formé qu'un groupe très restreint et personne, en raison des difficultés que l'on trouve à les cultiver et surtout à les isoler, n'avait essayé d'en faire une recherche systématique dans les différentes infections.

C'est à Liborius et à Veillon que l'on doit une technique qui présente, au point de vue de l'anaérobiose, tous les avantages de la méthode des plaques pour l'isolement des microbes aérobies et c'est grâce à cette méthode que le nombre des anaérobies, jusque-là très restreint, s'est enrichi de nouvelles unités. En outre Veillon et ses élèves ont établi les premiers la pathogénie des processus fétides et gangreneux, qui se développent dans les différents organes.

Il est actuellement de règle dans n'importe quel processus morbide de rechercher systématiquement les anaérobies sous peine d'être incomplet.

CHAPITRE II

TECHNIQUE

A. — EXAMEN MICROSCOPIQUE

Cet ouvrage n'étant pas un traité de bactériologie générale, mais un travail spécial concernant les anaérobies, il est bien évident que nous ne devons pas donner la technique habituelle des examens microscopiques : fixations des préparations, méthodes de coloration diverses, etc. On les trouvera dans tous les traités classiques.

Nous ferons remarquer simplement que la coloration des anaérobies est parfois assez délicate. Tantôt la gélose forme des masses englobant les microbes, tantôt les sucres, se caramélisant par la chaleur, viennent gêner la coloration.

Il existe aussi principalement parmi les anaérobies des espèces se colorant avec beaucoup de difficultés. comme le bacillus fundiliformis, le bacillus Albarrani, etc., ou ne prenant la couleur que par places (bifidus, bacille granuleux, etc.); encore un fait également important à noter, la vitalité de ces anaérobies étant en général précaire, dans toutes les préparations, il existe des individus morts, qui ne prennent pas ou prennent mal la couleur.

Pour obvier à tous ces inconvénients, nous conseillons de faire pour tout microbe, la coloration par la méthode de Gram et ensuite de recolorer la préparation par de la fuchsine alcoolique.

B. — PROCÉDÉS DE CULTURE

Méthodes anciennes pour cultiver les anaréobies. — Nous verrons tout à l'heure de quelle façon Pasteur procédait pour cultiver les anaérobies à l'abri de l'air. A cette époque il n'était question que de tubes, ballons, appareils, dispositifs spéciaux, permettant de faire des cultures en milieu liquide à l'abri de l'oxygène et, tant que l'on n'a pu cultiver les microbes que dans les milieux liquides, l'isolement des anaérobies n'a fait que très peu de progrès.

Koch (1881) a voulu appliquer aux anaérobies sa technique si féconde des cultures en plaques. Il cherchait à empêcher l'accès de l'air en déposant sur la gélatine étalée une plaque de mica.

Un grand pas est fait avec Liborius (1886) qui cultive des anaérobies, après les avoir isolés, dans des tubes de gélose en couche profonde, additionnés de glucose, dont il cherche le premier à utiliser les propriétés réductrices. Il construit un appareil permettant de faire des cultures en plaques, sous une cloche remplie d'hydrogène.

Toute une série d'appareils sont nés ensuite avec Blücher (1890), Botkin (1891), Hesse (1892), Novy (1899), Lubinski (1894), Migula (1896).

Esmarch (1886) applique à la culture des anaérobies sa méthode des plaques par enroulement. Il pratique l'ensemencement dans un tube de gélatine à 90°, agite pour répartir les germes et ensuite solidifie le milieu en roulant entre ses doigts le tube, à peu près horizontalement placé, sous un courant d'eau froide : la gélatine est aussitôt solidifiée.

Roux (1887), appliquant les deux principes de culture, soit dans le vide, soit en présence d'un gaz inerte, a imaginé une série d'appareils, permettant de faire développer les microbes anaérobies, dans tous les milieux solides et liquides en profondeur et en surface et de les isoler. Les tubes de Fränkel, de Gruber ne sont que des tubes de Roux modifiés.

Kitasato a fait des ampoules plates, Kamen, Roth, Beck, Bombicci des boîtes analogues à celles de Kitasato dans lesquelles on combine l'action du vide par une trompe à eau et du lavage par l'hydrogène.

Dans ces dernières années on a encore inventé des appareils pour la culture des anaérobies (Biffi, Bordet, Galvagno et Calderini, Meyer, Ruzicka, Zinserr, Ruata, etc.), des étuves à vide (Tretrop, Baginsky, Wiesnegg). A l'heure actuelle les tubes ou les appareils sont trop nombreux et tous présentent le même inconvénient : utilisables pour cultiver les microbes en culture pure, ils ne valent pas grand'chose pour les isoler.

Méthodes actuelles. — On peut classer en quatre catégories les différents procédés employés pour préparer les milieux nutritifs privés d'air.

1° **Procédé basé sur l'ébullition.** — Pasteur qui le premier a cultivé des microbes anaérobies, se servait des ballons de bouillon, dont il chassait l'air par l'ébullition prolongée. Dans ces ballons il pratiquait ensuite l'ensemencement, en empêchant l'entrée de l'air par un dispositif particulier. Des tubes spéciaux furent utilisés par Pasteur, Joubert et Chamberland, Nencki, Lacomme, des pipettes par Roux; des ballons à peu près pareils à ceux de Pasteur par Küfner, Rosenbach, etc.

Actuellement cette méthode est très peu employée seule; elle est au contraire d'un emploi courant en combinaison avec d'autres procédés.

2° **Procédé basé sur l'emploi des gaz inertes.** — On peut remplacer l'air contenu dans les milieux liquides de culture par un gaz inerte, qu'on y a fait barboter. On a tour à tour proposé l'azote, l'acide carbonique, le gaz d'éclairage, l'hydrogène. Mais l'azote est difficile à préparer, l'acide carbonique a un pouvoir antiseptique, le gaz d'éclairage contient des produits nuisibles pour les microbes, on utilise couramment l'hydrogène. L'hydrogène purifié est facile à préparer.

Lachowicz et Nencki (1884), Hauser (1885), Fränkel et d'autres ont préconisé l'emploi de ce gaz.

Toute une série d'appareils et de dispositifs ingénieux ont été inventés dans le but de remplacer l'air par l'hydrogène, mais nous croyons que l'appareil générateur d'hydrogène de Roux utilisé dans tous les laboratoires est le meilleur.

Ce procédé de remplacement de l'air par l'hydrogène, n'est employé actuellement qu'en combinaison avec d'autres procédés, comme nous le verrons ultérieurement.

3° **Procédé de l'extraction de l'air par des machines spéciales.** — A. *Machine pneumatique.* — Pour obtenir le vide on peut se servir d'une machine pneumatique quelconque.

B. *Trompe à eau.* — On utilise couramment les trompes à eau, bien qu'elles ne donnent qu'un vide imparfait. Ces trompes qui nécessitent une pression d'eau de 10-11 mètres sont d'une installation et d'un maniement facile et commode. Elles sont munies d'un indicateur de vide et peuvent, à l'aide de robinets, agir de concert avec un appareil à hydrogène de Roux.

C. *Pompe à mercure.* — Cet appareil permet d'obtenir un

vide presque parfait, mais a l'inconvénient d'être coûteux, fragile et d'un mouvement délicat et long. Il peut être mis en rapport avec un appareil à hydrogène et en combinant ainsi le vide et le lavage par ce gaz inerte, on arrive à chasser toute trace d'air des milieux de culture.

4° **Procédés basés sur l'emploi de substances ou de bacilles capables d'absorber l'oxygène**. — A. *Bacilles désoxydants*. — Pasteur avait constaté que certaines espèces microbiennes très avides d'oxygène, favorisaient la fermentation du tartrate de chaux, dont l'agent spécifique est un anaérobie strict. Roux a montré qu'on pouvait mettre à profit, pour cultiver les anaérobies, la propriété d'absorber l'oxygène que possèdent certains microbes strictement aérobies, en donnant des voiles épais, par exemple le bacillus subtilis, le mesentericus, etc. On pratique d'abord l'ensemencement du microbe anaérobie en milieu solide et à la surface on ensemence l'aérobie strict.

Utilisant cette méthode Debrand a montré, en effet, que le bacille tétanique en présence du bacillus subtilis, élabore un poison aussi actif que lorsqu'il se trouve à l'état de pureté.

Mécanisme de la symbiose aéro-anaérobie. — L'action favorisante des cultures des microbes aérobies sur celle des anaérobies peut être expliquée de quatre façons différentes : 1° par la théorie de Pasteur sur l'absence d'oxygène libre, consommé par les microbes aérobies ; 2° par la théorie des ferments solubles de Kedrowski ; 3° par la théorie des ferments organisés de OEttingen ; et enfin 4° par la récente théorie des substances réduites de Tarozzi.

Pendant longtemps on a cru, d'après les idées et les recherches de Pasteur, que les anaérobies ne pouvaient se développer dans les putréfactions courantes qu'après que les aérobies avaient absorbé l'oxygène libre dans les milieux de culture. Toute une série de recherches et celles fort intéressantes de Tarozzi ont prouvé que cette théorie n'expliquait pas tout le processus de l'anaérobiose.

Kedrowski, dès 1895, avait constaté que le clostridium butyricum se développait dans les milieux de culture non privés d'air si en même temps on y faisait pousser le bacillus prodigiosus. Le même fait se produit si au lieu du microbe vivant on ajoute des cultures mortes. Il pensait que l'explication de ce phénomène ne doit pas relever uniquement de l'absorption de l'oxygène par le microbe aérobie, mais aussi de la production d'une substance spéciale, probablement un ferment.

OEttingen a remarqué que si on ensemence deux tubes, l'un avec un microbe aérobie et l'autre avec un microbe anaérobie et si on met les tubes en communication par leur partie supérieure, on ne voit pas de développement de l'espèce anaérobie. Cette symbiose séparée, comme l'appelle OEttingen, prouve que l'absorption de l'oxygène par le microbe aérobie n'est pas suffisante pour permettre le développement de l'anaérobie. De plus, il n'a pas vu pousser le germe anaérobie même lorsqu'il ajoutait, comme avait fait Kedrowski, une culture morte d'une espèce aérobie. OEttingen est ainsi amené à penser que les aérobies vivants représentent eux-mêmes le ferment organisé permettant le développement des anaérobies en présence de l'air.

Tout récemment Tarozzi et Foà ont dit que le rôle des aérobies dans la symbiose avec les anaérobies n'est pas uniquement de désoxyder le milieu, mais de produire aussi une substance encore inconnue, favorisant le développement de ces derniers.

B. *Substances réductrices diverses.* — Plusieurs auteurs ont ajouté aux milieux de culture différentes substances réductrices. Kitasato et Weil ajoutaient 0,3-0,5 p. 100 de formiate de soude, Salomonsen le sulfo-indigotate de soude, 0,1 p. 100, Liborius, Sanfelice et Veillon la glucose; d'autres auteurs ajoutent le pyrogallate de soude, le phosphore, etc.

Nencki, le premier, s'est servi de l'acide pyrogallique pour réaliser l'anaérobiose et pour la vérifier. Mais c'est Büchner qui utilisa le pyrogallate de soude qui possède la propriété d'absorber très énergiquement l'oxygène. Il chasse d'abord par l'ébullition l'air d'un tube de bouillon, le refroidit rapidement et pratique l'ensemencement. Ce tube est disposé dans un deuxième tube plus grand au fond duquel on a versé quelques centimètres cubes d'une solution alcaline d'acide pyrogallique.

> Acide pyrogallique. . . . . } āā 1 gramme.
> Potasse caustique . . . . }
> Eau distillée.   10   —

Ce deuxième tube est fermé avec un bouchon qu'on recouvre avec de la cire Golaz. Un tube de 100 centimètres cubes de capacité est ainsi débarrassé au bout de 24 heures, de tout son oxygène.

Sellards a utilisé le phosphore comme absorbant de ce

dernier gaz. D'après cet auteur, au bout de 2 heures on aurait, dans des appareils très simples inventés par lui, une absorption complète de l'oxygène, démontrée par la décoloration de l'indigo et du bleu de méthylène. L'action des vapeurs d'eau n'est pas à craindre, car en présence d'un excès de potasse ou de magnésie, l'anhydride phosphorique, produit par l'oxydation du métalloïde, est rapidement saturé.

a) *Milieu de Tarozzi.* — Tarozzi se demanda si l'oxygène empêche directement le développement de ces germes, ou bien s'il est un obstacle à la production des phénomènes de réduction dans les milieux nutritifs ordinaires. Après plusieurs tentatives il constata que si on ajoute, soit en permanence, soit simplement pendant quelques heures, à un tube de bouillon ou de gélose ordinaires, peu propices au développement des anaérobies, un fragment d'organe de préférence parenchymateux fraîchement enlevé à un animal, ces milieux deviennent très favorables [1]. Il constata également que ces mêmes milieux additionnés de ces organes perdaient cette propriété, quand ils ont été portés à 107°.

D'après cet auteur ces fragments de tissus agiraient d'une manière indirecte laissant diffuser dans les milieux nutritifs des substances capables de favoriser le développement des germes anaérobiés. Il attribue l'action empêchante de la chaleur à des phénomènes d'oxydation de ces substances réductrices.

Grixoni réussit à cultiver les anaérobies en ajoutant aux milieux ordinaires de l'extrait glycériné de foie tyndalisé à 55° ou des sels d'ammonium.

Bandini en desséchant et pulvérisant le coagulum albumineux qui se produit dans la préparation du bouillon ordinaire, constate qu'un peu de cette poudre, ajoutée au bouillon le rend propice au développement des anaérobies en présence de l'air. Ce même résultat est encore mieux obtenu avec de la poudre provenant de la macération des organes. Ces poudres gardent pendant plusieurs mois cette propriété, même étant stérilisées à l'autoclave ou encore stérilisées à la chaleur sèche à 130° pendant 1 heure.

---

1. Hesse, cité par Roux, avait réussi, en 1887, à obtenir un développement du vibrion septique, en faisant pénétrer jusque dans le fond du tube de gélatine un fragment d'un animal mort de septicémie. La culture se faisait autour des fragments.

Ori, Wrzosek constatent plus tard que les anaérobies poussent dans les milieux ordinaires, quand ceux-ci sont additionnés de morceaux de tissu végétal (pomme de terre) soit cru, soit préalablement stérilisé à 120° pendant 15 minutes.

Reprenant l'idée de Grixoni, Liefmann puis Pfuhl obtiennent des cultures d'anaérobies à l'air libre en ajoutant aux milieux ordinaires des substances minérales, telles que le sulfate de fer ammoniacal, le sulfate de zinc ammoniacal (Liefmann), la mousse de platine (Pfuhl). Ce dernier auteur arrive au même résultat en ajoutant une catalase connue sous le nom de lépine.

Après une nouvelle série d'expériences, Tarozzi confirme d'abord d'une manière générale les faits constatés par Ori et par Wrzosek, mais il ajoute que souvent les milieux de ces auteurs ne permettent pas un développement complet des germes, et d'autre part que ces milieux perdent leur propriété favorisante beaucoup plus rapidement que ceux additionnés de morceaux crus d'organes d'animaux. Tarozzi suppose que le rôle favorisant du tissu cru et celui du tissu chauffé sont différents. Le tissu cru constitue par lui-même un substratum propice au développement des anaérobies, au contraire le tissu traité par la chaleur n'agit plus en servant d'aliment pour les germes, mais en facilitant les phénomènes de réduction des substances oxydables du bouillon.

Bandini, Girardi ont étudié le mécanisme de l'anaérobiose dans les milieux de Tarozzi. Pour Girardi les tissus n'auraient pas une influence directe sur le développement des germes et n'agiraient qu'en absorbant l'oxygène contenu dans les milieux nutritifs. Plusieurs faits viennent à l'appui de cette dernière opinion. Le bouillon additionné de suc hépatique, de même que le bouillon ordinaire glucosé, perdent leur propriété favorisante quelques jours après leur préparation comme s'ils avaient épuisé leur action absorbante sur l'oxygène. L'action des sucs d'organes serait une action amorçante. Sitôt la végétation commencée, la présence de l'oxygène ne serait plus fâcheuse sur le développement ultérieure des anaérobies, en raison de la grande quantité de gaz qui se dégage et qui pendant quelque temps reste dans le milieu nutritif.

Guillemot et Mlle Szczawinska ont repris et répété les expériences de Tarozzi, Ori, Wrzosek avec des fragments de tissus animaux ou végétaux et ont montré que des substances très variées, telles que la moelle de sureau, les champignons comestibles, les graines de légumineuses, donnent les mêmes résultats. Toutes ces substances n'agissent que comme des absorbants de l'oxygène du milieu. Ils ont en outre mis nettement en évidence l'action réductrice de ces fragments de tissus, en utilisant les milieux colorés au bleu de méthylène. La désoxydation ainsi produite est souvent limitée à une zone restreinte, mais il suffit pour créer une petite zone d'anaérobiose permettant l'amorçage des cultures, fait déjà constaté par Girardi. Une fois commencé le développement des germes gagne de proche en proche même dans des zones saturées d'oxygène, cela grâce à une action également désoxydante, mais celle-ci d'ordre microbien.

Nous avons, de notre côté, ensemencé dans les milieux de Tarozzi (tissus animaux) et de Ori (végétaux) plusieurs anaérobies et obtenu des cultures évidentes. Le bacille du tétanos, le vibrion septique, le charbon symptomatique, le bacillus perfringens et plusieurs espèces s'y sont bien développés ; cependant la vitalité de ces bactéries s'épuise au bout de quelques jours et beaucoup plus vite que dans les milieux à l'abri de l'air. D'autres microbes qui poussent mal dans les milieux ordinaires liquides n'ont pas poussé dans les milieux de Tarozzi, de Ori et Wrzosek. Bien entendu, ces derniers milieux ne se prêtent pas à l'isolement des microbes.

b) Milieux de Liborius-Veillon. — Nous devons à Veillon une technique aussi précise que simple.

Veillon a perfectionné la méthode de Liborius.

En 1886 Liborius faisait connaître une méthode de culture des anaérobies, basée sur le double principe de l'élimination de l'air par l'ébullition et de l'emploi de substances qui absorbent l'oxygène. Le premier il employa les milieux nutritifs solides en couches profondes.

Il imagina de liquéfier la gélatine ou de la gélose, additionnée de glucose à 2 p. 100 et de procéder à l'ensemencement, en faisant des dilutions progressives dans une série de tubes qu'il faisait ensuite solidifier rapidement en les plongeant dans l'eau froide.

Par les dilutions progressives, les microbes sont bien partagés dans le milieu de culture et les colonies se forment et se développent à distance les unes des autres.

Pour examiner ces colonies, Liborius jetait, alors, dans une boîte de Petri stérile, la masse de gélatine ou de gélose et les partageait en fragments avec un instrument stérile.

La méthode de Liborius était très pratique et donnait à peu de frais une anaérobiose presque complète. Mais elle présentait un inconvénient capital : on était, en effet, obligé de casser un tube toutes les fois que l'on voulait isoler une colonie pour l'étudier ; de plus le cylindre de gélose, placé dans la boîte de Petri, glissant très facilement, il était alors souvent difficile ou même impossible d'atteindre avec le fil de platine la colonie qu'on voulait examiner. Lorsque, en outre, la colonie était placée au centre du cylindre de gélose, la tâche devenait presque impossible.

Enfin, inconvénient capital, on laissait la boîte de Petri découverte pendant toute la durée de ces manœuvres. Modifiant la technique de Liborius, Veillon réalise l'isolement des diverses colonies d'une manière bien plus élégante. A l'aide de pipettes longues et minces, il atteint facilement dans le milieu la colonie qu'il veut étudier sans sacrifier le tube de culture et surtout sans le contaminer.

Nous décrirons brièvement la méthode de Veillon que nous avons employée dans nos recherches et qui nous semble de beaucoup la plus pratique et la plus sûre.

Préparation des milieux de culture : on prend 600 grammes de viande de bœuf [1] hachée et on la laisse bouillir 10 minutes dans 1 litre d'eau [2]. On ajoute ensuite : 1 p. 100 de peptone, 0,5 p. 100 de chlorure de sodium [3] et 1,5 p. 100 de gélose. On porte à l'autoclave à 100° pendant 20 minutes pour fondre la peptone, le sel et la gélose et pour faire précipiter les albuminoïdes ; on alcalinise. Lorsque la température est descendue à 45° on ajoute un blanc d'œuf délayé dans de l'eau, en agitant bien la masse, puis du sucre dans la proportion de 1,5 p. 100 [4], préalablement dissous dans un peu d'eau à basse température.

---

1. Proca (1896), Cohendy (1902), Lotti (1908) estimant que l'isolement des microbes nécessite un milieu nutritif aussi voisin que possible du milieu naturel ont préparé des bouillons pour l'étude de la flore intestinale, en utilisant les intestins et les glandes annexes des différents animaux.

2. Veillon recommande de faire macérer la viande pendant 2-3 jours avant de la faire bouillir.

3. Veillon n'ajoute plus le chlorure de sodium, ne le croyant pas utile.

4. Tissier a signalé dans ses travaux sur la putréfaction que dans les milieux contenant moins que 1 p. 100 de sucre les bactéries empêchantes ne produisent plus assez d'acides pour gêner le développement des autres espèces. Il conseille donc de ne jamais mettre dans les milieux plus de

Il faut alors dans la cuisson [1] ultérieure à l'autoclave ne pas dépasser 120° pour éviter la caramélisation du sucre qui rendrait presque opaque le milieu nutritif. On porte à l'autoclave à 120° et on filtre à travers un filtre Chardin (en hiver la filtration sera faite à l'autoclave à 100°). On répartit le liquide filtré dans des tubes (de 17 centimètres de longueur et 1 cm. 7 de diamètre) à raison de 10 à 12 centimètres de hauteur.

Lorsque tout a été fait bien correctement et que la température n'a jamais dépassé 120°, le filtrat est limpide et si on le refroidit rapidement dans de l'eau on a une masse compacte et transparente.

Il ne reste qu'à boucher les tubes et à les reporter une dernière fois à l'autoclave à 110° pendant 20 minutes, sans dépasser 115° pour éviter les précipités.

Gélatine. — On se sert soit de gélatine ordinaire, soit de gélatine additionnée de glucose à 1,5 p. 100 et on en remplit des tubes à hauteurs différentes de 5 et de 8 centimètres.

Autres milieux : Bouillon. — On doit avoir à sa disposition des tubes contenant du bouillon Martin et du bouillon ordinaire additionné des principaux sucres : glucose, saccharose, dextrine, lactose, dans la proportion de 2 p. 100.

Lait. — On répartit dans des tubes, jusqu'à une hauteur de 8 à 10 centimètres du lait de vache, recueilli le plus aseptiquement possible et auquel on peut ajouter 25 centimètres cubes de teinture bleue de tournesol par litre. On stérilise à l'autoclave à 110° pendant 20 minutes.

On se sert aussi couramment dans les laboratoires de bouillons ordinaires et même d'eau physiologique contenant de petits cubes de blanc d'œuf cuit. Le milieu est utile pour étudier l'action des microbes sur l'albumine cuite.

On peut mettre dans l'eau physiologique ou dans le bouillon diverses autres substances comme pomme de terre, carotte, amidon cuit, papier, etc., suivant les recherches qu'on veut entreprendre.

0,8 p. 100 de sucre, par exemple 0,4 de glucose et 0,4 p. 100 de sucre moins facilement dissociable comme le lactose ou le saccharose. Il est incontestable qu'avec du lactose les colonies gazogènes donnent moins de gaz (communication orale).

1. L'opération du collage est la plus importante; nous recommandons de bien laisser l'autoclave à 120° pendant une demi-heure ou trois quarts d'heure.

C. — MÉTHODE POUR L'ENSEMENCEMENT

Après avoir prélevé le plus aseptiquement possible la matière
à examiner, on fait d'abord plusieurs examens microscopiques,
coloration de Gram, avec ou sans recoloration, on regarde s'il
y a plusieurs espèces microbiennes afin de déterminer approxi-
mativement la quantité à ensemencer et on fait encore 4-5 frottis
que l'on met de côté sans les colorer. Lorsque l'étude bactériologique des cultures sera terminée, peut-être aura-t-on besoin
de savoir si un microbe est capsulé ou non, sporulé, comme il
se présente dans le pus et dans les cultures. C'est alors que l'on
utilisera les préparations en les colorant suivant le besoin.
Il ne faut jamais négliger cet examen préliminaire et ne jamais
faire l'ensemencement sans se rendre préalablement compte du
nombre approximatif des espèces microbiennes : le négliger,
c'est s'exposer à perdre un nombre assez considérable de tubes
ou même à perdre un cas très intéressant. Après avoir fait
l'examen préliminaire, on fera fondre un certain nombre de
tubes de gélose qu'on laisse ensuite refroidir entre 40° et 45°
en les maintenant à cette température. Si le matériel prélevé
est riche en microbes, on prend une pipette bien effilée, on
la stérilise à la lampe et on se sert de cette pipette comme
d'une anse de platine, on dilue dans un premier tube, dans un
second et successivement dans une série de tubes. Si le matériel contient peu de microbes, ou, si tout en étant riche, on a
eu soin de le diluer suffisamment dans du bouillon stérile, on
aura besoin de se servir de moins de tubes pour l'ensemencement primitif. On plonge ensuite ces tubes dans l'eau froide
en hiver, dans l'eau glacée en été, au fur et à mesure de leur
ensemencement. Ce procédé, par le déséquilibre de température
qui se produit ramène à la surface les quelques bulles d'air qui
pourraient avoir pénétré dans les tubes pendant l'ensemencement. On met les tubes à l'étuve à 37°. Si on a bien pratiqué l'ensemencement (et c'est là le grand secret pour l'isolement des anaérobies), c'est-à dire si les dilutions ont été bien
faites, les colonies apparaissent assez séparées pour se prêter à
un prélèvement facile; dans le cas contraire, on perd facilement
10 à 15 tubes sans arriver à isoler un seul microbe. Lorsque
les dilutions ont été mal faites, il est impossible de reprendre
l'ensemencement, même en prélevant le matériel de l'un des

derniers tubes : cela arrive souvent surtout quand il y a plusieurs espèces gazogènes. Le mieux dans ce cas est de mettre de côté les tubes sans perdre plus de temps et d'en tirer une leçon pour l'avenir. Au fur et à mesure que les colonies se développent, il est nécessaire de les réensemencer dans des nouveaux tubes pour pouvoir identifier les espèces microbiennes. Or, pour prélever une colonie, on se sert d'une pipette effilée à pointe cassée; par capillarité et grâce à des mouvements de va-et-vient, la colonie est aspirée. Cela est facile quand la colonie est grosse et située peu profondément. Mais, quand on se trouve en présence de petites colonies, quelquefois punctiformes, il faut procéder au prélèvement en se servant, pour l'aspiration dans la pipette, comme l'a conseillé Guillemot, d'un tube de caoutchouc simple, de diamètre moyen, assez résistant, long environ de 40 centimètres. Avec ces colonies, ainsi prélevées, on fait l'ensemencement dans 2, 3, 4 tubes de gélose sucrée en couche profonde. Quelques jours après l'ensemencement, les colonies occupent toute la longueur de la colonne de gélose : en haut, ce sont les aérobies facultatifs et les aérobies stricts qui poussent. A partir de 2 à 3 centimètres de la surface et jusqu'au fond ce sont les anaérobies stricts qui se développent. Nous savons par l'expérience de nos devanciers et par la nôtre propre, qu'il faut, surtout au début, prélever, isoler et réensemencer toutes les colonies qui, dans la zone d'anaérobiose, sont différentes entre elles. Il est utile, surtout quand la colonie est grosse, d'en prélever une parcelle pour en faire des frottis, puis l'ensemencer à nouveau. Cette précaution est nécessaire, dit Rist, et nous sommes sur ce point tout à fait de son avis, car l'aspect morphologique des colonies anaérobies est beaucoup plus inconstant que celui des colonies aérobies. On peut rencontrer dans le même tube, d'après cet auteur, deux colonies absolument différentes au point de vue morphologique et qui, examinées au microscope, appartiennent à une seule et même espèce. Vice versa deux colonies d'aspect identique peuvent appartenir à deux espèces différentes. On comprend comment cette variabilité morphologique complique l'isolement des espèces (Rist). Si nous sommes d'accord avec Rist sur ce point, que deux microbes différents peuvent donner des colonies d'aspect identique, nous croyons qu'il est bien rare qu'un même microbe puisse donner des colonies d'aspect complètement différent. Chaque microbe donne des colonies en général assez spéciales. Il peut y avoir des différences de grosseur, mais il y en a rarement de plus marquées.

Nous avons dit qu'il ne suffit pas, pour admettre qu'on se trouve en présence d'un microbe anaérobie de constater que ce dernier ne s'est développé que dans la profondeur de la gélose. Il faut toujours faire la contre-épreuve et cela, en faisant l'ensemencement dans les milieux ordinaires (bouillon, gélose, gélose-ascite). Un premier critérium pour savoir si un microbe, isolé bien entendu, est anaérobie strict, peut être tiré de son mode de développement exclusif dans la profondeur du milieu solide. En général, les colonies se développent réunies plus ou moins uniformément, avec une zone de développement très accentuée à 1 à 2 centimètres de la surface de la gélose. Mais ce qui est caractéristique c'est l'arrêt brusque du développement de la culture à 2 centimètres de la surface[1]. Dans quelques cas, on constate que le développement commence juste à la zone limite et gagne peu à peu la profondeur.

Gélose inclinée. — On liquéfie des tubes de gélose dont on chasse l'air par l'ébullition, on incline la gélose, on laisse solidifier. On ensemence, on tire ensuite le tube à la lampe, on fait le vide et on ferme à la lampe dans la partie étirée.

Cultures en gélatine. — La technique des cultures en gélatine est basée sur les mêmes principes que celle des cultures en gélose : dilutions progressives et refroidissement rapide. Aussitôt que l'on a fait l'ensemencement, on laisse descendre, le long de la paroi du tube, de la gélose liquide (3 à 4 cm³). De cette façon, la gélose solidifiée constitue une sorte de bouchon imperméable. Les anaérobies, si l'on excepte quelques espèces, poussent en général très tardivement et maigrement dans la gélatine. En été on fera l'ensemencement dans de petits tubes de gélatine sucrée dont on extraira l'air par la pompe et on fermera à la lampe. On gardera les tubes à la température de 37°. En les retirant de l'étuve, on conclura du fait que la gélatine se solidifie ou reste liquide dans un courant d'eau glacée que l'on a affaire à une espèce liquéfiante ou non.

Cultures dans les milieux liquides. — On peut faire l'ensemencement, dans des tubes de bouillon glucosé contenant

---

1. Quand on a employé au lieu du glucose du lactose on remarque que cette zone de 1 à 2 centimètres est fort diminuée (communication orale de Tissier).

quelques centimètres d'huile de vaseline liquide à leur surface. Au moment de s'en servir on chasse l'air par l'ébullition et on laisse refroidir rapidement. Pour procéder à l'ensemencement, on tient de la main gauche le tube incliné, de telle façon que la couche d'huile s'étalant le long de la paroi du tube permette à la pipette chargée, d'entrer directement en contact avec le bouillon. A ce moment on pousse en soufflant le contenu de la pipette et par une ou deux aspirations, on effectue l'homogénéité du mélange. On peut faire de même l'ensemencement dans des tubes de bouillon glucosé sans huile de vaseline, on y fait alternativement le vide et le rinçage à l'hydrogène. Lorsque l'air a été chassé et le rinçage à l'hydrogène suffisant, on ferme les tubes à la lampe. Ce dernier procédé nous semble de beaucoup préférable.

Isolement des anaérobies par la méthode des cultures en plaques. — Koch (1884) a voulu appliquer aux anaérobies sa technique des cultures en plaque et pour empêcher l'accès de l'air déposait sur la gélatine étalée une plaque de mica. A.-S. Robin (1905) recouvre une couche d'agar lactosée à 1,2 p. 100 par de l'eau gélosée à 1,2 p. 100 qui forme un opercule très adhérent. Tarozzi (1906) utilise la boîte de Petri ordinaire, mais fermée à l'émeri pour empêcher l'accès et le renouvellement de l'air. Comme milieu nutritif il emploie la gélose glucosée alcalinisée, chauffée à l'avance à l'autoclave à forte pression. Ce milieu doit former dans la boîte une hauteur de 1 centimètre. Pour mieux assurer la fermeture de la boîte, Tarozzi paraffine la ligne de clôture formée par les deux moitiés. Marino (1907) additionne à des tubes contenant 30 à 35 centimètres cubes de la gélose glucosée à 5 p. 100, privée d'air par l'ébullition, et lorsque la température est descendue à 42°, 1 centimètre cube de sérum de lapin ou de cheval, préalablement chauffé à 55° pendant 20 minutes. Il pratique ensuite l'ensemencement par des dilutions progressives dans plusieurs tubes. Après avoir fait tous les ensemencements, on verse la gélose de chaque tube dans la moitié la plus large d'une boîte de Pétri et on la recouvre de la seconde moitié, en tournant vers le haut l'ouverture de celle-ci. Ainsi le milieu est compris et pressé entre deux surfaces de verre parfaitement stériles. Marino, pour plus de commodité, recommande de stériliser les boîtes de Pétri en disposant les deux moitiés dans la situation où elles doivent se trouver, après l'introduction de la gélose entre elles. On n'a ainsi qu'à soulever la partie supérieure et on évite toute souillure des faces qui doivent rentrer en contact avec le milieu de culture. Pour éviter toute contamination par l'air extérieur, on recouvre le tout par une plaque plus grande qui est stérilisée en même temps que les plaques sous-jacentes. Liefmann, Fehrs, et Sachs-Müke (1908) versent jusqu'à déborder de la gélose, additionnée d'une substance réductrice, dans une moitié de boîte de Pétri. Ils placent ensuite sur la gélose, dont le niveau dépasse légèrement les bords de la moitié de la boîte, une plaque de verre qui ne laisse subsister ainsi aucune bulle d'air entre son niveau inférieur et la surface de la gélose.

Parmi les méthodes des cultures en plaques, la meilleure est sans doute celle de Marino. Celles de Liefmann, de Fehrs et Sachs-Muke viennent ensuite. Mais nous devons tout de suite dire que la méthode de Marino, très commode lorsqu'il s'agit d'étudier un microbe déjà en culture pure, n'est pas une bonne méthode d'isolement. D'abord, lorsqu'on fait l'ensemencement, on est mal protégé contre les poussières de l'atmosphère, ensuite lorsqu'on est obligé, pour prélever une colonie, de détacher l'une de l'autre les deux surfaces de verre, il arrive que le milieu se désagrège et on ne retrouve plus la colonie qu'on voulait repiquer. Si on la retrouve, elle a souvent été en contact en même temps que d'autres colonies avec le liquide de condensation. En outre, une fois la boîte ouverte on ne peut plus la remettre utilement à l'étuve. Ainsi, nous sommes convaincus que la méthode de Marino, qui *a priori* devrait rendre la tâche de l'isolement des microbes anaérobies moins difficile, est loin d'être préférable à celle de Liborius-Veillon. Celle-ci n'est pas non plus une méthode idéale, mais, telle qu'elle est, elle peut rendre d'assez bons services.

Les insuccès constants obtenus par toutes ces méthodes se servant de milieux en plaque s'expliquent de la façon suivante : toutes ces substances, gélose ou gélatine, en se solidifiant emprisonnent de l'air. La gélose ordinaire s'en imprègne jusqu'à une profondeur de 3 à 4 centimètres, la gélose glucosée jusqu'à une profondeur variant entre 1 et 2 centimètres ; la gélose lactosée entre 0,5 et 1 centimètre. La gélatine glucosée peut s'en imprégner jusqu'à 3 et 4 centimètres. Or, jamais dans ces façons de faire on n'emploie des couches des substances nutritives de cette épaisseur. Ces plaques épaisses de 1 à 2 centimètres au plus seront donc, quoi qu'on fasse, toujours imprégnées d'une petite quantité d'oxygène. On se rendra compte facilement de ces particularités, en incorporant dans le milieu de l'indigo ou d'autres substances colorantes. Toutes les parties contenant de l'oxygène resteront colorées, celles qui n'en contiennent pas seront incolores.

D. — AÉROBISATION DES ANAÉROBIES

Nous devons en terminant signaler que Rosenthal aurait réussi à adapter à la vie aérobie des microbes anaérobies stricts. Il y serait arrivé par plusieurs procédés dont les plus importants sont :

1° *Gamme ascendante de pression*, c'est-à-dire par une série de repiquages faits à des pressions de plus en plus fortes jusqu'à pratiquer la culture à la pression atmosphérique.

2° *Gamme descendante de hauteur*, c'est-à-dire en diminuant progressivement la colonne de milieu nutritif.

Les quelques recherches que nous avons faites ne nous permettent pas de confirmer les résultats expérimentaux de Rosenthal.

E. — INJECTIONS AUX ANIMAUX

Certains anaérobies poussent facilement dans les milieux liquides. Dans ce cas, on peut inoculer par n'importe quelle voie. Il en est d'autres qui poussent très difficilement ou même ne poussent pas du tout dans les milieux liquides. Dans ce cas, on peut injecter les animaux soit sous la peau, soit dans le péritoine, avec des cultures en gélose. La gélose ne trouble pas le résultat de l'injection car, comme J. Hallé l'a déjà démontré depuis longtemps, on peut introduire impunément une quantité même considérable de gélose stérile, soit sous la peau, soit dans le péritoine, et la résorption s'accomplit rapidement. On voit, assez fréquemment, des anaérobies isolés dans des processus même gangreneux, n'avoir aucun ou qu'un faible pouvoir pathogène pour les animaux. Ce fait s'explique facilement de la façon suivante : on a l'habitude d'isoler et de cultiver les anaérobies en milieux sucrés précisément à cause du pouvoir réducteur du sucre. Or, comme Tissier l'a démontré, l'acidité produite par les microbes ferments des sucres, arrête non seulement leur développement, mais encore la production de leur diastase et de leur toxine.

CHAPITRE III

RÔLE DES ANAÉROBIES

A. — LES FERMENTATIONS DANS LA NATURE

On sait que dans la nature s'accomplissent des phénomènes très complexes de synthèse et de décomposition, qui servent à maintenir l'équilibre dynamique.

Ces phénomènes sont rangés sous le nom générique de « fermentation ».

Ce mot fermentation est dû à ce que dans ces divers processus il se produit des gaz. C'est un fait général, qui cependant ne serait pas sans souffrir quelques rares exceptions.

L'étude de la fermentation est unie intimement à celle de la génération spontanée, depuis Lewenweck (1632) et les expériences classiques de Redi et Spallanzani jusqu'à Guignard, qui supposait la fermentation due à des organismes vivants.

Jusqu'alors deux théories étaient en présence : celle de Liebig ou théorie chimique, en vertu de laquelle la fermentation est un mouvement moléculaire, et celle de Guignard ou théorie vitale.

Liebig avait établi une distinction entre la fermentation et la putréfaction. Cette dernière pour lui ne s'arrête pas une fois commencée, tandis que la fermentation a besoin d'un ferment pour continuer sa marche.

En 1857, Pasteur démontra dans une série de mémoires, la fausseté de l'idée de la génération spontanée et établit que l'origine de l'acide lactique du sucre est l'œuvre de micro-organismes.

La même année, Pasteur démontra que la fermentation alcoolique est due à une activité vitale. Les expériences de ce savant donnent la preuve documentée de la vérité des hypothèses de Stahl et Guignard.

La théorie chimique de Liebig tombe pour ne jamais revivre et les travaux de Pasteur ouvrent une ère nouvelle à la science.

En 1861, Pasteur fait la mémorable découverte du vibrion butyrique, lequel transforma le lactate de chaux en acide butyrique, dans les conditions d'anaérobioses.

La biologie vient d'être enrichie d'un fait nouveau et très important : la vie sans oxygène.

Ce fait bien constaté, fait émettre à Pasteur son aphorisme : « La fermentation est la vie sans air ».

Bien que cet aphorisme n'aie pas la portée générale que Pasteur voulait lui donner, il n'en est pas moins vrai que c'est là le fait principal.

On doit noter que non seulement la substance organique est dédoublée par les anaérobies, mais aussi que dans le monde minéral, ces derniers jouent un rôle très important.

La découverte faite par Beijerinck, du spirillum desulfuricans, qui transforme le sulfate en sulfite, en est un exemple.

En dehors de la théorie de Pasteur, il y a celle de Nägeli, qui prend une position moyenne entre Pasteur et Liebig, en soutenant la théorie « physico-moléculaire » de la fermentation.

A côté de la théorie purement vitaliste, s'est formée la théorie diastasique de la fermentation (Kühn).

Cette théorie, tout en ne niant pas l'importance de la fermentation due à des microorganismes (ferments organisés), admet l'œuvre importante d'une substance sécrétée par la cellule vivante, appelée diastase ou ferment inorganisé.

Le premier qui a donné de cette théorie une démonstration expérimentale est Miquel qui isola dans la fermentation de l'urée, l'urease, produit du micrococcus uræa.

Une autre preuve importante, appuyant cette théorie fut donnée par Buchner, lequel en 1879, isola la *zymase* ou l'alcoolase, qui peut dédoubler le sucre en alcool et acide carbonique.

Les recherches à ce sujet se sont multipliées et aujourd'hui personne ne nie l'importance des diastases dans les fermentations.

Nous allons maintenant passer en revue, aussi succinctement que possible, les fermentations principalement dues aux microbes anaérobies stricts.

1° *Fermentation des matières hydrocarbonées.*

a) La fermentation de la cellulose. — Cette substance forme la partie principale de la membrane cellulaire des plantes.

Sa formule empirique est $(C_6H_{10}O_5)_n$.

L'acide sulfurique transforme la cellulose en une substance insoluble, laquelle devient bleue en présence d'iode. Quand on fait agir longtemps l'acide sulfurique, il se produit de la dextrine qui, après dilution dans l'eau et cuisson, se transforme en glucose.

Selon Omelianski il y a plusieurs celluloses, lesquelles se comportent différemment vis-à-vis des divers agents chimiques.

Par exemple, les groupes extrêmes résistent à l'hydrolyse et à l'oxydation, tandis que les autres (oxycelluloses) sont doués d'un moindre pouvoir de résistance. Il y a d'autres groupes encore (pseudocelluloses, hémicelluloses) qui se décomposent en présence d'acides dilués et sont plus ou moins solubles dans les alcalis.

La fermentation de la cellulose est des plus importantes dans la nature, parce que c'est à elle que nous devons la transformation de la grande masse de la cellulose, qui s'accumule chaque jour à la surface de la terre.

C'est sans doute cette fermentation qui nous rend compte de la formation et de l'accumulation du charbon fossile.

Le mécanisme de la décomposition de la cellulose serait suivant Hoppe-Seyler :

1re phase Hydratation de la cellulose et formation d'une hexose.

$$C_6H_{10}O_5 + H_2O = C_6H_{12}O_6.$$

2e phase. Décomposition de l'hexose en méthane et CO_2 et peut-être avec formation préalable de produits secondaires.

$$C_6H_{12}O_6 = 3CO_2 + 3CH_4.$$

Mais après le travail d'Omelianski il est hors de doute que cette réaction ne soit pas la véritable, parce qu'il se forme toujours, à côté du méthane et de l'oxyde de carbone, de l'hydrogène.

Omelianski prétend que la fermentation de la cellulose s'accomplit en deux étapes : la première est celle de la production du méthane, l'autre celle de la production de l'hydrogène.

La manière dont Omelianski a réalisé ces deux fermentations, démontre qu'on a affaire à deux microbes très différents par leurs propriétés biologiques.

En effet, l'agent de la fermentation du méthane, on l'obtient tout simplement en ensemençant dans le milieu d'Omelianski du fumier ou de la boue; au contraire l'agent de la fermentation de l'hydrogène, on l'a en chauffant les matières à 75° pendant un quart d'heure.

En outre cet auteur n'a jamais pu constater que l'une des fermentations sé transformât en l'autre.

Les expériences *in vitro* nous renseignent très bien sur les phénomènes qui se passent dans la nature. Il est évident que la fermentation à méthane sert à préparer le terrain à l'autre, en donnant les énormes quantités de calories nécessaires au développement des spores.

b) **La fermentation de la pectine.** — La pectine est un hydrate de carbone; très voisine du mucilage des plantes et des gommes, elle se trouve dans les fruits, dans le coton et associée à la cellulose dans le méristème et dans la membrane cellulaire.

Elle dérive d'une substance insoluble dans l'eau, le pectose, transformable par l'action des acides dilués, des alcalis ou par un ferment, la pectase, en acide pectique ou pectine qui est ensuite dédoublé en acide inconnu et en pentane ou hexane.

Sur les agents spécifiques de cette fermentation, appelée rouissage, nous sommes. très mal renseignés. On a décrit plusieurs microbes capables de cette action, et on ne sait même pas s'il s'agit vraiment d'une fermentation exclusivement due à des microbes anaérobies, car Haumann puis Beijerink et van Delden ont montré que quelques espèces de *mesentericus* peuvent aussi attaquer la pectine.

Cette fermentation a été décrite la première fois par van Tieghem qui l'a attribuée à son amylobacter (vibr. butyricus de Pasteur et clostridium butyricum de Prazmovski).

Ensuite Beherens l'a attribuée à son clostridium dans le rouissage du lin; Fribes et Winogradski, Beijerinck et van Delden à un autre microbe, le granulobacter pectinivorum. Ce que nous devons conclure de tout ceci c'est qu'il semble exister plusieurs agents susceptibles de donner lieu au phénomène du rouissage.

c) **Fermentation de l'amidon.** — Peu de microbes attaquent en général l'amidon. Parmi les principaux nous devons signaler en premier lieu le bacillus butyricus. Cette attaque semble se faire en deux temps. Dans une première phase l'amidon est transformé en dextrine et dans un deuxième temps cette dextrine est dédoublée à son tour. Nous devons signaler, parmi les microbes attaquant l'amidon, le bacille perfringens (Achalme, Tissier et Martelly).

d) **Fermentation des sucres.** — La plupart des microbes anaérobies, que nous signalons dans ce travail, attaquent les sucres, glucose, lactose, etc.

Dans cette attaque il se produit en général de l'acétone, de l'alcool, des acides gras, de l'acide carbonique, de l'hydrogène, etc. En général ces fermentations sont toujours très complexes. Nous ne connaissons pas jusqu'ici un microbe anaérobie strict donnant un seul alcool ou un seul acide. La plupart donnent 2 ou 3 ou 4 acides. Il existe sur ce point une véritable lacune en ce qui concerne les anaérobies stricts. Les chercheurs semblent s'être très peu préoccupés de ces questions chimiques. Leur attention semble avoir été presque uniquement attirée par l'action pathogénique de ces bactéries.

Tout ce que nous savons, c'est qu'on trouve de l'acide formique dans les cultures du microbe de Ghon et Sachs, de l'acide acétique dans les cultures du bifidus, de l'acide propylique dans celles du microbe de Ghon et Mucha, de l'acide valérianique dans les cultures du perfringens, de l'acide butyrique, de l'acide baldrianique dans les cultures de deux microbes décrits par Rodella; acide capronique (Rodella), de l'acide lactique dans les cultures du bifidus, de l'acide succinique, de l'acétone, des alcools méthylique et éthylique.

Mais l'intensité avec laquelle ces microbes dédoublent les sucres est extrêmement variable. Tandis que certains ont une action rapide non seulement sur les hexoses, mais aussi sur les corps hydrocarbonés à noyau plus complexe comme la dextrine et l'amidon, il en est d'autres dont l'action est insignifiante; elle semble se borner au plus simple de tous ces corps, le glucose et encore se produire parfois avec une lenteur toute spéciale.

Il est un fait qui nous semble digne de remarque, c'est que les microbes dont l'action est rapide ont tendance à donner des acides à noyau complexe, comme acide butyrique et valérianique (perfringens), tandis que ceux dont l'attaque est plus lente, mais tout aussi forte, donnent des acides à noyau plus simple, ex. : bifidus. Autre fait que tous les microbes à attaque rapide donnent des gaz tandis que les microbes à attaque lente n'en donnent pas.

Comme nous venons de le voir, beaucoup de ces microbes ne sont pas de véritables ferments acides. Nous considérons, comme l'ont fait Tissier et Martelly, sous ce nom de ferments acides ou de ferments mixtes ceux qui sont capables de fournir une quantité totale d'acide susceptible d'arrêter l'action d'une diastase de type trypsine, c'est-à-dire une acidité supérieure à 2 p. 100 en H_2SO_4. Cette quantité d'acide est en effet très variable. Nous avons des microbes dont l'acidité d'arrêt est de 0,47 seulement, d'autres, comme le bifidus, dont cette même acidité peut atteindre 4,90. Ceux-là seulement seront à proprement parler de véritables ferments mixtes.

Nous devons faire une mention spéciale pour la fermentation butyrique. C'est en effet la mieux et la plus anciennement étudiée de toutes.

e) **La fermentation butyrique.** — Cette fermentation a été découverte par Pasteur en 1861. Elle est due à l'action d'agents spéciaux, qui dans les conditions d'anaérobiose, dédoublent les hydrates de carbone, l'acide lactique et peut-être aussi la mannite et la glycérine en acide butyrique, en hydrogène et oxyde de carbone.

La formule classique par laquelle on a représenté schématiquement cette réaction est la suivante :

$$2C_3H_6O_3 = C_4H_8O_2 + 4H + 2CO_2$$
Lactose.   Ac. butyrique.

Mais on doit tout de suite noter, comme nous l'avons vu plus haut, que l'acide butyrique n'est pas le seul produit qui se forme dans cette fermentation très compliquée ; à côté de lui se produit de l'acide lactique (Fitz, Grassberger) qui n'est pas transformé en acide butyrique et, comme produits secondaires, on trouve presque toujours des acides acétique, propionique et valérianique.

On doit encore noter que quoique Hueppe, Löffler et Adametz aient décrit des microbes aérobies qui produisent l'acide butyrique, pourtant jusqu'à maintenant on n'a pas trouvé un seul aérobie qui donne l'acide butyrique comme produit primaire. Il y a dans ce chapitre de la bactériologie très peu de clarté, car la fermentation butyrique est une des plus répandues et se trouve n'être pas seulement le produit de décomposition des hydrates de carbone, mais aussi de la molécule d'albumine.

Pour cette raison si nous voulions classer les microbes selon leur pouvoir de produire de l'acide butyrique dans leurs cultures, nous nous trouverions très embarrassés, parce qu'il serait facile de démontrer que tous en produisent.

La notion de ferment butyrique devrait d'abord être restreinte et l'on devrait réserver le nom de microbes butyriques à ceux qui produisent de l'acide butyrique comme produit principal, mais cette définition est-elle suffisante pour nous mettre à l'abri de la critique? Von Hibler, tout récemment, a montré que l'acide butyrique ne se trouve pas constamment dans les mêmes proportions dans les cultures d'un même échantillon et qu'il varie jusqu'à n'être plus qu'un produit secondaire. Il a démontré encore que les produits de fermentation sont fonction de la composition des milieux nutritifs. Un autre exemple qui confirme les expériences de von Hibler est la variété acétique du bacille butyrique de Tissier qui a constaté dans ses cultures 10 p. 100 d'acide acétique et 1 p. 100 d'acide butyrique.

Les recherches classiques de Grassberger et Schattenfroh ont montré qu'un même microbe, celui du charbon symptomatique, peut donner dans des conditions favorables de l'acide butyrique et dans les conditions différentes de l'acide lactique comme produit principal. Grassberger et Schattenfroh dans un essai de classification divisent la grande famille des butyriques en quatre sous-familles :

1. *Le groupe du bacille mobile de l'acide butyrique* (amylobacter), lequel fait fermenter les hydrates de carbone, ne forme pas d'hydrogène sulfuré et donne comme produit principal de l'acide butyrique.

2. *Du bacille du charbon symptomatique* qui sporule dans la condition naturelle et ne sporule pas dans la condition dénaturée. L'une et l'autre forme font fermenter les hydrates de carbone; elles donnent de l'hydrogène sulfuré; il n'est pas rare qu'elles décomposent complètement l'albumine. Dans la condition naturelle, il y a comme produit principal de la fermentation de l'acide butyrique et, dans la condition dénaturée, il se forme principalement de l'acide lactique.

3. *Le groupe du vibrion septique* qui fait fermenter les hydrates de carbone; souvent il produit la putréfaction. Il forme des hydrates de carbone, principalement de l'acide lactique et régulièrement de l'alcool éthylique.

4. Le groupe du bacille butyrique qui produit la putréfaction (bac. putrificus et cadaveris sporogenes); il fait fermenter les hydrates de carbone, il provoque régulièrement la putréfaction. Il transforme les hydrates de carbone en acide lactique et donne régulièrement de l'alcool éthylique.

Cet essai de classification des agents spécifiques de la fermentation butyrique nous semble mauvais, parce qu'on pourrait ranger d'abord dans ce système tous les microbes connus, étant donné que dans presque toutes les cultures on peut trouver de l'acide butyrique. Ensuite il n'y a pas de raison pour mettre à côté l'un de l'autre un peptolytique et un protéolytique vrai, qui accomplissent vis-à-vis de la molécule vivante des fonctions tout à fait différentes.

Classer signifie réunir les organismes d'après leurs propriétés chimiques, physiologiques et morphologiques. Or, au point de vue chimique, la formation de l'acide butyrique, comme nous l'avons montré, n'est pas la fonction exclusive d'un même groupement bactérien. Prenons par exemple le butyrique de Klecki et le putrificus. Le premier donne de l'acide butyrique aux dépens des hydrocarbonés, le deuxième n'en donne qu'aux dépens de la matière albuminoïde.

Prenons d'autre part ce même microbe de Klecki et le perfringens. Tous les deux donnent de l'acide butyrique aux dépens des matières hydrocarbonées et leur action sur la cellule vivante est totalement différente. Il ne nous semble pas logique de réunir dans une même classe des microbes si différents.

Les travaux de Grassberger et Schattenfroh nous apprennent qu'un organisme peut se transformer; qu'il est soumis à des variations biologiques, qu'il entraîne des variations dans ses produits d'échange; qu'il peut acquérir des propriétés qui s'éloignent de celles de sa race originelle, mais il ne nous a pas donné de preuve qu'il y ait en effet des liens, des formes de passage entre ces divers microbes. Cette partie phylogénétique du travail a manqué son but, parce que d'abord von Hibler et ensuite nous-mêmes avons tenté de reproduire les expériences de Grassberger et Schattenfroh sur le perfringens. Mais rien ne nous autorise à admettre la transformation de cette espèce immobile en une espèce mobile.

Nous ferons la même réflexion sur la transformation du charbon symptomatique en bacille perfringens.

Pour nous donc il y a une fermentation butyrique, mais sa généralité ne nous permet pas de nous en servir pour la classification des microbes.

2° *Fermentation des matières albuminoïdes (Putréfaction).*

On appelle putréfaction la fermentation des matières albuminoïdes. Par cet important processus les substances de structure moléculaire complexe sont réduites en composés de constitution très simple.

Nous connaissons la molécule d'albumine jusqu'à 50 p. 100 de sa constitution seulement et nous ne pouvons pas, à cause de ces notions insuffisantes, grouper les différents produits de la décomposition organique et suivre du commencement jusqu'à la fin toutes les étapes de la désintégration.

Ce que nous savons de ces phénomènes c'est qu'ils sont de nature hydrolytique et dus à des enzymes d'origine bactériennes, qui agissent dans une première période de manière à donner les mêmes produits qu'avec les enzymes de la digestion; ensuite vient une autre décomposition plus profonde, d'où naissent un grand nombre de substances qui appartiennent à la série grasse, en partie à la série aromatique et en partie à celle hétérocyclique.

Les produits appartenant à la série grasse sont : les acides capronique, valérianique, butyrique, succinique, en outre le méthane, le méthylmercaptan, etc.

Les produits des 2ᵉ et 3ᵉ séries se divisent selon Salkowski en trois groupes : 1° le groupe du phénol, tyrosine, oxyacides aromatiques, crésol; 2° le groupe du phényl avec l'acide phénylacétique et l'acide phénylpropionique; 3° le groupe de l'indol qui contient l'indol, le scatol, l'acide scatolacétique et l'acide scatolcarbonique. Ces produits prennent origine dans la putréfaction au contact de l'air, tandis que dans la putréfaction anaérobie, selon Nencki et Bovet, on obtiendrait seulement de l'acide paraoxyphénylpropionique, de l'acide phénylpropionique et de l'acide scatolacétique.

Ces trois acides prennent leur origine des trois acides aminés correspondants (tyrosine, acides phénylaminopropionique et scatolaminoacétique (indolaminopropionique). Ces derniers acides existeraient préformés dans la molécule d'albumine.

Comme derniers produits nous devons placer les corps les plus simples, produits ultimes de la fermentation : ammoniaque, acide carbonique, hydrogène sulfuré, hydrogène.

Les différentes étapes de la putréfaction sont peu connues au point de vue chimique, elles le sont mieux au point de vue bactériologique. On connaît maintenant les microbes de la putréfaction, leurs actions successives.

a) **Fermentation de l'albumine.** — Tout ce que nous savons jusqu'à présent sur ce point provient des analyses de Wallach, données dans le travail de Bienstock, et des travaux de Tissier et Martelly.

Wallach a en effet trouvé, dans les cultures du bacillus putrificus faites sur fibrine, en milieu de Utschinski-Fränkel, des peptones dont la quantité diminue avec l'âge de la culture, des amines, de la leucine, tyrosine, de l'NH_3, des acides acétique, butyrique, valérianique, paraoxyphénylpropionique, de l'H_2S, jamais de phénol ou d'indol. Mais au bout de 3 semaines, sur 30 grammes de fibrine on ne trouve plus que 0,02 p. 100 d'albumine insoluble, 0,1285 p. 100 de peptone et 0,70 p. 100 d'extractives On trouve aussi des bases toxiques, telles que les ptomaïnes, ayant tous les caractères des alcaloïdes. Cette attaque de l'albumine se produirait selon Tissier et Martelly au moyen d'une diastase trypsique très active, susceptible de digérer en 8 à 15 jours 30 grammes de fibrine. — Ces derniers auteurs ont également étudié l'action du bacille perfringens sur la fibrine. Ils ont trouvé dans les cultures contenant de la fibrine, dans le liquide de Utschinski Fränkel, du CO_2, H_2S, du phénol, de l'indol, des protéoses (6,51 pour 350 gr. de liquide) des traces d'albumine insoluble, des amines, leucine, tyrosine, urée (1,5 p. 100), de l'NH_3, du carbonate d'ammoniaque (0,25 p. 100), des acides propianique, butyrique, valérianique. Cette attaque se fait également au moyen d'une diastase de type trypsique, susceptible de digérer la fibrine ou le blanc d'œuf, sans production de gaz ou d'indol, ni de phénol. Cette diastase s'arrête, comme celle du putrificus, dans un milieu contenant 1,50 à 1,70 de H_2SO p. 1 000.

b) **Putréfaction de la viande de boucherie.** — Nous empruntons au beau travail de Tissier et Martelly les conclusions qu'ils donnent à ce sujet. « Tout d'abord : la viande prise à la boucherie, aussi fraîche que possible, contient tous les germes nécessaires à sa complète putréfaction, germes qui ne se multiplieront que lorsque le milieu leur sera devenu favorable.

« Étudions la putréfaction au contact de l'air. Nous connaissons la composition d'une viande fraîche, nous l'avons indiquée ; nous savons que dès les premières heures la fermentation des sucres est active et qu'il se produit une attaque légère des albuminoïdes puisque dès 24 heures on trouve : protéoses 1,56 p. 100, poids d'extractifs 1 gr. 17 p. 100, leucine, tyrosine, amines, trace d'ammoniaque. Les ensemencements nous montrent des aérobies ferments mixtes ; microccus flavus liq., staphylocoque blanc, bac. coli, streptocoque pyogène, diplococcus griseus non liq., b. filiformis.

« Au bout de 3 à 4 jours, la réaction acide est moins nette ; l'attaque des albumines a beaucoup augmenté : l'odeur commence à être légèrement putride. Le milieu étant désoxydé, les anaérobies vont apparaître Ce ne sont encore que des ferments mixtes : b. perfringens, b. bifermentans sporogenes.

« Au bout de 8 à 10 jours, le sucre a disparu, les matières grasses saponifiées sont devenues des savons ammoniacaux, la glycérine est brûlée, l'odeur est très fétide. Les peptones atteignent 3,40 p. 100, le poids extractif 2,47 p. 100. Tout indique l'attaque rapide de la matière protéique (présence de phénols, d'indol, H_2S, d'amines, d'ammoniaque, etc.). On trouve alors les ferments protéolytiques, b. putridus gracilis, b. putrificus et des peptolytiques purs : diplococcus magnus anaerobius, proteus Zenckeri, en plus des bactéries précitées.

« Au bout de trois semaines, un mois, l'analyse chimique indique que l'attaque se produit plus au fond, que les protéoses et les corps extractifs eux-mêmes subissent l'action bactérienne. Les ferments protéolytiques mixtes se montrent moins vivaces et moins nombreux dans les isolements. Ils vont disparaître peu à peu pour laisser la place aux protéolytiques purs qui vont pulluler.

« A partir de cette époque, l'attaque semble se ralentir. L'albumine insoluble est peu abondante, les peptones sont en voie de décroissance. Vers le cinquantième jour, elles sont encore de 1,399 p. 100. Le b. putrificus commence à donner des spores, les aérobies sont moins nombreux, on note encore le b. coli, le diplococcus griseus non liq., le b. filiformis.

« Au bout de 3 mois, les espèces restantes ne vivent plus que sur les déchets et les substances dérivées. Les protéoses : 0,488, les poids d'extractifs : 1,24. Au bout de 4 mois, la viande est devenue une masse noirâtre, visqueuse, ne dégageant plus d'odeur. Elle ne contient plus de peptones, le poids d'extractifs : 0,192, l'ammoniaque : 0,13. Les isolements ne montrent plus que du b. putrificus et du b. gracilis putridus, des aérobies, il ne reste que le diplococcus griseus non liq.

« Telle est la marche résumée d'une putréfaction au contact de l'air.

« Quant le milieu est privé d'air, l'action désoxydante des bactéries aérobies n'a plus besoin de se produire et l'apparition des anaérobies est plus rapide, mais elle se fait cependant dans un ordre identique.

« Toutes les espèces existaient dès le début, car nous nous sommes servis de la même viande, répartie dans des ballons bouchés et stérilisés. »

Il résulte en outre de ces travaux qu'il y a une opposition marquée entre les protéolytiques simples et les protéolytiques mixtes.

En effet la vie du putrificus dépend de la quantité du sucre et de l'albumine que le milieu contient. On peut très facilement se persuader de ce fait en ensemençant le perfringens et le putrificus dans un même milieu sucré. On verra que ce dernier ne pousse pas alors que le premier pousse abondamment.

Ces microbes protéolytiques mixtes exercent donc un véritable rôle empêchant de la putréfaction.

Cette action empêchante n'est pas due d'autre part à une force antagoniste comme croyait Bienstock, mais à l'acidification du milieu, ainsi que l'ont démontré Tissier et Martelly.

C'est ainsi que le lait stérilisé est un bon milieu pour le développement du putrificus, tandis que le lait non stérilisé est un mauvais milieu du fait des microbes empêchants qu'il contient.

Cette action empêchante de quelques microbes vis-à-vis de ceux de la putréfaction, joue un rôle capital dans l'intestin.

Entre les microbes empêchants ou producteurs d'acide il faut nommer le coli et le lactis aerogenes, le bacillus bifidus, l'acidophilus et les bacilles lactiques.

C'est grâce à l'action empêchante de ces derniers microbes que les fonctions intestinales pourront s'accomplir sans danger pour le bien général de l'organisme. Ils sont des microbes bienfaisants, car ils empêchent les microbes de la putréfaction de se développer et de sécréter leurs poisons.

Metchnikoff a montré dernièrement l'existence constante dans

l'intestin humain du perfringens, du putrificus et du sporogenes et on comprend très facilement quel rôle ils joueraient
dans les intoxications, s'il n'y avait pas les microbes empêchant
leur développement.

Bienstock a nié l'existence du putrificus dans l'intestin
humain. Il s'appuie notamment sur le travail de Conradi qui a
isolé du coli une endotoxine, capable à la dilution de 1/100 000
de surpasser la valeur des plus forts antiseptiques et de l'acide
phénique même. Cet antiseptique empêcherait toutes espèces
microbiennes de se développer à côté du coli. Or tout bacté-
riologiste sait qu'il existe dans l'intestin de nombreuses espèces à côté de ce dernier microbe. Pour beaucoup d'auteurs le
bacille putrificus existe à l'état constant chez l'homme adulte.

Que doit-on penser du rôle des anaérobies dans la putréfaction? Est-elle due à ces bactéries uniquement comme le voulait
Pasteur, où est-elle possible sans leurs concours?

Des recherches de Tissier et Martelly il résulte que les aérobies sont impuissants à accomplir à eux seuls une putréfaction,
exception faite toutefois pour le staphylococcus et le proteus,
et que les anaérobies seuls y parviennent facilement mais d'une
façon plus lente. Au contraire, la symbiose de ces deux catégories représente la meilleure combinaison possible pour la putréfaction de la viande.

Il faut noter d'autre part que dans chaque putréfaction il y a
toujours des anaérobies, lesquels ont un rôle prépondérant.
Ainsi reste, selon nous, encore debout l'idée de Pasteur.

Poisson. — Il existe, sur la putréfaction de la viande de
poisson, un travail de Samuel Ulrich qui nous apprend qu'il
n'existe dans ces cas, avec quelques anaérobies facultatifs, que
deux espèces d'anaérobies stricts seulement : l'un qu'il rapproche
du saccharobutyricus, mais qui par son action sur le lait doit
être identifié au perfringens ; l'autre est un microbe que l'auteur
n'a pu isoler.

c) **Fermentation du lait.** — Nous devons maintenant étudier
ce qui se passe dans la putréfaction spontanée du lait. Il semble
qu'ici les anaérobies, selon Tissier et Gasching, jouent un rôle
secondaire. Nous empruntons à ces auteurs les conclusions de
leur travail. « Tout d'abord comme l'ont déjà vu de nombreux
auteurs, le lait contient, à la sortie de la laiterie, tous les germes
nécessaires à sa complète putréfaction, germes qui ne se multiplieront que lorsque le milieu leur sera devenu favorable.

Mais, les champignons impriment à la marche générale un caractère plus marqué que les bactéries. Nous avons bien noté avec le bacille putrificus une odeur plus fétide et peut-être une désintégration plus rapide de la caséine, et ces différences sont, surtout dans les échantillons d'été, assez importantes. Elles sont cependant plus marquées quand on empêche ou ralentit le développement des moisissures. Leur rôle est si important que l'on peut de ce fait ralentir ou arrêter les processus de destruction.

En résumé, nous voyons qu'on peut considérer deux phases :

1° Phase des ferments mixtes, causant une fermentation acide complexe, puis une fermentation lactique et enfin une fermentation lactique, propionique et butyrique.

Les ferments simples agissent simultanément jusqu'à la coagulation du lait.

Les champignons détruisent les acides produits et attaquent la caséine.

2° Phase des ferments simples qui achèvent l'attaque de l'albumine et de ses dérivés ultimes.

Donc, si, dans ses lignes générales, la putréfaction du lait se rapproche de celle de la viande, il est évident que, dans le détail, il existe de grosses différences, dont les principales portent sur la longue durée, la fétidité moindre, la présence constante et essentielle de moisissures, etc.

Elles sont probablement dues à la quantité et à la nature du sucre du lait qui exige, pour sa destruction, la présence de ferments très actifs, dont les déchets empêcheront ou gêneront la destruction de la caséine et à la nature de cette albumine en solution ou en suspension dans un liquide aéré (Marshall). Cet ensemble de circonstances rend nécessaire la présence des moisissures et empêche l'action des protéolytiques et surtout des anaérobies, qui, lorsque le milieu leur sera redevenu favorable, auront, en grande partie, perdu leur activité première. »

B. — IMPORTANCE DES ANAÉROBIES
EN PATHOLOGIE HUMAINE

Nous venons de voir dans le chapitre précédent l'importance des anaérobies dans les processus de destruction des matières organiques, hydrocarbonées, albuminoïdes. Il est clair que les cavités naturelles de l'homme, étant elles-mêmes privées d'air, seront un milieu très favorable pour le développement de ces espèces. Comme nous le verrons plus loin, l'enfant venant au monde, encore sans défense, sera au bout de peu de temps infecté par ces microorganismes, dont il pourrait devenir la proie facile, si les défenses naturelles ne s'établissaient vite. Les recherches récentes ont démontré la présence de ces espèces anaérobies dans les cavités saines naso-pharyngienne, buccale, stomacale, intestinale, urétrale, génitale et les culs-de-sac conjonctivaux.

Depuis longtemps les cliniciens, ne tenant compte que des caractères extérieurs, connaissaient trois sortes de pus, ayant des caractères bien définis. Dans une suppuration ordinaire le pus — *pus bonum* et *laudabile* — est crémeux, jaune foncé, sans odeur et on y trouve en général des coli. Dans les abcès froids le pus est représenté par un liquide séreux, louche, contenant en suspension des grumeaux; il donne au repos deux couches, l'une, la supérieure, liquide, pâle; l'autre inférieure solide, d'une couleur gris sale. Ce pus est le plus souvent dû au bacille de Koch, mais on peut le rencontrer dans d'autres infections, telles que l'actinomycose, la sporotrichose, la lèpre, etc. Dans une troisième classe les suppurations sont fétides. Le pus est plus fluide, plus liquide que le pus louable, il a une couleur sale, verdâtre, noirâtre, brunâtre, chocolat, il tient en suspension des grumeaux déchiquetés, son odeur est fécaloïde. La structure histologique de ce dernier pus est différente de celle des pus précédents. Tandis que dans le pus *bonum* et *laudabile* on trouve beaucoup de cellules intactes, se colorant bien avec différenciation du noyau de la substance protoplasmique, dans le pus fétide il y a une destruction cellulaire presque complète, on n'y trouve que des fragments de cellules. Les rares leucocytes que l'on voit sont vésiculeux et leurs noyaux se colorent mal; les éléments sont déchiquetés, déformés, réduits à des fragments non reconnaissables. Aussi tous ces fragments forment des détritus, les préparations sont sales, quoique soigneusement faites. Au point de vue bactériologique on note une abondance considérable de microorganismes, c'est une véritable purée de microbes, appartenant le plus souvent à plusieurs espèces différentes et rarement à une seule.

Les caractères extérieurs du pus fétide et surtout sa putridité avaient frappé les chirurgiens; comme on rencontrait surtout ces suppurations au voisinage du tube digestif et des cavités ouvertes (bouche, oreille, etc.), pendant longtemps on attribua au voisinage du tube digestif l'odeur fécaloïde. Mais on trouve souvent les putréfactions fétides dans des régions très éloignées du tube digestif. Dans ces cas la fétidité ne pouvait pas être sous la dépendance de l'intestin. On pensa tout d'abord que l'abondance des leucocytes était due aux microbes habituels de la suppuration. On trouvait en effet du colibacille, du proteus, etc., mais il y avait discordance entre les résultats fournis par l'examen microscopique et les résultats obtenus par les cultures : en effet, lorsqu'on ensemençait une goutte de pus dans des tubes inclinés on n'obtenait qu'un très petit nombre de colonies ou même pas du tout, alors que la préparation microscopique du même pus avait présenté une grande variété de microbes. Pour expliquer ce fait en apparence paradoxal on dit d'abord que les microbes étaient morts. Cette explication était peu plausible : en effet le pus était recueilli en pleine suppuration et les inoculations positives aux animaux donnaient un démenti formel.

Pasteur ayant constaté que certains processus, la gangrène gazeuse par exemple, étaient dus à des microbes qui ne peuvent vivre en présence de l'air, on pensa qu'il fallait chercher dans ce sens pour obtenir des colonies. La suppuration fétide en effet a quelquefois des caractères communs avec la gangrène gazeuse. Il fallait donc employer les méthodes de cultures anaérobies. Mais si le vibrion septique, le tétanos, qui ont une grande puissance de végétabilité, grâce à leurs spores, sont faciles à manier et à cultiver, par contre les microbes de la suppuration étaient plus fragiles et plus délicats. Aussi étudia-t-on d'abord les premiers. L'isolement et l'étude des autres anaérobies a été impossible ou pénible tant qu'on n'a pas eu à sa disposition une méthode facile. On sait le rôle important joué par Veillon dans ces dernières recherches.

Grâce à lui il nous est maintenant possible d'étudier la pathogénie des processus putrides dans les différents appareils et
de voir le rôle important joué par les microbes anaérobies.
Dans presque toutes les suppurations fétides et gangreneuses
on trouve des bactéries strictement anaérobies, parfois seules,
le plus souvent associées à quelques espèces anaérobies facultatives. Dans quelques cas les anaérobies facultatifs déterminent les lésions primordiales, les anaérobies stricts viennent
ensuite déterminer la fétidité et la putridité. Mais dans la
grande majorité des cas les processus sont d'emblée putrides
et le rôle joué par les anaérobies stricts est bien évident, étant
donné l'absence d'autres espèces microbiennes. L'expérimentation est venue encore confirmer les faits cliniques, car avec
plusieurs espèces anaérobies strictes on a déterminé chez les
animaux des processus fétides et gangreneux.

Nous verrons en détail comment les anaérobies, considérés
jusqu'il y a quelques années comme des microbes saprophytes,
ont acquis une importance toujours croissante et comment le
rôle qu'ils jouent en pathologie a fini par nous apparaître de
premier ordre. A côté des anaérobies que nous connaissons il
est d'autres espèces que l'on trouve parfois à l'examen microscopique et que l'on n'arrive pas à cultiver; il est permis
d'espérer que des méthodes nouvelles et plus sensibles permet-
tront un jour de les isoler et d'en étudier le rôle pathogène.

1° *Appareil digestif.*

a) **La flore de la bouche normale et pathologique.** — C'est
Lewkowicz (1901) le premier qui a recherché les anaérobies dans
la bouche des nourrissons. Mais, c'est à Jeannin (1904) que
nous devons des recherches nombreuses sur les microbes de la
bouche depuis la naissance jusqu'aux premières années de la
vie. D'après lui, au moment de la naissance 4 fois sur 5 cas, le
liquide buccal s'est révélé absolument stérile.

Dans un cas, l'existence d'un bec-de-lièvre peut expliquer la
présence prématurée des microbes. C'est dans les heures qui
s'écoulent entre la naissance et la première tétée que la bouche
se peuple de microbes peu nombreux apportés par l'air inspiré
et déjà à ce moment on rencontre des anaérobies stricts comme
le staphyloccus parvulus, le streptococcus anaerobius. Après
la première tétée la flore augmente encore : en général, on

retrouve des espèces aérobies et des espèces anaérobies.

Pendant l'allaitement les aérobies prédominent nettement sur les anaérobies : la flore n'est pas modifiée par le mode d'alimentation. Chez les enfants malades la flore devient très riche, les anaérobies augmentent. Au staphylococcus parvulus et au streptococcus tenuis qu'on rencontre le plus souvent, viennent bientôt s'ajouter : le micrococcus fœtidus et exceptionnellement le bacillus perfringens (Jeannin), le bacille anaerobius gracilis, le bacillus helminthoïde, le leptothrix tenuis (Lewkowicz).

b) **Glandes salivaires.** — Gilbert et Lippmann (1904) ont étudié la flore normale des glandes salivaires du chien en prenant la salive dans le canal de Sténon. A l'état normal, d'après ces auteurs, le canal de Sténon est envahi par une flore microbienne extrêmement abondante. Cet envahissement microbien principalement accusé au niveau de l'ouverture buccale du conduit s'atténue progressivement au fur et à mesure que l'on remonte vers la glande parotide. Les canalicules intraglandulaires, le parenchyme glandulaire contiennent surtout des germes anaérobies. Ceux-ci l'emportent de beaucoup par leur constance, leur nombre et leur variété sur les germes aérobies. Parmi les anaérobies isolés par Gilbert et Lippmann on relève le bacillus perfringens, le bacillus fragilis, le bacillus nebulosus, le streptococcus anaérobie, le bacillus serpens, le bacillus ramosus.

c) **Les microbes de la diphtérie.** — Le processus diphtérique relève tantôt et le plus souvent du bacille de Löffler en culture pure, tantôt de ce même microbe associé à d'autres. Ces formes mixtes à pronostic sérieux ont un caractère commun : la fétidité est souvent le caractère gangreneux de l'exsudat. On y rencontre assez fréquemment le bacillus fusiformis (Lewkowicz, etc.). Le staphylococcus parvulus et d'autres anaérobies ont été retrouvés par Leiner. Buday (1905) a isolé dans un cas de noma le bacille fusiformis.

d) **Carie dentaire.** — Le premier travail paru sur la question a été fait par Miller (1862). Il n'apporte malheureusement aucune donnée précise. Arkovy (1898) prétend avoir isolé le microbe de la carie. Cook (1899), Goadby (1901) isolent de nombreux microbes dans cette lésion, les uns sécrétant des acides qui dissolvent la dentine, d'autres la liquéfiant et la colorant en brun. Veillon (1900) affirme la nature gangreneuse ou putride de la carie dentaire et des suppurations consécutives. Monier (1904), préoccupé de la grande quantité de microbes qu'on rencontre dans la carie dentaire pour se rendre compte de la pathogénie de cette infection, a essayé de reprendre le problème sous une autre face. Il a étudié toutes les affections (pulpites, périostites, phlegmons, etc.) consécutives à une carie dentaire, affections dans lesquelles on doit trouver les microbes qui ont passé par la dent dont la carie a été la véritable porte d'entrée. Il a pu voir, ainsi que le rôle des microbes anaérobies dans les infections dentaires est très grand, car ces microbes non seulement sont constants, mais même dans quelques cas existent seuls sans association d'aérobies. Les microbes anaérobies isolés par Monier sont : le bacille ramosus, le bacille fragilis, le micrococcus fœtidus et le coccobacille de Veillon et Morax. Gaudiani (1907) a retrouvé dans un phlegmon gazeux d'origine dentaire un anaérobie strict non déterminé.

e) **Estomac.** — A l'état normal, dans le contenu gastrique, on ne trouve après un repas ordinaire que très peu de microbes. Coyon (1900) a recherché le premier les anaérobies dans l'estomac humain avec résultat négatif. Tissier (1900) a retrouvé chez les nourrissons le bacille bifidus. En général dans l'estomac, de même que dans le duodénum, les anaérobies facultatifs sont en grande majorité et la seule espèce anaérobie serait le bacille bifidus. Pour vérifier cette assertion Tissier a refait les mêmes recherches chez le chien et les résultats ont été à peu près pareils. La flore de l'estomac à l'état pathologique est peu connue. Achalme et Rosenthal ont isolé dans l'estomac, chez une malade de gastrite aiguë, le bacille perfringens et une nouvelle espèce anaérobie : le bacille gracilis ethylogenes. Minot (1907) dans un cas de gastrite alcoolique a isolé encore une nouvelle espèce anaérobie : le bacille punctillatus. Rocchi et Magni (1908) dans un cas de périgastrite suppurée ont isolé le bacille perfringens et le bacille ramosus.

f) **Intestin.** — Il n'est pas fait mention de microbes anaérobies dans le remarquable travail d'Escherich sur la flore intestinale du nourrisson. L'auteur n'ayant pu en obtenir avec la méthode qu'il avait employée (plaques de gélatine recouvertes de mica) suppose que ces espèces ne doivent pas exister dans l'intestin du jeune enfant.

Les recherches de Tissier montrent au contraire que ces espèces y sont en grande majorité et qu'elles peuplent presque à elles seules le tube digestif.

Voici, d'après les travaux de cet auteur, comment se forme et se compose définitivement la flore intestinale de l'enfant jusqu'à cinq ans. Le tube digestif est stérile au moment de la naissance. Au bout de quelques heures l'intestin est envahi par toute une série de microbes de la putréfaction. Dans cette phase « d'infection croissante », au milieu d'une débâcle des cellules épithéliales d'origine buccale, on voit d'abord des staphylocoques blancs, du coli, du perfringens. Plus tard apparaissent d'autres microbes, le Rodella III, le perfoetens, le lactis aerogenes, l'entérocoque, des sarcines, le mesentericus. On remarque qu'il y a plus d'anaérobies facultatifs que d'anaérobies stricts. Dans une troisième « phase de transformation de la flore », il se fait une simplification, une des dernières bactéries parues, un anaérobie strict, le bacillus bifidus, se développe rapidement et ne tarde pas à remplacer les autres. Tant que l'enfant n'aura d'autre nourriture que le sein, sa flore intestinale gardera le même aspect typique : elle ne semblera formée que d'une seule espèce : le bifidus. Un examen bactériologique complet montrera à côté du bifidus (85 p. 100), 6 p. 100 de coli, 4 à 7 p. 100 d'entérocoque. Chez l'enfant au biberon l'aspect bactériologique des selles est bien différent. La flore habituelle de ces nourrissons ne paraît être qu'une sorte de continuation de la phase d'infection croissante. A part, quelques espèces qui finalement disparaissent, la plupart semblent persister, ce qui donne à cette flore un aspect bien spécial. Les bactéries y sont très variées : on trouve à côté des espèces ci-dessus mentionnées et en nombre égal : bacille acidophilus, bacille exilis, bacille lactis aerogenes, staphylocoque blanc, sarcines, bacille Rodella III, coli, levure, etc. Dès que la mère ajoutera à l'alimentation de l'enfant qu'elle a nourri jusqu'alors exclusivement, un peu de lait de vache coupé d'eau, on verra apparaître dans la selle quelques rares bacilles rigides, longs et épais : bacille acidophilus, le Rodella III. Vers le dix-huitième mois, quand on aura donné des potages, le bifidus ne paraîtra plus aussi nombreux et il présentera des formes différentes ; à côté des formes habituelles on voit se développer des formes naines et géantes. A l'acidophilus, au Rodella III s'ajouteront d'autres anaérobies stricts : le staphylococcus parvulus, le perfringens. Vers deux ans, quand l'alimentation est plus variée, la flore bactérienne présente un aspect plus complexe. Aux espèces citées plus haut viennent s'adjoindre le diplococcus orbiculus, le bacille funduliformis. Vers trois ans quand l'enfant commence à prendre plus de matières albuminoïdes animales apparaissent dans les selles d'autres microbes : le coccobacillus preacutus, le coccobacillus oviformis et vers la quatrième et cinquième année, le streptobacillus ventriosus, le bacille capillosus. A cette époque, chez l'enfant ayant une alimentation mixte, on arrive à isoler jusqu'à 14 espèces différentes, 10 anaérobies stricts et 4 facultatifs. A « la flore fondamentale » analogue à celle du nourrisson s'est ajoutée toute une série d'anaérobies : perfringens, staphylococcus parvulus, orbiculus, preacutus, etc., qui forment « la flore surajoutée ». En faisant le pourcentage des colonies, on trouve que 80 p. 100 environ sont encore formées par les microbes du nourrisson et 20 p. 100 seulement font partie de la nouvelle flore. Le bifidus est toujours l'espèce dominante puisqu'il forme encore 70 p. 100 des colonies totales. La flore des enfants ayant une alimentation végétarienne rappelle de très près celle du nourrisson au sein et le rapport entre « la flore fondamentale » et la « flore surajoutée » est de 90 à 10 p. 100. Les colonies du bifidus forment 80 p. 100 des colonies totales. La flore des enfants ayant une alimentation riche en matières albuminoïdes est celle qui s'éloigne le plus de la flore de l'enfant au sein. On trouve toutes les espèces de la flore surajoutée et en plus grand nombre. Quelquefois on isole en plus des espèces de passage, anaérobies protéolytiques tels que le bacillus bifermentans. Le rapport de la « flore fondamentale » à la « flore surajoutée » est plus petit que chez les autres enfants. Il est environ 70/30 : 50 p. 100 des colonies, seulement sont formées de bacille bifidus. L'aspect bactérien des selles varie donc avec l'alimentation antérieure; l'alimentation habituelle et même dans une certaine mesure avec l'alimentation journalière. Chaque individu paraîtra posséder une flore personnelle : on voit aussi dans une même famille des enfants posséder dans leurs selles des particularités communes, ce qui peut faire penser à des flores familiales. Ces flores individuelles et familiales ont été vues par Metchnikoff dès 1894.

g) **Rôle physiologique de la flore intestinale normale.** — Chez le nourrisson les microbes intestinaux ne paraissent pas servir à la nutrition générale. Chez l'enfant au sein les microbes intestinaux sont complètement inoffensifs, un seul produit de l'indol, le bacille coli. Il est en si petit nombre dans les selles que son effet nuisible ne peut être considérable. On ne trouve du reste, pas de sulfoconjugués dans les urines. Ces bactéries et principalement le bifidus, qui est l'espèce dominante, possèdent une propriété des plus intéressantes. Grâce à ces pouvoirs fermentatifs, elle sert de moyen de protection contre l'infection. Cette flore est inoffensive et empêchante : elle est en harmonie avec l'organisme. Il n'en est pas de même chez l'enfant au biberon : les déchets nutritifs étant surtout composés de la matière albuminoïde du lait de vache et contenant moins de sucre, le bacille bifidus ne pourra pas se développer aussi bien que chez l'enfant au sein : son action d'arrêt sera moindre, ce qui permettra aux espèces protéolytiques ou anormales de se développer à leur aise. Chez l'enfant sevré, comme chez le nourrisson, les microbes ne semblent pas devoir servir à la nutrition de l'organisme, avec une alimentation contenant suffisamment d'hydrates de carbone, les microbes intestinaux, ferments mixtes, trouveront un milieu chimique favorable et le plus fort d'entre eux, le bacille bifidus deviendra prédominant dans la dernière moitié du gros intestin. Là son action sera doublement favorable. Par sa production d'acide, il excitera, d'une part, le péristaltisme intestinal, il exercera d'autre part une action empêchante non seulement sur les bactéries nuisibles, venues du dehors, mais encore sur toute cette flore surajoutée dont l'action ne peut être que mauvaise. Ainsi la flore fondamentale reste inoffensive et empêchante, telle qu'elle était chez le nourrisson. La flore surajoutée composée de microbes produisant des toxines ou ayant une action pathogène peut être considérée comme nuisible. Néanmoins, on ne trouve pas chez l'enfant de cinq ans ces anaérobies, ferments simples, puissants qui détruisent rapidement la matière albuminoïde (hormis le bacille perfringens toujours en très petit nombre). Il n'y a donc pas à proprement parler chez ces enfants de putréfaction intestinale. C'est à peine s'il s'en produit une ébauche décelable par l'indol, le scatol et les phénols. Dans les états pathologiques l'aspect de la flore est complètement différent. Il se produit d'abord une « modification diarrhéique habituelle » consistant en un pullulement des anaérobies facultatifs, principalement du coli et une diminution de l'anaérobie strict, le bifidus. On voit à côté se développer des *espèces anormales*. Chez le nourrisson, Tissier signale le perfringens, le perfoetens, etc. Chez les enfants plus âgés, on voit également se produire cette même modification diarrhéique habituelle, la flore surajoutée pullule et on peut isoler aussi des espèces anormales (pseudo-coli anaérobie, Jungano). Cahn en 1901 puis Escherich confirment les recherches de Tissier concernant la flore du nourrisson. Parmi les autres auteurs qui se sont occupés de la même question nous devons citer maintenant Rodella. D'après cet auteur on rencontre dans l'intestin du nourrisson d'autres espèces. Dans un premier travail (1902) il décrit trois espèces anaérobies : bacille I, bacille II, bacille III, dont une seule, le bacille III, a été retrouvée par Tissier. Dans les 2 observations qu'il donne ayant trait aux enfants au sein, il n'avait trouvé dans un des cas aucun anaérobie, dans l'autre le bacille III et le bacille II. Dans un deuxième travail paru en 1903 il décrit encore 5 nouvelles espèces chez l'enfant normal. Enfin dans un travail récent (1908) il prétend que le bacille bifidus est une transformation du bacille acidophilus. D'après cet auteur le bacille perfringens, le bacille paraputrificus, le bacille Rodella III seraient utiles, car ils serviraient à l'inversion du saccharose. Les bacilles II et III seraient, d'après lui, capables d'assimiler et de fixer l'azote provenant de la putréfaction. Passini (1903) constate non seulement chez l'adulte, mais encore chez les nourrissons au biberon et quelquefois au sein, le bacille putrificus. Il isole encore constamment chez l'adulte et chez tous les nourrissons le bacille perfringens. D'après Passini les anaérobies protéolytiques peuvent compléter l'action des sucs digestifs et jouer ainsi un rôle utile. Il ajoute que ce rôle est cependant peu important. Ces bactéries enlèvent peut-être à l'organisme plus de matériaux assimilables qu'elles ne sont en état de lui en donner. Bienstock (1906) dit que ce n'est pas le véritable putrificus *qui se trouve* dans l'intestin et qui a été isolé par Passini mais un autre microbe : le bacille paraputrificus qui attaque les sucres. Cohendy (1906) dans une note sur la flore intestinale de l'homme adulte trouve également que les anaérobies sont de beaucoup prédominants : 3 espèces lui paraissent les plus fréquentes : deux qui n'ont pas encore été décrites et la troisième le bacille bifidus. Jacobson (1908) arrive aux mêmes conclusions que Tissier. Sittler (1908) confirme également ment les travaux de Tissier. Mais il rencontre chez l'enfant au biberon presque constamment le bacille perfringens. Lotti et Franchini attribuent à la présence des anaérobies la production de l'indol dans l'intestin. Rocchi (1908), dans un travail d'ensemble sur les anaérobies, cherche à déterminer le rôle de ces microbes de l'intestin. Il confirme les idées de Tissier et ajoute que l'autolyse des bactéries intestinales mettant en liberté des toxines empêche le développement du putrificus. Rocchi appelle ce phénomène « antagonisme autotoxique ». Il reprend ensuite l'idée émise par Rodella sur la fixation de l'azote par les bactéries intestinales et pense que le bacille bifidus doit avoir un rôle assez semblable à celui des bactéroïdes des tubercules des légumineuses.

Metchnikoff (1908) dans des travaux récents étudie spécialement les microbes putréfiants de la flore intestinale de l'homme. Ce sont 3 anaérobies dont il donne une description complète : le bacille de Welch (bacille perfringens), le putrificus, le bacille sporogenes. Ces microbes seraient très fréquents chez l'homme et formeraient dans notre tube digestif une source d'auto-intoxication contre laquelle l'organisme doit lutter d'une façon constante. Avant de terminer nous devons rappeler les recherches anciennes de Klein et Anderrs, de van Ermenghen et celles récentes de Herter. Klein et Anderrs dès 1891 ont décrit une épidémie d'entérites relevant du bacille enteriditis sporogenes. Van Ermenghen (1897) a bien mis en relief l'action d'une espèce anaérobie dans le botulisme.

Herter émet l'hypothèse que les bacilles du groupe butyrique doivent jouer un grand rôle dans les diarrhées fétides. Ils détermineraient une fermentation putride dans les dernières portions de l'intestin grêle et dans le gros intestin, se traduisant par une congestion chronique de la muqueuse, par une augmentation de desquamation épithéliale, par des troubles de la digestion et du péristaltisme.

h) **Suppurations hépatiques et affections parabiliaires.** — Plusieurs observateurs avaient en maintes occasions constaté la stérilité des cultures faites avec du pus des abcès du foie, mais cela tenait au fait qu'on ne faisait pas les cultures anaérobies. C'est Harris le premier qui décrit un bacille anaérobie isolé dans un abcès du foie. Zuber et Lereboullet (1898) cultivent de même des anaérobies. Legrand et Axisa dans 4 cas d'abcès du foie de nature dysentérique, dont 2 compliqués d'abcès du cerveau, ont trouvé plusieurs microbes anaérobies, appartenant à des espèces très différentes. Gilbert et Lippmann dans 2 cas d'abcès tropicaux du foie les retrouvent à côté du staphylocoque doré et de l'entérocoque, le ramosus et le fragilis dans 1 cas et dans l'autre cas l'entérocoque et le bacillus funduliformis. Rist et Ribadeau-Dumas ont réalisé chez les animaux des abcès du foie et des angiocholites à l'aide d'injections intraveineuses de différents anaérobies (bacille tethoïdes, bacille serpens, bacille perfringens). A côté de l'infection biliaire d'origine intestinale, concluent ces auteurs, dont la réalité n'est pas contestable, il faut donc faire place aux abcès et aux angiocholites d'origine septicémique dus aux microbes anaérobies. Cette pathogénie paraît notamment pouvoir être invoquée dans les cas d'hépatite suppurée d'origine appendiculaire. Dans les kystes hydatiques suppurés du foie, on a également trouvé des anaérobies. On a toujours insisté (Chauffard et Widal) sur l'état anaérobie de ces infections. Cette absence d'organismes pathogènes paraît être confirmée par la clinique qui montre que dans certains cas le pus d'un kyste hydatique suppuré, ouvert spontanément ou chirurgicalement dans le péritoine et la plèvre (Tuffier), n'a donné lieu à aucune complication septique. Hallé et Bacaloglu dans un cas de kyste suppuré du foie trouvent à côté du streptocoque pyogène et du coli, le staphylococcus parvulus et le bacillus fragilis. Lippmann dans un cas semblable isole le streptococcus tenuis, le staphylococcus parvulus, le nebulosus. Ce dernier auteur avec Gilbert, dans 2 cas d'abcès tropicaux du foie, a trouvé une série d'anaérobies. Dans un premier cas à côté de 5 espèces anaérobies, il a trouvé le staphylocoque doré, dans l'autre cas il n'a vu pousser que deux espèces de microbes anaérobies.

Pour terminer nous signalerons l'observation publiée par J. Monod d'un cas de gangrène gazeuse du foie à la suite d'une septicémie post partum. A l'autopsie il trouva des anaérobies dans le foie gangreneux.

*i) **Le microbisme biliaire normal.** — La bile à l'état normal est-elle stérile? Cette question a donné lieu à de nombreuses controverses. Copeman et Winston, Corrado et Bernabei ont réussi à cultiver plusieurs microbes pathogènes dans des milieux de culture additionnés de bile. Gilbert et Dominici et plusieurs autres observateurs cultivent sans le moindre inconvénient les principaux germes pathogènes des affections des voies biliaires dans ce même milieu. Michallovitch cependant a eu un certain retard dans la culture de quelques microbes en présence de la bile. Plus tard, on constate une action bactériolytique de la bile vis-à-vis de certains microbes : le pneumocoque (Neufeld, Nicolle et Abilbey), le méningocoque, le gonocoque (Jungano). Il s'ensuit que si la bile ne gêne pas le développement de certaines espèces microbiennes, elle a, vis-à-vis de certaines autres, une action bactériolytique. La bile et les voies biliaires du chien (Dupré), du lapin (Netter), de l'homme (Gilbert et Girode, Thiroloix, Naunyn, etc.), sont normalement aseptiques. Seules Ehret et Stolz s'élèvent contre cette idée de la stérilité de la bile dans laquelle ils retrouvent presque constamment quelques espèces microbiennes. Les constatations, en grande partie négatives pour la bile normale, ont été toujours positives, quand il s'est agi de la bile à l'état pathologique.

La bile peut s'infecter par la voie ascendante et par la voie sanguine. Une étude très précise et complète sur le microbisme biliaire a été faite dans ces dernières années par Lippmann. Les aérobies et les anaérobies sont en proportion égale dans la portion inférieure du cholédoque. Les aérobies commencent à diminuer dans la portion moyenne pour disparaître complètement dans la zone supérieure et laisser la place aux anaérobies. Sur les 4 chiens examinés, Lippmann a trouvé 4 fois le perfringens, et 2 fois le bacillus fragilis et le funduliformis. Il a examiné ensuite la vésicule biliaire de plusieurs animaux (chien, chat, porc, bœuf, lapin). La bile du lapin s'est montré stérile. Pour les autres animaux : il a isolé du contenu normal de la vésicule biliaire : le funduliformis (8 fois), le fragilis (3 fois), le radiiformis, le perfringens, le ramosus (2 fois), le streptobacille fusiformis (1 fois) et 2 fois seulement le coli et l'entérocoque.

Il a examiné ensuite les canaux hépatiques de 8 chiens : dans 7 cas ces canaux se sont montrés stériles.

Dans le huitième cas, il a isolé le funduliformis. Il s'agissait d'un de ces longs canaux hépatiques du côté gauche, lesquels vont, après un trajet étendu, rejoindre le cholédoque dans un point près de l'union de ce conduit avec le tube intestinal. Ne tenant pas compte de cette anomalie, Lippmann conclut que la flore anaérobie s'arrête à la vésicule biliaire : elle s'atténue progressivement dans les canaux hépatiques au fur et à mesure que l'on se rapproche du hile du foie, pour disparaître alors complètement. Les voies intrahépatiques des chiens normaux sont stériles. Le microbisme pathologique de l'homme a été envisagé dans les différentes affections et infections. Lippmann a examiné 12 cas de cholécystes lithiasiques non suppurées.

Dans 1 cas, il n'a rencontré que des aérobies, dans 2 des anaérobies, dans les autres 9 cas une flore mixte avec prédo-

minance des anaérobies. Parmi les anaérobies, le plus fréquent
a été le funduliformis (5 fois), le perfringens, le streptocoque, le
fragilis (3 fois), le radiiformis (2 fois), le ramosus, le nebulosus,
le micrococcus fœtidus (1 fois). Tandis que dans les cholécystites simples les aérobies font totalement défaut, dans la
moitié des cas, dans les angio-cholécystites suppurées la proportion entre les espèces aérobies et les anaérobies est presque
égale. On retrouve les mêmes espèces anaérobies. De plus Lippmann a retrouvé 1 fois le micrococcus reniformis de Cottet.
En examinant enfin 4 calculs biliaires, il n'a retrouvé dans leur
centre que le nebulosus, le streptocoque anaérobie, le fragilis.

j) **Le microbisme normal pancréatique.** — Tout ce que l'on
sait sur le microbisme du pancréas est contenu dans une courte
note que Gilbert et Lippmann ont présentée à la Société de biologie (1904). D'après ces auteurs, à l'état normal, les conduits
pancréatiques sont envahis dans leur portion terminale par
une abondante flore microbienne. Celle-ci, très marquée au
niveau de l'embouchure intestinale des canaux pancréatiques,
disparaît presque totalement à 2 centimètres au-dessus. Les
anaérobies offrent par leur fréquence extrême, leur abondance,
leur variété un contraste frappant avec l'inconstance, la pau-
vreté et la rareté des aérobies. Cette opposition s'accentue
encore pour peu que l'on remonte au-dessus de la zone habituelle d'infection. L'influence exercée sur le microbisme par les
diverses périodes digestives ne peut quant à présent et malgré
la multiplicité des expériences donner lieu à des conclusions
fermes. Il est néanmoins à remarquer que dans les deux états
extrêmes de grande activité digestive d'une part, de jeûne
prolongé d'autre part, la flore microbienne a paru la plus constante, la plus abondante et la plus riche. Les anaérobies rencontrés sont le funduliformis (3 fois) le streptococcus anaérobie,
le radiiformis, le perfringens (1 fois).

k) **Bactériologie des ascites.** — Gilbert et Lippmann (1906)
ont examiné au point de vue bactériologique 15 cas d'ascites de
pathogénie différente (cirrhose atrophique, cirrhose cardiaque,
cirrhose hypertrophique, cancer du péritoine, tuberculose péritonéale). Dans 5 cas les cultures ont été positives : déclarant
1 fois le coli, 4 fois une espèce anaérobie. Les résultats de ces
auteurs si rarements positifs et si pauvres, diffèrent sensiblement de ceux de Ch. Nicolle qui avait insisté sur l'altération
presque constante des liquides d'ascite recueillis à l'abri de l'air.

Cette contradiction peut s'expliquer par ce fait que Gilbert et Lippmann ont eu affaire à des ascites encore non ponctionnées.

. *l*) **Péritonites.** — Welch (1901) a isolé à l'autopsie dans 13 cas de péritonite diffuse le bacille perfringens. Parmi ces cas 10 étaient la conséquence de la perforation d'ulcères typhiques, 2 d'ulcères gastriques, 1 de perforation de l'intestin étranglé. Brunner (1902) a aussi retrouvé des anaérobies stricts dans les péritonites par perforation d'ulcères gastriques. D'après cet auteur ces microbes ne joueraient pas un grand rôle, parce qu'ils sont toujours associés à des espèces anaérobies facultatives. Silberschimdt a étudié un cas de péritonite à anaréobies. Ghon et Sachs (1903) dans un cas de péritonite sous la dépendance d'un cancer de l'estomac ulcéré dans l'abdomen a retrouvé un bacille identifiable, peut-être au bacille funduliformis de J. Hallé.

m) **La flore de l'appendice normal et pathologique.** — Les recherches sur la bactériologie de l'appendicite ne sont ni nombreuses ni anciennes. Les premiers travaux sont ceux de Hodenphyl et ceux de Lanz et Tavel (1893). Hodenphyl a étudié 11 cas : dans 10, il rencontre le bacterium coli en culture pure, dans 1 cas le streptocoque pyogène. Mlle Mayer (1897) sur 40 cas en trouve 25 stériles ; dans 19 cas le bacille pseudotétanique de Tavel, dans 2 le staphyloque doré. Achard et Broca (1897) sur 20 cas constatent dans 5 le coli à l'état pur, dans 10 le coli associé à d'autres microbes. Veillon applique sa technique déjà si féconde à la recherche des anaérobies dans l'appendicite. Avec Zuber, il étudia 22 cas, dans 1 cas ils isolèrent le pneumocoque en culture pure, dans 2 cas des anaérobies stricts seulement, dans 19 cas des anaérobies stricts associés à de rares streptocoques et au colibacille. Dans un cas d'appendicite normal, Zuber a retrouvé le bacille bifidus (cité par Tissier). Kelly a rencontré le coli dans 73,4 p. 100 des cas : il n'a pas recherché les anaérobies. Lanz et Tavel (1904) ont examiné 8 appendices normaux et isolé à côté de 3 espèces aérobies 2 anaérobies stricts : les vibrions septiques et le pseudo-tétanique (Tavel). Ces mêmes microbes anaérobies ont été retrouvés dans 138 cas d'appendicite seulement, tandis que dans l'appendice normal, ils les ont retrouvés dans 62,5 p. 100 des cas : dans l'appendicite, ils n'existeraient que dans 37,7-45 p. 100 des cas. Perrone (1905) a examiné 14 cas d'appendicite à froid. Il confirme le rôle important des anaérobies en isolant 7 fois le bacille fragilis, 6 fois le bacille perfringens, et 1 fois le bacille fusiformis. Dans 1 cas l'ensemencement a été négatif. Tavel a constaté dans 10 p. 100 d'appendicites opérées à froid l'absence de microbes. Grigoroff (1905) a étudié la flore de 18 appendices normaux et de 31 appendices pathologiques. Dans les appendices normaux, il n'a jamais constaté de stérilité. A côté des aérobies et des anaérobies facultatifs, il n'a jamais constaté des anaérobies stricts ou en si petite quantité qu'ils s'échappent le plus souvent à l'analyse. Dans les appendices pathologiques la flore anaérobie stricte est de beaucoup prépondérante. Tandis que Lanz et Tavel étaient venus à cette conclusion que la flore microbienne dans l'appendice normal et dans l'appendicite reste la même au point de vue qualitatif, Grigoroff affirme au contraire qu'il existe de grandes différences. Constatant que ce sont les microbes de la putréfaction qu'on rencontre le plus souvent dans l'appendicite, Grigoroff se croit autorisé à dire que l'appendicite n'est autre chose qu'un phénomène de putréfaction intestinale caractérisé par un processus gangreneux. Les microbes le plus souvent isolés par cet auteur sont : le bacille fragilis (14 fois), le bacille ramosus (13 fois), le bacille fusiformis (10 fois), le bacille perfringens (9 fois), le bacille putrificus (5 fois), le staphylococcus parvulus (4 fois), le bacille furcosus (2 fois). Gaudiani (1907) ainsi que Rocchi (1908) ont isolé quelques anaérobies dans plusieurs cas d'appendicite. Gilbert et Lippmann (1906) ont étudié la flore de l'appendice normal chez le chien et chez le lapin. D'après ces auteurs, les cultures anaérobies l'emportent d'une façon remarquable et par la richesse de la prolification microbienne et par la multiplicité des espèces sur les cultures ordinaires.

n) **Occlusion intestinale.** — La pathogénie des phénomènes généraux graves dans l'occlusion intestinale est différemment interprétée. D'après quelques auteurs tout s'explique par le passage des microbes dans le péritoine et dans la circulation sanguine. Roger et Garnier en provoquant l'occlusion de l'intestin chez 2 chiens et 3 lapins ont trouvé dans le sang, 9 fois le bacille perfringens, 6 fois seul, 3 fois associé au bacille coli. Ces auteurs nient presque tout rôle au bacille perfringens, se basant sur les deux faits suivants : 1° l'absence de tout pouvoir pathogène; 2° sa disparition du sang aussitôt que l'obstacle intestinal a été levé. Ces mêmes recherches ont été reprises et étendues tout récemment par Ikonnikoff. Les expériences ont porté sur le lapin chez qui cet auteur pratiquait un étranglement de la portion inférieure de l'intestin grêle. Le bacille perfringens apparaît le premier ; plus tard, lorsque la muqueuse intestinale est déjà touchée par le processus nécrotique, on trouve le bacille paraputrificus, le bacille Rodella III et le capillosus. Quant au bacille coli et aux cocci (ces derniers deux fois sur 23 expériences) Ikonnikoff ne les a rencontrés dans l'exsudat que dans les cas de nécrose intense de la paroi intestinale. Rocchi nous donne le résultat de l'examen bactériologique du contenu intestinal au-dessus du point occlus chez deux malades atteints d'occlusion intestinale et chez les animaux. D'après cet auteur, dans l'occlusion de l'intestin grêle, on trouve rarement des germes dans le sang, et le contenu intestinal au-dessus de l'occlusion contient une flore presque semblable à celle du gros intestin, sauf une augmentation du nombre des anaérobies du groupe butyrique, une diminution et souvent la disparition du coli, du bifidus. Quelquefois on constate des germes protéolytiques tels que le pseudo-tétanique, le bacille putrificus.

2° *Les anaérobies dans l'appareil urinaire.*

Le passé des anaérobies, en tant que facteurs étiologiques d'infections urinaires, ne remonte pas au delà d'une dizaine d'années. C'est Veillon qui, le premier (1897), a isolé un anaérobie strict (micrococcus fœtidus) dans un phlegmon périnéphrétique. Albarran et Cottet, à plusieurs reprises (1898-1900) ont attiré l'attention sur l'importance des anaérobies dans certaines affections urinaires (pyo-néphroses, lésions périurétrales). Plus tard (1903) Hartmann et Roger ont publié quelques observations de cystite se rattachant à la même cause. Gilbert et Lippmann (1907) publient un cas de néphrite à microbes anaérobies.

Jungano (1907-1908) fait paraître une étude systématique destinée à bien mettre en relief le rôle de ces microbes dans les affections des diverses parties de l'arbre urinaire.

a) **La flore de l'urètre normal chez l'homme et chez l'enfant.** -- Giovannini (1886), Lustgarten et Mannaberg, Oberlander (1887), Rowsing (1889), Petit et Wassermann (1891), Melchior (1893), Hermann (1903), Stanziale (1906) ont étudié la flore de l'urètre normal.

Jungano a porté ses recherches sur 10 urètres d'individus sans passé blennorragique, ni urinaire, sur 4 garçons et sur 3 petites filles.

La flore microbienne de l'urètre normal comprend des microbes aérobies et des microbes anaérobies et ceux-ci en plus grand nombre. En effet, chez 16 individus (car chez 1 l'examen bactériologique a été négatif) ce dernier auteur a isolé 17 fois des aérobies et 32 fois des anaérobies.

Parmi les microbes anaérobies cet auteur a retrouvé le staphylococcus Jungano et le micrococcus fœtidus (8 fois), le bacille perfringens et le bacille neigeux (5 fois), le ramosus (3 fois), le vibrion septique et le bacillus intestinalis de Metchnikoff (2 fois), le bacille téthoïde (1 fois). Dans l'urètre des adultes ce sont les formes bacillaires anaérobies qui prédominent, tandis que chez les enfants c'est le genre cocci anaérobie. Les microbes se retrouvent dans l'urètre normal, soit à l'état normal, soit à l'état virulent. Jungano a étudié ensuite les deux formes d'urétrites chroniques, la forme muqueuse, la forme glandulaire.

Dans les urétrites chroniques muqueuses il trouve des anaérobies, soit exclusivement soit en prédominance. Parmi les urétrites glandulaires, il étudie un certain nombre de cas où la sécrétion, à plusieurs reprises, s'était montrée stérile, lorsqu'on s'était borné à faire la recherche microscopique ou l'ensemencement dans les milieux aérobies.

Mais lorsqu'il a procédé au massage des glandes de l'urètre et a fait l'ensemencement dans les milieux à l'abri de l'air, les cultures ont été toujours positives avec présence ou d'anaérobies stricts dans le plus grand nombre de cas ou d'anaérobies facultatifs.

Repassant alors l'histoire des soi-disant urétrites aseptiques, cet auteur arrive à cette conclusion que les urétrites aseptiques n'existent pas.

En plus il a étudié la flore du pus dans deux cas d'abcès de la verge, l'un circonscrit et l'autre diffus. Dans le premier, à côté du streptocoque pyogène, il y avait le bacillus bifidus, dans l'autre cas à côté du staphylocoque doré il y avait 4 espèces anaérobies : le micrococcus fœtidus, le staphylocoque Jungano, le bacillus perfringens, le bacillus nebulosus.

Dans un cas de gangrène de la verge, à côté du staphylococcus blanc et du bacillus subtilis, 4 espèces anaérobies : le bacillus perfringens, le bacillus ramosus, le micrococcus fœtidus, le staphylocoque Jungano.

b) **Suppurations périurétrales. Abcès et phlegmon du périnée.** — L'étude bactériologique des abcès urineux commence avec Albarran et Hallé (1888.) Ils constatèrent dans 2 cas d'abcès urineux périnéaux la présence du bacterium coli. Successivement ce même microbe est encore retrouvé par Clado (1888), par Tuffier et Albarran. Guyon et Albarran (1891) étudient un cas de gangrène urinaire avec diffusion à la verge et au scrotum et ils constatent localement le coli, le staphylocoque et un gros bacille à bouts carrés. Dans les organes, l'examen histo-bactériologique fit constater soit le bacterium coli, soit le gros bacille, qu'ils n'ont pas pu cultiver dans des milieux aérobies et qu'ils supposèrent devoir être un anaérobie.

Albarran et Banzet (1896) dans d'autres recherches bactériologiques d'infiltrations périnéales font la remarque que, dans plusieurs cas, ils n'ont pas trouvé dans les cultures certains microbes qu'ils avaient observés à l'examen microscopique.

Albarran et Cottet (1898) ont étudié ensuite 23 cas d'abcès urineux circonscrits et diffus. Parmi les 15 cas d'abcès circonscrits ils trouvent : 19 fois des anaérobies seuls ou en plus grand nombre que les aérobies, 1 fois des aérobies seuls. Parmi les 8 phlegmons diffus ils trouvent 6 fois des anaérobies seuls ou prédominants, 2 fois des aérobies seuls.

Parmi les anaérobies le microbe le plus fréquemment isolé a été le micrococcus fœtidus (10 fois), le bacillus fragilis (6 fois), le diplococcus reniformis (5 fois) et ensuite le bacillus funduliformis, le staphylococcus parvulus. Albarran et Cottet concluent que les suppurations périurétrales peuvent être exclusivement dues à des anaérobies facultatifs (13 p. 100), à des anaérobies facultatifs associés à des anaérobies stricts (75 p. 100), à des anaérobies stricts seuls (12 p. 100).

Jungano a étudié (1907) 8 cas de suppurations périurétrales, qui peuvent ainsi se grouper : 5 phlegmons diffus avec gangrène, 1 phlegmon circonscrit compliqué d'infection générale, 1 abcès circonscrit, 1 cas d'infiltration périnéale non opérée, compliquée d'infection septicémique après l'urétrotomie interne.

Le seul cas d'abcès circonscrit est dû à des aérobies. Dans le cas de phlegmon circonscrit on trouve 1 espèce aérobie et 2 anaérobies. Parmi les 5 cas de phlegmons diffus, 1 est dû à des microbes aérobies, 1 autre à des microbes anaérobies, dans les trois autres cas les espèces anaérobies prédominent sur les aérobies.

Dans les 5 cas de phlegmons gangreneux cet auteur a rencontré 4 fois le bacille perfringens. Il confirme les résultats d'Albarran et Cottet et établit avec certitude que la forme phlegmoneuse grave relève presque exclusivement de la présence des microbes anaérobies et surtout de l'action du bacille perfringens.

c) **Prostate**. — La bactériologie des suppurations prostatiques a été étudiée pour le processus aigu par Albarran, Cottet et Duval, Casper, Jungano. Cottet et Duval (1900) dans un cas de prostatite phlegmoneuse ont isolé le perfringens. Jungano a étudié 5 cas de suppurations aiguës et 4 cas de suppurations chroniques de la prostate.

Dans les affections aiguës il n'a pas trouvé des anaérobies stricts : les suppurations chroniques, au contraire, seraient dues en partie à des espèces anaérobies strictes.

d) **Vessie**. — La bactériologie des cystites a été l'objet d'un rapport de la part d'Albarran, Hallé et Legrain, à l'Association française d'urologie (1898) : 304 cas de cystite y sont rapportés.

Dans la même année Albarran et Cottet ont communiqué le premier cas de cystite où en même temps que le bacterium coli et le streptocoque ils avaient isolé le diplococcus reniformis.

Les mêmes auteurs (1900) et Hartmann et Roger (1903) publient 5 cas de cystite à anaérobies.

Jungano (1907) n'a pas retrouvé des anaérobies dans les cystites aiguës, tandis qu'il en a retrouvé, et en très grand nombre, dans les processus infectieux chroniques.

Si on demande quel rôle jouent les anaérobies dans les infections vésicales chroniques, nous sommes obligés de rester dans la plus complète incertitude. On ne peut s'empêcher de considérer que le nombre des microbes n'est pas en rapport avec les phénomènes inflammatoires et que souvent les microbes pullulent dans la vessie comme dans un tube de culture sans aggraver le processus morbide.

Il s'agit dans ces cas d'infections polymicrobiennes : il y a des anaérobies facultatifs et des anaérobies stricts et ces derniers souvent en majorité.

Ce qu'on observe, en général, ce sont les mêmes microbes

anaérobies qu'on rencontre dans les processus pathologiques urétraux et périnéaux.

e) **Infections rénales.** — Les infections rénales d'origine sanguine relèvent, pour la plupart, d'espèces anaérobies facultatives, tandis que ce sont les anaérobies stricts qu'on retrouve dans les infections d'origine sanguine, compliquées d'infection ascendante. Il s'ensuit que les anaérobies remontent lentement le canal urétro-vésical ou bien sont portés directement dans la vessie par des lavages ou par des instruments.

f) **Microbisme du canal génital de la femme à l'état normal et pathologique.** — Y a-t-il des microorganismes pathogènes dans le vagin de la femme à l'état normal? Winter, Wilte, Samschin répondent affirmativement, tandis que Bumm, Krönig, Menge, Stroganoff disent qu'il n'existe que des saprophytes.

Dœderlein (1892) croit qu'à l'état normal, en raison de la réaction acide du mucus vaginal, il n'existe qu'une seule espèce bactérienne, qui représenterait à elle seule la flore vaginale normale.

Stroganoff (1893), cherchant la cause de la rareté des espèces pathogènes dans le contenu vaginal, prétendit avoir démontré, *in vitro*, un antagonisme entre les bactéries du vagin et le staphylocoque blanc, et que les microbes pathogènes ne se développent pas à cause de l'action bactéricide du mucus vaginal. La cavité cervicale de l'utérus, d'après Stroganoff, est stérile.

Menge et Krönig (1898) sont les premiers qui aient fait des cultures à l'abri de l'air.

Menge rencontra dans la vulve une flore variable et provenant pour la grande partie du vagin. Cette flore comprend, d'après cet auteur, un nombre appréciable de saprophytes anaérobies et surtout un coccus déjà isolé par Krönig et non pathogène pour les animaux. Il conclut de ces résultats que le vagin a un pouvoir d'auto-stérilisation vis-à-vis des microbes pathogènes.

Dans la cavité cervicale, Menge ne rencontre que très rarement des anaérobies stricts, tandis qu'il trouve très fréquemment (16 sur 20) des anaérobies facultatifs remontés du canal vaginal.

L'orifice externe du col serait la limite entre la zone inférieure infectée et la zone supérieure stérile.

Krönig (1897) montre que chez la femme enceinte le vagin ne

contient pas de germes aérobies, la flore vaginale est presque exclusivement composée de saprophytes anaérobies ; il a cherché 11 fois ces germes et les a toujours trouvés.

J. Hallé (1898) fait paraître un remarquable travail sur la flore de la vulve des petites filles et des femmes : cet auteur rencontre un assez grand nombre de microorganismes qu'il retrouve pour la plus grande partie dans le vagin.

Ce canal contient à l'état normal des microbes aérobies et des anaérobies stricts. Ces derniers paraissent souvent augmenter de nombre dans le bouchon muqueux du col utérin.

A partir de ce point le canal génital (utérus-trompe) ne contient pas de germes à l'état normal.

Aucune des espèces anaérobies n'est pathogène pour l'animal.

g) **Bartholinites.** — Dujon (1897) a le premier étudié la flore aérobie et anaérobie dans les bartholinites. Dans un seul cas à pus fétide sur 14 examinés il trouva le coccobacile de Veillon et Morax.

J. Hallé (1898) a examiné 18 cas d'infection de la glande de Bartholin. Dans tous les cas d'abcès à pus fétide cet auteur a retrouvé les anaérobies , soit seuls, soit associés à d'autres microbes, et surtout au gonocoque. Les anaérobies le plus fréquemment isolés sont le b. funduliformis (9 fois), le micrococcus fœtidus (6 fois), le b. nebulosus (2 fois). On voit donc que dans les bartholinites on rencontre comme microbes anaérobies les mêmes espèces que dans le vagin à l'état sain.

h) **Infections puerpérales putrides.** — Krönig, Hallé, Doleris, Brindeau et Macé avaient étudié la question, mais pas d'une façon complète.

Dans une première période de l'époque bactériologique, l'agent exclusif des infections puerpérales est le streptocoque pyogène.

Les cocci en chaînettes entrevus par Coze et Feltz (1869) dans le sang d'une puerpérale et par Waldeyer (1872), par Heiberg et Orth (1873) furent identifiés au streptocoque par Pasteur (1879).

Doleris (1881) posa le premier le principe de la pluralité microbienne et trouva en effet soit des cocci, soit des bacilles.

Chauveau (1882) et Arloing (1884) ayant isolé le streptocoque dans un cas d'infection puerpérale, en le cultivant de différentes façons, obtiennent, chez l'animal, des formes cliniques tout à fait différentes. Arloing conclut que le streptocoque n'est pas spécifique de l'infection puerpérale.

Fritsch (1885) incline à admettre l'existence d'une seule espèce, mais avec des variations de virulence.

Widal (1889) admet aussi le streptocoque seul.

Cette théorie régna incontestée, en France au moins, jusqu'en 1899.

Du Bouchet en recherchant les aérobies et les anaérobies trouva toute une série de microbes.

Doleris (1900) fait le procès de l'unicité étiologique, pour admettre la théorie de la pluralité des germes.

Krönig et Menge (1900) arrivent aux mêmes conclusions : dans toute une série de cas dans lesquels les accouchées ont présenté des accidents fébriles, le streptocoque est rarement seul dans la cavité utérine. Ils rappellent deux cas personnels et un dû à Ernst (1893), où l'examen bactériologique n'a décelé aucun streptocoque, mais seulement des anaérobies. Nous arrivons ainsi à Jeannin (1902) qui a donné une étude très approfondie de la question. Rist, Gourand, Rist et Mouchotte (1903) apportent de nouvelles contributions à la bactériologie des infections utérines.

Telle est rapidement résumée l'histoire de l'infection puerpérale putride.

i) **Décomposition putride du liquide amniotique.** — Dans les 7 cas que Jeannin a étudiés, l'infection était mixte aéro-anaérobie : les espèces anaérobies eurent toujours le rôle prépondérant, sauf dans une observation où le colibacille domina de beaucoup. Les microbes isolés par Jeannin ont été : le perfringens (4 fois), le micrococcus fœtidus, le streptococcus tenuis (5 fois), le b. radiiformis (3 fois), le b. ramosus, le b. caducus (2 fois), le b. fragilis, le b. tethoïdes, le staphylococcus parvulus (1 fois).

Krönig dans 21 cas de fièvre du travail a rencontré une fois le streptocoque et une fois le staphylocoque en culture pure dans les seuls cas où le liquide amniotique n'était pas fétide. Dans les 19 autres observations de putréfaction intra-amniotique, il trouva 4 fois le bacterium coli et 15 fois des microbes anaérobies que Jeannin identifie au b. perfringens, au micrococcus fœtidus, au streptococcus tenuis.

Ce dernier auteur a étudié ensuite 3 cas d'infection amniotique avant la rupture des membranes. Quoique l'examen bactériologique décelât la présence de deux espèces aérobies, le rôle prédominant appartenait aux anaérobies dont il isola cinq espèces différentes. D'après lui ce seraient les microbes des voies intravaginales qui passent au travers des membranes, au niveau du pôle inférieur de l'œuf. Plusieurs conditions favorisent ce passage dont la plus importante est le travail en raison de la chute du bouchon muqueux cervical, qui disparaît lors des premières douleurs, une très mince barrière séparant alors le liquide amniotique du vagin.

j) **Infections putrides post partum.** — Les premières recherches sur l'infection puerpérale dans lesquelles on décela la présence des anaérobies appartiennent à Vignal (1882), qui constata le vibrion septique, et à Du Bouchet (1897) qui, dans plusieurs cas, trouva des anaérobies dans le contenu utérin. Krönig a examiné 55 cas de lochies fétides : dans tous les cas où les cultures furent positives il a isolé des anaérobies en partie identiques à ceux retrouvés dans les cas de fièvre du travail, en partie différents : les uns et les autres non pathogènes pour le lapin. Brindeau et Macé ont étudié 5 cas de putréfaction intra-utérine post partum : ils n'auraient pas trouvé des anaérobies stricts. Jeannin rapporte, dans son travail, 21 observations dans lesquelles la culture a donné 3 espèces aérobies et 13 anaérobies.

Les rapports proportionnels existant entre les espèces aérobies et anaérobies, dans 21 observations, sont les suivants : Infection à aérobies purs, 1 cas; mixte aéro-anaérobies, 10; mixte avec prédominance des anaérobies, 1 fois.

Dans un travail ultérieur (1907) Jeannin apporte une nouvelle contribution de 7 cas confirmant ses premiers résultats. Même chez les accouchées en état de santé parfaite et sans fièvre, les lochies contiennent souvent beaucoup de microbes anaérobies (Gioelli).

k) **Rétentions placentaires putrides post abortum.** — Du Bouchet a étudié 4 cas de rétentions placentaires post abortum et y a isolé 2 fois le b. coli et 3 fois un bacille qui pourrait être le b. perfringens.

Dans les 4 cas de J. Hallé, les anaérobies étaient en forte prédominance, et même dans un cas existaient seuls. Parmi eux et dans les 4 cas il a isolé le b. caducus.

Jeannin a étudié 19 cas : 1 seule fois l'infection fut unimicrobienne, 18 fois polymicrobienne. Sur l'ensemble des cas non seulement le nombre des anaérobies (12) l'emporte sur celui des aérobies (3), mais dans chaque observation en particulier à côté d'une ou deux espèces aérobies on rencontre 3, 4 et même 5 anaérobies. Les anaérobies isolées sont par ordre de fréquence : le b. perfringens (12 fois), le b. thethoïdes, le streptococcus tenuis, le staphylococcus parvulus (6 fois), le b. radiiformis (4 fois), le micrococcus fœtidus, le b. caducus (3 fois), le b. nebulosus (1 fois).

A ce chapitre peut se rattacher l'observation publiée en 1904 par Jeannin. Il s'agissait d'une femme qui au 3ᵉ jour d'un accouchement naturel, présenta de la fièvre et de la fétidité lochiale. Cette femme avait une antéversion de l'utérus, son état étant aggravé, la malade fit de la gangrène pulmonaire et mourut. L'examen, pendant la vie, du contenu utérin et du poumon après la mort décela la présence exclusive de deux anaérobies stricts : le b. perfringens et le micrococcus fœtidus.

l) **Septicémies gazeuses.** — Jeannin réunit sous ce titre toutes les infections putrides dans lesquelles il y a formation, dans l'organisme et durant la vie, de gaz provenant de la décomposition des humeurs et des tissus attaqués par les agents microbiens. Sur 4 cas de putréfaction intrautérine avec développement de gaz, étudiés par Jeannin et Demelin, ces auteurs n'ont pas trouvé d'aérobies, mais exclusivement des anaérobies.

3° *Affections méningitiques et cérébrales.*

Weichselbaum (1898), dans un cas de méningite traumatique, trouva à l'autopsie pratiquée 20 heures après la mort le bacille Welch-Fränkel (bacillus perfringens). Howard (1899) rencontra le même bacille dans un cas de méningite. Il s'agissait d'un malade porteur d'une fistule urinaire auquel on avait pratiqué le curettage de la fistule et mis une sonde à demeure. Quelques jours après éclataient les symptômes de méningite. On trouva à l'autopsie un abcès cérébral. Dans le sang du cœur de même que dans le pus de l'abcès cérébral Howard constata la présence du bacille de Welch.

Moser dans un cas de méningite aiguë cérébro-spinale isola une bactérie anaérobie qu'il ne put définir.

Ghon, Mucha, Müller (1904) ont étudié 4 cas de méningite, dont 2 avec présence d'anaérobies seuls, 1 avec prédominance d'anaérobies et le dernier à infection mixte aéro-anaérobie. Deux espèces anaérobies ont été identifiées avec le bacillus radiiformis et le spirillum nigrum.

Legrand et Axisa (1905) ont trouvé des anaérobies dans un abcès cérébral chez un malade mort de dysenterie.

Heyde (1908) dans un abcès primitif de la zone rolandique gauche n'isola qu'un seul microbe : un bacille anaérobie strict qu'il n'a pu identifier à aucun autre anaérobie décrit.

4° *Organes des sens.*

A. **Peau normale.** — Rodella (1903) a signalé la présence d'anaérobies (bacillus paraputrificus) dans la sueur des pieds. Rocchi (1908) a fait des recherches analogues.

Il a utilisé le produit de curettage de la surface interdigitale des pieds et du creux axillaire d'ouvriers après 8-10 heures de travail. Il a retrouvé en dehors de nombreux cocci et du bacillus subtilis, des germes anaérobies identifiés avec le b. perfringens, le b. paraputrificus, qui joueraient un rôle dans la sécrétion fétide.

a) Gangrène disséminée de la peau chez les enfants. — Veillon et Hallé (1901) ont étudié un cas de gangrène disséminée de la peau chez un petit malade venant d'avoir la rougeole. Ils ont trouvé dans les lésions purement suppuratives le staphylocoque doré et dans les phlegmons gangreneux ils ont vu qu'il existait un microbe anaérobie strict : bacillus ramosus.

Plus tard, J. Hallé (1905) publia le cas d'une petite fille convalescente d'une varicelle, chez laquelle se développa un phlegmon gazeux à point de départ dans la grande lèvre gauche qui gagna l'aine, l'hypocondre et l'aisselle. Dans le pus de ce phlegmon cet auteur constata la présence du streptocoque pyogène en très faible quantité et de 4 espèces anaérobies dont 3 identifiées avec le bacillus funduliformis, le micrococcus reniformis et le bacillus nebulosus

b) Phlegmons gazeux. — Stierlin fait intervenir, dans la formation des gaz, la présence des germes gazogènes de la putréfaction, associés aux germes banaux; mais il n'en apporte pas la démonstration.

Rosenbach (1884) dans la sanie de la gangrène trouve des microbes, qu'il ne retrouve pas dans les cultures. Ce n'est que plus tard que W. Koch, Arloing, Levy, Wichlein ont isolé dans plusieurs cas de gangrène gazeuse le vibrion septique. Pendant quelque temps, on a fait du vibrion septique l'agent exclusif de la septicémie gangreneuse.

Fränkel (1890) isola en culture pure et dans plusieurs cas de phlegmons septiques diffus un bacille anaérobie strict qu'il dénomma bacillus phlegmones emphysematosæ (b. aerogenes capsulatus de Welch, perfringens Veillon). Welch, Veillon, etc., l'ont retrouvé dans les processus gangreneux les plus différents.

Dernièrement (1904) il a été encore isolé par Werner dans un cas de phlegmon de l'avant-bras avec abcès métastatique du rein et par Hasemann (1907) dans un cas de phlegmon du bras.

Fränkel prétendit ultérieurement que son bacille déterminait des lésions différentes de celles du vibrion septique.

La gangrène gazeuse n'est pas une entité sous la dépendance d'une seule espèce microbienne anaérobie : Hintschmann et Lindenthal l'ont bien démontré. D'autres anaérobies, surtout associés, qui ne sont ni le b. perfringens, ni le vibrion septique, peuvent déterminer des processus gangreneux (Veillon et Hallé, Lippmann et Foisy, Gaudiani, Heyde, etc.). On a même cité des espèces anaérobies facultatives : le bacterium coli (Margarucci, Alessandri, Jungano, etc.), le bacillus septicus aerobius (Legros et Lecène), le streptobacillus gazogenes aerobius (de Gaetano), pourraient être les agents exclusifs de la gangrène.

Rocchi a étudié la pathogénie de la gangrène des membres sans lésions cutanées.

Or, d'après Rocchi, il n'est pas possible de croire que tous les germes trouvés dans la gangrène existaient déjà dans le sang des vaisseaux au-dessous de la ligature. Pour ces raisons il conclut que dans la gangrène gazeuse sans lésion de la peau, secondaire à un traumatisme, l'infection vient rarement par la voie sanguine, mais que son origine probable doit être recherchée dans le pansement chaud appliqué sur le membre qui en macérant la peau faciliterait l'infection transcutanée.

B. Oreille. — *Suppuration d'origine otique.* — Les travaux de Wetter, de Zaufal, parmi les nombreux parus, ont fixé le rôle des microbes pyogènes ordinaires dans les suppurations aiguës de la caisse.

Stern (1896) a essayé d'aborder l'étude bactériologique

comparative des otites aiguës non fétides et des otorrhées chroniques fétides. Il est frappé de la discordance qui existe entre le grand nombre des microbes à l'examen microscopique du pus et le peu de résultats que lui donnent les cultures.

Les recherches de Rist portent sur 15 cas. Dans 3 cas d'otorrhées chroniques à pus fétide il a isolé en grande quantité des espèces anaérobies et, en plus petite quantité, des espèces anaérobies facultatifs. Dans les 6 cas de mastoïdites aiguës consécutives à des otorrhées chroniques il a trouvé dans les cas où le pus n'avait aucune odeur des aérobies, dans les autres cas au contraire n'existaient que des anaérobies toujours en nombre prépondérant et souvent seuls.

On voit plus nettement ici le rôle que jouent les anaérobies. Dans les suppurations avoisinant l'oreille, les aérobies ou sont seuls ou prédominent ; dans les lésions à distance, de même que dans le sang, on ne rencontre, presque toujours, que des espèces anaérobies.

Les anaérobies isolés par Rist sont : le b. ramosus (6 fois), le b. perfringens, le micrococcus fœtidus, le staphylococcus parvulus (3 fois), le b. radiiformis et le b. funduliformis (2 fois), le b. serpens et le spirillum nigrum (1 fois). On voit donc que les anaérobies, pour la plus grande partie provenant des cavités naso- et bucco-pharyngiennes, peuvent produire les lésions les plus variées.

C. **Nez.** — *Sinusites.* — Baup et Stanculeanu ont étudié au point de vue bactériologique les sinusites. Ils ont retrouvé, très fréquemment, surtout dans celles d'origine dentaire, des anaérobies tels que le bacillus ramosus, le bacillus fragilis. Dans les sinusites d'origine nasale ils n'ont trouvé que des pyogènes banaux.

D'après ces auteurs la présence des anaérobies est un critérium pour affirmer l'origine dentaire d'une sinusite.

D. **Œil.** — *Globe oculaire, paupières, etc.* — Morax et Veillon les premiers ont isolé dans un cas de dacryo-cystite gangreneuse un coccobacille anaérobie.

Chaillous retrouve le bacillus perfringens dans deux cas d'infection traumatique du globe oculaire.

Benedetti dans différentes infections oculaires a isolé de nombreux anaérobies. Il a retrouvé, en outre, dans le sac conjonctival à l'état sain des anaérobies, comme Fava en a récemment trouvé dans les cils normaux.

5° *Appareil respiratoire.*

a) **Pleurésies putrides.** — Levy (1895) aurait le premier constaté un anaérobie dans une pleurésie non fétide, le bac. perfringens.

Roger et Comte (1897) publient un cas de pleurésie putride post-embolique. Ayant isolé dans l'exsudat 2 microbes qu'ils injectèrent au lapin, ils reproduisirent chez ces animaux un épanchement n'exhalant que peu d'odeur. Ils conclurent qu'ils n'avaient pas isolé le véritable agent de la putréfaction et que celle-ci devait être attribuée à des saprophytes.

En face de l'opinion ancienne représentée de nos jours par Roger et Comte, nous voyons se dresser une nouvelle interprétation, celle de Courmont et de Cassoët, pour lesquels l'association des germes pyogènes vulgaires suffirait à donner lieu à la putridité.

Plusieurs auteurs constatent, cependant, que l'inoculation aux animaux de germes banaux isolés ne suffit pas à reproduire la pleurésie putride, alors que l'inoculation du pus en nature la détermine aisément.

En 1898, Hamilton parvient à isoler de ces pus un anaérobie : le bac. perfringens.

Lorrain (1902) dans un cas de pleurésie putride trouve 2 anaérobies stricts : un coccus et le b. ramosus ; Guillemot, Hallé et Rist (1904) nous donnent une étude d'ensemble sur la question en ajoutant à ses nombreuses observations des recherches expérimentales.

Ces auteurs ont examiné 13 cas.

Dans un seul cas le pus ne contenait que le bacillus glutinosus.

Dans les 12 autres cas il s'agissait de suppurations polymicrobiennes.

Dans 5 cas sur 13 le pus ne renfermait que des anaérobies stricts.

Dans les autres cas ils ont trouvé aussi des facultatifs.

La seconde partie du remarquable travail de Guillemot, Hallé et Rist comprend des recherches expérimentales sur les pleurésies putrides.

Les auteurs concluent que les anaérobies facultatifs à eux seuls ou associés sont incapables de produire la pleurésie putride. Le rôle des anaérobies ne se borne pas à faire subir à des tissus déjà lésés une putréfaction secondaire; ils sont capables d'attaquer les tissus vivants, de les enflammer et de les nécroser, pour les putréfier ensuite.

En injectant plusieurs espèces anaérobies à la fois, Guillemot, Hallé, Rist, ont reproduit chez l'animal cette maladie.

b) **Gangrène pulmonaire**. — Les recherches de Veillon et Zuber ont jeté un nouveau jour sur la pathogénie des gangrènes, en montrant que le processus gangreneux et putride est fonction des anaérobies.

Guillemot, qui a très bien étudié la gangrène pulmonaire, rapporte dans la première partie de son travail 8 cas de gangrène embolique, tous d'origine otique, y compris 2 cas de Rist et 1 cas de Veillon et Zuber. La seconde partie contient 6 cas de gangrène d'origine aérienne, c'est-à-dire de gangrène où l'infection paraît avoir pénétré par la voie respiratoire, sans que l'on puisse d'ailleurs préjuger en rien de la modalité de cette infection.

Dans l'un de ces cas l'infection était sous la dépendance exclusive des anaérobies stricts; tous les autres étaient d'origine mixte avec prédominance des anaérobies stricts.

Les microbes le plus souvent retrouvés sont le b. ramosus (8 fois) et le b. fragilis (6 fois); viennent ensuite le b. funduliformis (3 fois), le b. serpens, le b. fusiformis, le spirillum nigrum (2 fois), le staphylococcus parvulus et le b. perfringens (1 fois).

Guillemot arrive à réaliser la gangrène pulmonaire par embolie, en injectant plusieurs espèces anaérobies et une seule aérobie non virulente, mais la présence des anaérobies facultatifs n'est pas indispensable. En effet, chez un malade examiné par Guillemot il n'existait que des anaérobies; Veillon et Zuber, en outre, auraient réalisé dans l'animal un processus gangreneux, en n'injectant que des espèces anaérobies.

Guillemot, examinant enfin la pathogénie de la gangrène pulmonaire, trouve que dans la gangrène pulmonaire d'origine embolique, l'embolus, qui par lui-même ne jouerait qu'un rôle mécanique, ne provoque la gangrène que parce qu'il contient dans son intérieur des anaérobies, agents de la fermentation putride. Ces microbes s'attaqueraient directement aux tissus vivants, sans avoir besoin de trouver un terrain préparé par l'action antérieure d'autres agents ou d'autres causes morbides. Il est possible d'expliquer, de même, les gangrènes qui ne reconnaissent pas pour cause un embolus, celles qui paraissent être sous la dépendance directe d'une infection d'origine aérienne.

6° *Appareil circulatoire.*

Sang. — On a toujours considéré comme impossible la végétation des germes anaérobies dans le sang. Krönig, qui a fait de nombreuses recherches sur le rôle des anaérobies, admettait que les infections anaérobies se propageaient seulement par les lymphatiques et par contiguïté avec les cavités séreuses. C'est un fait très important à noter que tandis que dans un foyer primitif on trouve des anaérobies stricts associés aux facultatifs, dans les lésions métastatiques on trouve seulement des anaérobies stricts.

Fränkel isole le premier le bacillus perfringens dans le sang d'un sujet atteint de phlegmon gazeux. Achalme et d'autres observateurs isolent le même microbe dans le sang d'individus atteints de rhumatisme articulaire aigu.

Albarran, Cottet, Jungano trouvent des anaérobies chez des malades présentant des phlegmons diffus du périnée. Rist en retrouve chez des malades présentant des otites gangreneuses.

Roger et Garnier décèlent dans le sang d'un homme atteint d'occlusion intestinale un anaérobie strict : le bacillus pocciloïdes. Ils isolent assez fréquemment le bacillus perfringens, soit seul, soit associé à des anaérobies facultatifs, dans le sang des chiens et des lapins, chez qui ils avaient pratiqué l'occlusion intestinale.

D'après Garnier et Simon l'infection anaérobie du sang est aussi fréquente dans certaines maladies qui lèsent la muqueuse intestinale, et en particulier au cours de la fièvre typhoïde : ils ont trouvé chez deux typhiques dans le sang une fois le bacillus perfringens, associé à un anaérobie facultatif, une autre fois une nouvelle espèce anaérobie stricte, le bacillus angulosus. Ces mêmes auteurs ont trouvé aussi des anaérobies dans le sang de malades atteints d'états infectieux d'origine inconnue, dont la porte d'entrée intestinale est possible, tels que l'ictère catarrhal, le purpura, etc.

Thaon chez un malade atteint de septicémie à la suite d'une chute dans une fosse d'aisances isole des anaérobies.

Gilbert et Lippmann dans un cas de gangrène sénile trouvent dans le sang le bacillus ramosus, anaérobie qui fut rencontré associé à quelques espèces aérobies dans la sanie entourant la plaque de gangrène.

7° *Système osseux.*

Ostéomyélite. — Depuis que Pasteur (1880) avait isolé dans le pus d'une ostéomyélite le staphylocoque doré on admit généralement la spécificité de ce germe, d'autant plus que les expérimentateurs avaient réussi à reproduire cette infection chez les animaux (Colzi, Rodet, Jaboulay). Successivement on a trouvé dans le pus d'autres microbes : le streptocoque, le pneumocoque, le bacterium coli, le bacille typhique.

Wyss a décrit un cas d'ostéomyélite du tibia avec infection générale par un anaérobie : le bacillus halosepticum.

Rist (1898) dans un cas de coxite secondaire à une infection d'origine optique isola le bacillus tethoïdes.

Lippmann et Froisy (1902) ont recherché les anaérobies dans le pus d'une ostéomyélite aiguë d'un tuberculeux avec bronchite fétide. Ils isolèrent des anaérobies stricts seulement : le streptococcus anaerobius, le bacillus ramosus, le bacillus serpens.

ESSAI DE CLASSIFICATION DES MICROBES ANAÉROBIES

Il est difficile de faire une bonne classification des anaérobies. Nous adopterons celle qui nous semble la plus simple : cocci et bacilles. Nous placerons ensuite ces deux groupes d'après leur pouvoir fermentatif. Nous mettrons en première ligne les bacilles les plus actifs au point de vue chimique et au point de vue pathogénique. Nous étudierons donc d'abord les microbes à la fois ferments de l'albumine et des sucres (les protéolytiques mixtes de Tissier et Martelly), puis ceux qui ne s'attaqueront qu'à l'albumine, dont l'action sur les sucres est presque insignifiante (protéolytiques simples des mêmes auteurs).

Nous ferons de même pour les microbes qui ne s'attaquent qu'aux matières albuminoïdes ayant subi un commencement d'hydratation (peptolytiques de Tissier et Martelly), se subdivisant aussi en deux catégories : les mixtes et les simples. C'est en effet de cette façon que se classent les bactéries anaérobies dans les processus putrides : les protéolytiques destructeurs des sucres se développent d'abord, puis les protéolytiques simples et enfin en dernier lieu les peptolytiques qui vivent de déchets des autres.

On trouve fréquemment dans la littérature scientifique des descriptions de microbes dont les unes sont absolument identiques, dont les autres ne diffèrent que par quelques points de détail insignifiant.

D'autres descriptions semblent avoir été faites avec des cultures impures.

Il est clair qu'on pourrait passer sous silence ces descriptions et ne conserver que la plus ancienne ou celle qui nous a paru la plus exacte. Nous ne nous croyons pas autorisés à trancher la question d'une façon si catégorique. Nous préférons, pour faciliter les recherches de nos lecteurs et pour la clarté de l'ouvrage, réunir toutes les descriptions identiques ou toutes celles qui se rapportent suivant nous, à un seul et même microbe ou à des variétés, dans des groupes.

Ainsi nous donnons par exemple sous le nom de « groupe de perfringens » toute une série de descriptions qui semblent se rapporter à cette seule et même espèce.

CHAPITRE IV

BACILLES PROTÉOLYTIQUES

A. — GROUPE DU PERFRINGENS

Bacillus perfringens. — Ce microbe a été mainte fois décrit sous des noms absolument différents. Nous conserverons le nom de perfringens qui nous semble être le plus répandu. Il fut découvert en 1891 par Achalme, dans les liquides céphalo-rachidiens d'un homme mort de rhumatisme cérébral. Ce même microbe a été ensuite et dans un certain nombre de cas, retrouvé soit à l'autopsie, soit dans le sang des individus atteints de rhumatisme articulaire aigu par Achalme, Lucatello, Thiroloix, Papillon, Riva et plusieurs autres savants. Achalme se basant sur ces données veut en faire l'agent spécifique du rhumatisme articulaire aigu. La même année (1891) ce microbe fut aussi découvert et étudié par Welch dans les organes

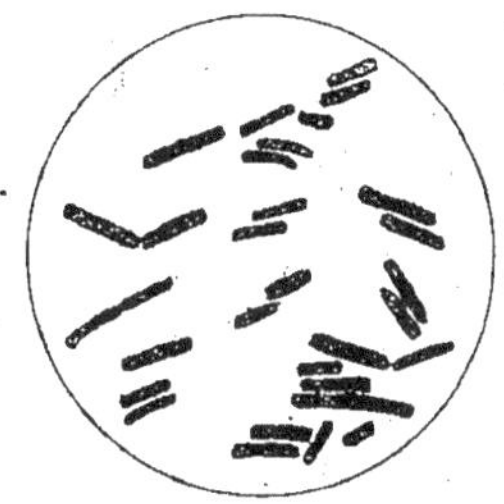

Fig. 1. — Bacillus perfringens.

emphysémateux d'un cadavre (1892); mieux étudié ensuite par Welch et Nuttall et dénommé par eux bacillus aerogenes capsulatus.

Isolé par Fränkel (1893) dans un phlegmon, il reçut de ce fait le nom de bacillus phlegmonis emphysematosæ. Plus tard, Muscatello et Gangitano (1898) en firent l'objet d'assez importants travaux. La même année Veillon et Zuber l'isolèrent et l'étudièrent sous le nom de bacillus perfringens. Les élèves de Veillon (Rist, Guillemot, Hallé, Tissier, Cottet, etc.) le retrouvèrent et le décrivirent successivement au cours de leurs travaux. Depuis de nombreux observateurs en firent également mention.

C'est un microbe très répandu : on le retrouve un peu partout, dans l'intestin normal de l'homme et de beaucoup d'animaux à régime carné ou mixte, dans l'urètre normal, dans les urétrites chroniques (Jungano), dans les infiltrations gangreneuses du périnée (Guyon et Albarran, Albarran et Cottet, Jungano), dans les infections oculaires (Chaillous, Benedetti), et en général dans les processus gangreneux siégeant dans les différents organes. On le rencontre fréquemment dans la putréfaction, surtout au début. Il semble diminuer à un moment donné, puis disparaître (Tissier). Pour ce dernier auteur cette bactérie serait capable de jouer un rôle important dans la pathogénie de certaines diarrhées. Passini, puis Sittler disent l'avoir isolé des selles des nourrissons normaux, fait à nouveau contesté par Tissier.

C'est un bacille un peu plus gros que la bactéridie charbonneuse à bouts parfois carrés, parfois arrondis. Sa longueur est très variable. En général, il garde la même longueur que le bacille charbonneux. Dans les organes, dans le sang, dans l'exsudat péritonéal, il peut devenir tellement court qu'il ne dépasse pas les dimensions du bacterium coli.

Quelquefois nous avons eu l'occasion de l'observer (fait d'ailleurs déjà constaté par Welch) dans l'exsudation péritonéale, sous formes réunies en chaînes très longues. Dans les milieux liquides, le bacille est plus mince et plus long que dans les milieux solides. On rencontre dans de vieilles cultures des formes anormales : bacilles déformés, irréguliers, à bouts renflés. Le perfringens est immobile. Il prend bien, et d'une façon uniforme, toutes les couleurs d'aniline et le Gram. Les bacilles des vieilles cultures ne se colorent pas entièrement et quelquefois, lorsque les bacilles ont perdu toute vitalité, ils se décolorent complètement par le Gram. Il possède une capsule.

Dans les milieux ordinaires sucrés, le microbe ne sporifie pas. Achalme conseille de cultiver le microbe pour le faire sporifier dans les milieux nutritifs sans glucose (eau physiologique avec un peu de blanc d'œuf cuit). D'après Muscatello [1], la spore unique siégerait dans le corps du bacille, plus près d'une des extrémités, mais ne serait jamais terminale. Elle serait légèrement ovale, le

---

1. Loris-Melikov (*C. R. Soc. Biol.*, déc. 1909) confirme les données de Muscatello. La spore débute par une masse médiane, en même temps le corps bacillaire s'efface. Elle devient ensuite ovoïde et très volumineuse.

plus grand axe dans le sens de la longueur du bacille et un peu en saillie sur son profil. Les spores sans coloration se montreraient comme des points réfringents ; d'autre part, elles se coloreraient avec beaucoup de difficultés. Achalme dit, au contraire, que la spore est toujours terminale, volumineuse et très réfringente [1].

Le perfringens se développe bien et vite dans tous les milieux de cultures, soit liquides, soit solides, aussi bien à la température de 37° qu'à celle de 22°. Il trouble très vite et d'une façon uniforme le bouillon qui au bout de quelques jours se clarifie presque complètement. Il se développe dans la gélatine au bout de 2 ou 3 jours avec une production de gaz. Selon certains auteurs, le perfringens ne liquéfie pas la gélatine et c'est ce caractère qui permit à Veillon de différencier ce microbe du bacille de Fränkel.

Veillon par la suite a vu que le perfringens, lorsque l'ensemencement est abondant, pouvait liquéfier la gélatine.

Un des perfringens isolés par Muscatello liquéfiait la gélatine, tandis que les autres la liquéfiaient tardivement et d'une façon moins intense. Pour expérimenter l'action du perfringens sur la gélatine, il faut l'ensemencer dans le milieu non sucré.

Dans la gélatine, les colonies n'ont rien de caractéristique, elles sont rondes, à contours réguliers, légèrement granuleuses. La gélatine est fendue par de nombreuses bulles de gaz, elle se ramollit, puis se liquéfie. Dans la gélose le développement est rapide : les colonies sont rondes, lenticulaires, quelquefois en

---

1. Rosenthal aurait adapté graduellement le bacille perfringens à la vie aérobie. Dans l'aérobisation le microbe ne perd aucune de ses propriétés. Mais cette conservation des fonctions n'est que provisoire. En effet, en continuant à cultiver le microbe en présence de l'air, on arrive à une seconde étape (étape de la discordance aéro-anaérobie) où le pouvoir fermentatif, de même que le pouvoir pathogène disparaissent. Cependant, ce bacille qui a perdu tous ses caractères d'origine revient rapidement à son type primitif, si on le cultive à nouveau en anaérobiose (anaérobie de reconstitution). Mais en continuant la culture en série du germe, elle atteindra le troisième stade, caractérisé par la perte absolue des fonctions fermentatives et pathogènes. Le bacillus perfringens privé de toutes fonctions est devenu le bacillogène perfringens. D'après Rosenthal, peut-être existerait-il une quatrième étape dans l'aérobisation du bacille, la perte de la morphologie et l'acquisition de l'aspect et des caractères d'un autre germe. Une fois, il a vu le bacillogène perfringens se transformer en un diplocoque et ensuite en un entérocoque de Thiercelin. Ce phénomène sort à tel point du cadre de nos connaissances bactériologiques, que n'ayant pu l'observer par nous-mêmes, nous ne le citons ici que pour mémoire.

forme de cœur, à contours réguliers et à bords nets. Vues au microscope elles ont l'aspect granuleux.

Nous insistons sur cet aspect des colonies, car il est tellement caractéristique à notre avis qu'on peut porter le diagnostic de perfringens. Le développement dans la gélose s'accompagne d'une production très abondante et très rapide de gaz. Le perfringens se développe également très bien dans le lait en produisant du gaz. Le lait est coagulé au bout de vingt-quatre heures et présente un aspect tout à fait caractéristique. Le coagulum plus ou moins diminué, suivant l'activité de la race, est perforé de logettes qui le font ressembler à une éponge. Le liquide reste toujours incolore et clair. Les cultures donnent une odeur caractéristique de beurre rance. L'examen du gaz aurait démontré la présence d'hydrogène, d'acide carbonique et d'azote en proportions variables. Il attaque le blanc d'œuf cuit, mais son action est très lente. Un pigment noir se dépose bientôt au fond du tube; ce pigment est insoluble dans l'eau, l'alcool et les alcalis concentrés, soluble dans l'acide sulfurique, et présente de grandes analogies avec la mélanine (Achalme). La membrane d'enveloppe de l'œuf n'est pas digérée (Achalme).

Les propriétés chimiques du bacille perfringens ont été étudiées par Achalme, Tissier et Martelly.

Il attaque les sucres d'une façon très intense : le glucose, le lactose sont dédoublés et brûlés avec production de HCO^2 et formation d'acides acétique, butyrique, propionique, lactique. Il saccharifie l'amidon.

Dans les cultures sur viande de boucherie, on peut voir que ce bacille sécrète une lipase émulsionnant et saponifiant les graisses. Il attaque également les substances protéïques en sécrétant une diastase du type trypsine. Les protéoses sont transformés rapidement avec production de H_2S, de gaz fétides tels que tyrosine, ammoniaque, etc. Le perfringens ne forme pas d'indol (Achalme). D'après Tissier et Martelly il en donne une faible quantité. Le perfringens détruit encore l'urée. Dans une urine contenant 17,93 de ce corps, on n'en trouve après huit jours d'étuve que 11,53.

Achalme a indiqué une curieuse propriété de ce microbe; il réduirait les nitrates en nitrite.

Il joue donc un rôle capital dans la putréfaction, grâce à ses fonctions mixtes de ferments des sucres, de l'amidon, des albuminoïdes et des graisses. Il produit trois diastases : trypsine, amylase, lipase, et possède aussi un pouvoir pathogène important. D'après Rosenthal, il faut distinguer dans le bacille perfringens deux variétés : l'une, banale, à culture fétide, à chimisme puissant; une autre mieux différenciée, à culture non fétide, à chimisme moins intense (bacille du rhumatisme). Le cobaye est l'animal le plus sensible. Quelle que soit la voie d'inoculation, l'animal meurt de septicémie très aiguë. Les organes, surtout la rate, sont bourrés de microbes. Quand on procède par inoculation sous la peau, il se forme des abcès gazeux formant des grands décollements. Le lapin résiste à des doses assez fortes, même par la voie veineuse. Par infection sous-cutanée, il se produit une véritable culture *in vivo* avec production de gaz, mais, au bout de quelques jours, la tuméfaction se résorbe et l'animal se remet complètement. Jungano a fait de nombreuses expériences pour voir si le microbe produisait une toxine. Les cultures filtrées par la bougie de Berkefeld, ou rendues inactives par le chloroforme, ont été sans action sur le cobaye et sur le lapin; il a filtré des cultures à partir de 24 heures et jusqu'à 15 jours. Au bout de ce temps le microbe à l'étuve a perdu toute vitalité. Nous avons répété les essais avec un perfringens, dont nous avions renforcé le pouvoir pathogène à travers 20 cobayes et les résultats ont été toujours négatifs. Le perfringens donnerait une hémolysine et aussi une leucocidine : nous n'avons pas contrôlé ces faits. Korentchevsky aurait obtenu une toxine d'un échantillon de bacille perfringens, isolé chez le chien, capable, injectée par la voie intraveineuse, de tuer un lapin à la dose de 1 cm³ par kilogramme du poids de l'animal. Il aurait eu une toxine encore plus active en faisant passer le bacille perfringens par 2 ou 3 lapins, animaux, comme l'on sait, presque réfractaires à ce microbe. Cette toxine serait plus active chez les jeunes lapins que chez les vieux. Elle agirait quoique d'une façon moins active lorsqu'on l'injecte par la voie rectale.

Nous rappelons que ce microbe jouerait un grand rôle dans les putréfactions intestinales (Tissier, Metchnikoff). Son action nocive d'après Herther serait accrue dans la vieillesse.

Bacillus pyogenes anaerobius (Fuchs, selon Flügge). — Isolé du pus d'un lapin mort spontanément, il est immobile, trapu. Il ne donne pas de spores. Il ne pousse pas à 22° et est un anaérobie strict.

Il produit chez le lapin de grands abcès.

Bacillus cadaveris (Sternberg, selon Flügge). — Isolé des organes internes dans l'autopsie des cadavres.

Il est large de 1 à 2 μ. et long de 1,5 à 4 μ..

Il est immobile. Il ne donne pas de spores.

Il ne pousse pas en gélatine et il ne donne pas de gaz. Il donne des acides en glycérine, agar et dans les tissus des organes internes.

Un morceau de foie d'un de ces cadavres tue un cobaye, tandis que le bacille en culture pure n'est pas pathogène.

Bacillus anaerobius liquefaciens (Sternberg, selon Flügge). — Isolé du contenu intestinal d'un individu mort de fièvre jaune.

Il est immobile. Il mesure une largeur de 0,6 μ. et une longueur de 2 à 3 μ.. Il forme souvent des filaments et il donne des spores.

Les colonies sont granuleuses.

L'anaerobius liquefaciens liquéfie la gélatine.

Microbe de Séwerine. — C'est un microbe trapu, à bouts arrondis.

Il donne des chaînes de 2 et parfois de plusieurs articles. Son protoplasme est granuleux et se colore irrégulièrement. Il a 1 μ. de largeur et 2 à 8 μ. de longueur.

Il est immobile. Il ne donne pas de spores.

Les colonies apparaissent au bout de 24 heures à la température de 37 à 38° ; elles sont rondes ou ovales, de couleur brune ou jaune, avec des granulations ou des gibbosités.

Le bacille de Séwerine donne des gaz.

Il pousse après 2 jours dans la gélatine à 22°, donnant lieu à des colonies rondes ou ovales de couleur jaune clair ou brune. Leur surface est granuleuse, les contours très nets.

Il se produit des gaz abondants et le milieu n'est pas liquéfié.

Le bouillon est troublé en 24 heures, mais après quinze jours il s'éclaircit donnant lieu à un précipité.

Le lait est coagulé en une masse compacte ; à la partie supérieure du coagulum nage un liquide clair.

Bacillus enteritidis sporogenes (Klein). — C'est un bâtonnet cylindrique, isolé dans des cas de diarrhée dans les hôpitaux de Londres, chez les enfants ayant succombé à la diarrhée, au choléra nostras ; chez un enfant mort de diarrhée estivale ; de l'iléum, dans deux cas de choléra nostras.

Ce bacille mesure 1,6 μ. à 4,8 μ. de longueur et 0,8 μ. de large.

Il forme des chaînes de 2 à 3 individus et donne rarement des filaments.

C'est un bacille mobile, et qui prend le Gram.

Il forme des spores libres, ovales, mesurant de 0,8 μ jusqu'à 1 μ de largueur et 1,6 μ de longueur.

On voit aussi des spores qui restent attachées au microbe même et peuvent être terminales ou médianes. Sur culture en gélatine ce bacille produit après 3 jours la liquéfaction complète et provoque la formation d'une forte quantité de gaz, accompagnée d'une odeur d'acide butyrique. Au fond de la culture se dépose une énorme quantité de spores.

Le gaz qui se forme est le méthane.

Les colonies en agar sont fines, transparentes, comme des disques à bord arrondis.

Ensemencé dans le lait il le coagule après 26-48 heures, en donnant un caillot à la surface et un dépôt de caséine. Les cultures dégagent une odeur très marquée d'acide butyrique.

Quand dans les cultures en gélatine il y a un fort développement de gaz, la liquéfaction demande de 8 à 20 jours pour s'accomplir.

Dans ce cas on n'observe jamais la formation de spores. Mais si on ensemence ces derniers microbes dans des tubes de gélatine fraîche, on obtient des cultures où la gélatine est en très peu de temps complètement liquéfiée et alors a lieu la sporulation.

Exposé à la lumière ce genre de culture donne une grande quantité de gaz.

En somme s'il y a développement abondant de gaz, il n'y a pas formation de spores et la liquéfaction de culture est très lente ; au contraire quand il y a peu de développement de gaz, il y a sûrement des spores et la liquéfaction est très rapide.

Les cultures en gélatine, exposées à la température de 78-80°, pendant 10-15 minutes, ne meurent pas. A ces faits il faut ajouter qu'en ensemençant des spores dans la gélatine elle se liquéfie très vite, et qu'au contraire, en ensemençant le microbe non sporulé, la liquéfaction est très lente à se produire.

Dans le lait, l'évolution du milieu sous l'influence des sporogènes est classique.

Si on ensemence une goutte de culture en gélatine, la transformation du lait s'accomplit rapidement : il y a formation intense de gaz et pas de sporulation.

Les phénomènes que nous avons décrits pour la gélatine sont donc plus accentués pour le lait.

Il y a formation nette de deux variétés de colonies ; Klein les appelle typiques et atypiques.

Voici leurs caractères de contraste dans le lait :

1) La couche crémeuse est fragmentée par le gaz dans la culture typique ; dans l'atypique au contraire elle reste intacte.

2) La culture typique a une réaction acide, tandis que celle de l'atypique a une réaction alcaline.

3) L'atypique a une odeur d'acide butyrique ; la typique une odeur de putréfaction.

4) La variété typique en gélatine donne des colonies qui ne sporulent pas et ne liquéfient pas le milieu ; tandis que l'atypique donne des colonies qui liquéfient et sporulent.

5) La variété typique est virulente ; l'atypique n'est pas pathogène.

Les spores de la culture atypique reproduisent les formes qui caractérisent l'espèce typique.

Le bacillus enteritidis sporogenes est pathogène.

Le cobaye ou la souris, avec une injection de 0,5-1 centimètre cube sous la peau, meurent d'infection généralisée après 24 heures.

Le liquide sous-cutané d'un animal mort est fortement virulent. Il suffit d'en injecter à un cobaye quelques gouttes pour le tuer en 20 heures.

Ingéré par la bouche ce bacille ne provoque pas l'infection.

Hibler, tout récémment, a trouvé que l'enteritidis sporogenes coagule le lait avant de le peptoniser.

Nous soulignons dans cette description les faits suivants :

Klein décrit une forme qu'il appelle typique, donnant des colonies lenticulaires, coagulant le lait sans le peptoniser, liquéfiant mal la gélatine sans donner de spores et pathogène. Cette description se rapproche beaucoup de celle du bac. perfringens.

La variété « atypique », au contraire, donne des colonies ramifiées, peptonise le lait, liquéfie la gélatine, donne des spores et n'est pas pathogène ; elle semble se rapprocher beaucoup du putrificus.

B. — GROUPE DU BIFERMENTANS

Bacillus bifermentans sporogenes (Tissier). — Il se trouve au premier stade de la putréfaction spontanée de la viande de boucherie.

C'est un gros bâtonnet qui ressemble beaucoup au perfringens, de longueur de 5 à 6 μ. et plus et de largeur de 0,8 jusqu'à 1 μ..

On trouve souvent des chaînettes de 5 à 6 éléments. Jamais on ne trouve de formes filamenteuses.

Il donne rapidement des spores au bout de 24 heures, même quand le milieu est sucré. La spore est située au milieu du bâtonnet.

Il est immobile et se colore par le Gram.

Sa vitalité est considérable. Les spores supportent une température de 100° pendant 1 minute et demie.

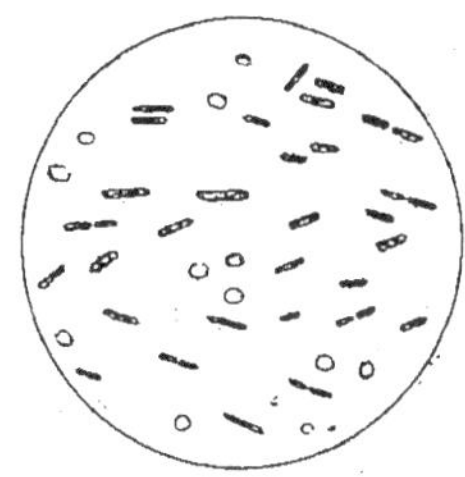

Fig. 2. — Bacillus bifermentans.

Traité avec la solution iodo-iodurée, il ne donne pas la réaction de la granuleuse.

Il pousse à 22° et à 37°.

Il se développe bien dans les milieux glucosés.

Dans la gélose sucrée il donne des colonies blanc grisâtre, très régulières, qui sont bien apparentes seulement après 48 heures ; 3 jours après il dégage des gaz d'odeur très fétide.

Dans les cultures âgées les colonies semblent donner des bosselures qui se disposent d'une façon très régulière autour d'un noyau central. Tissier nous a montré des cultures où les colonies présentaient l'aspect d'une tranche de citron ; autour de cette masse centrale se disposaient très régulièrement de petites colonies lenticulaires de même contexture.

Ces colonies en vieillissant prennent une teinte jaune brunâtre, tout en restant transparentes.

Dans la gélatine sucrée profonde, le milieu se liquéfie très lentement.

Dans le bouillon sucré, le dépôt muqueux adhère au fond du tube et ne se laisse détacher que par une forte agitation ; après cela il reste en suspension dans le liquide comme une masse zoogléique de moisissure.

Le lait se coagule après 5 jours sous la forme de fins grumeaux microscopiques; la caséine est ensuite peptonisée et le liquide prend une teinte jaune ambrée très caractéristique.

Les grumeaux de la caséine, qui n'ont pas subi l'action de la diastase, se déposent au fond sous forme d'un dépôt sablonneux.

L'attaque du glucose se fait activement sans production d'alcool, ni d'acide lactique; mais en donnant des acides acétique et butyrique.

Il n'a pas d'action sur le lactose, ni sur l'amidon.

D'après Tissier et Martelly, il donne naissance à une lipase.

Les substances protéiques sont transformées au moyen d'une diastase du type trypsique. Il donne de l'indol, de l'H_2S, des protéoses, des amines, de la leucine, de la tyrosine, des acides gras et aromatiques et de l'ammoniaque. Il n'est pas pathogène.

Bacillus butylicus (Fitz). — C'est un bâtonnet qui varie selon l'âge et la composition des cultures.

Quand il est jeune, et qu'il provient de cultures à contenu albumineux, il est fin et long; quand le milieu est glycériné, il est alors très gros.

Lorsque la culture atteint son maximum de fermentation, le bacille présente un renflement qui lui donne l'aspect d'un tonneau.

Dans des cas exceptionnels, on trouve des bâtonnets qui affectent la forme d'une saucisse ou sont plus ou moins incurvés.

La réaction de la granulose s'obtient seulement, quand les bacilles commencent à sporuler.

On trouve parfois des spores au deuxième ou troisième jour et, dans des conditions anormales, elles peuvent atteindre des dimensions deux ou trois fois plus grandes que normalement.

Ce bacille a son optimum de température entre 42° et 46°.

Il peut supporter la température de 100°, durant 15 minutes et celle de 70° pendant 12 heures, sans perdre la faculté de se reproduire.

Il produit de l'alcool butylique dans les proportions de 0,5 jusqu'à 1,05 p. 100; de l'alcool éthylique 2,7 jusqu'à 3,3 p. 100; de l'alcool butyrique entre 0,05 jusqu'à 0,1 p. 100 et de la glycérine au-dessus de 25 p. 100.

Il se développe très bien dans le lait, en l'alcalinisant.

Il fait fermenter la glycérine, la mannite et le saccharose.

Dans la fermentation il produit principalement de l'acide butyrique et comme produits secondaires donne de l'acide acétique, copronique et succinique.

Il perd sa faculté fermentative au-dessous de 100°, s'il se trouve en présence de grandes quantités d'acides.

Il produit une enzyme capable d'intervertir le saccharose.

Il n'est pas capable de saccharifier l'amidon, n'intervertit pas l'acide lactique, et n'hydrate pas l'urée.

Il digère la caséine, la séro-albumine et la fibrine.

Il ne développe pas de gaz et ne donne pas d'odeur de putréfaction.

C. — GROUPE DU VIBRION SEPTIQUE

Vibrion septique.

Le vibrion septique est le germe pathogène anaérobie le plus anciennement connu. En 1877 Pasteur fixait la morphologie et la biologie du vibrion septique, en même temps qu'il décrivait, sous le nom de septicémie expérimentale aiguë, la maladie

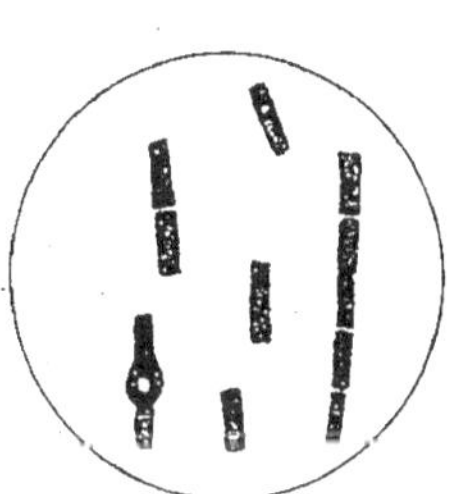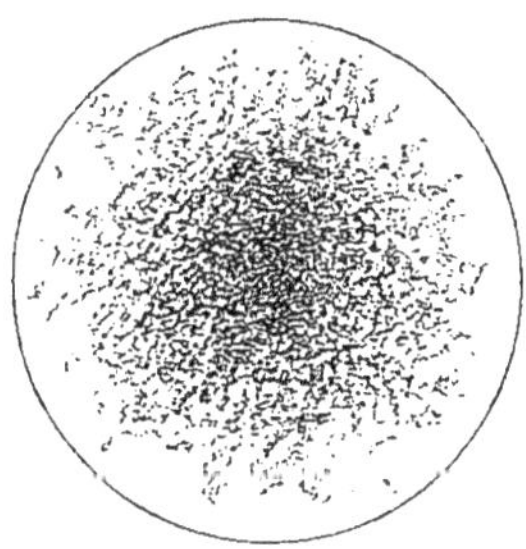

Fig. 3. — Vibrion septique.

qui succède à son introduction dans le tissu cellulaire sous-cutané des animaux de laboratoire.

Koch (1881) étudie le vibrion septique qu'il rencontra accidentellement dans la terre : il lui donne le nom de *bacille de l'œdème malin*.

Chauveau et Arloing (1884) montrent que le vibrion septique n'est autre que l'agent de la gangrène gazeuse foudroyante de l'homme.

Plus tard Roux et Chamberland (1887) démontrent l'existence d'un poison spécial sécrété par ce microbe.

Besson (1889) étudie la pathogénie de la septicémie gangre-

neuse, puis Leclainche et Morel (1848) en réalisent la sérothérapie.

Le vibrion septique a été considéré, quoique à tort, comme
l'agent unique des processus gangreneux. Il est actuellement
bien connu que la gangrène est sous la dépendance de plusieurs
espèces microbiennes anaérobies et même d'anaérobies facultatifs pour certains auteurs.

Le vibrion septique est extrêmement répandu : on le trouve
dans la terre, dans la poussière, dans les eaux, dans l'intestin de
l'homme et des animaux. On l'a rencontré aussi dans l'urètre
normal de l'homme (Jungano).

Le vibrion septique est un gros bâtonnet à bouts tantôt carrés,
tantôt légèrement arrondis. Court, rigide dans la sérosité de
l'œdème et dans les cultures jeunes, il ne tarde pas au bout de
24 heures à former des filaments assez longs. La forme filamenteuse est beaucoup plus accentuée dans le sang du cœur des
animaux morts de septicémie. Plusieurs filaments inégaux se
disposent en longues chaînettes occupant parfois tout le champ
du microscope. Sur la surface du foie, de même que dans la
sérosité péritonéale, on observe des filaments inégaux.

Il est mobile. Pasteur compara les mouvements du vibrion
septique à ceux des serpents rampant entre les herbes. Si on fait
un ensemencement dans la gélose par piqûre, dans l'eau de
condensation à la surface de la culture, largement exposée au
contact de l'air, on retrouve des vibrions qui constituent par
leur entrelacement d'énormes fuseaux, avec cils géants. Au
contact de l'air le microbe perd rapidement sa mobilité. Il se
colore bien par toutes les couleurs d'aniline et par le Gram : à
côté des bacilles bien colorés, on en voit d'autres, même dans
les cultures jeunes, se décolorant en partie ou presque complètement par le Gram.

Il donne des spores. Chez les animaux inoculés on trouve des
spores non seulement au lieu d'inoculation, mais aussi dans le
sang, surtout quand on a laissé quelque temps l'animal mort
à l'étuve. Quand l'animal a résisté plus longtemps à l'infection, on en trouve même avant sa mort, quoiqu'en quantité
moindre.

Les filaments ne contiennent pas de spores. La spore apparaît
comme un point ovoïde brillant, réfringent, produisant un
renflement soit à la partie moyenne, soit à une des extrémités
des bâtonnets isolés. Cette spore est rarement à l'extrémité du

bacille : il reste au delà d'elle une petite portion du corps du bacille se colorant par la méthode de Gram. Elle n'est presque jamais centrale. A côté des spores allongées, ovoïdes, on en voit de presque rondes. Nous avons rencontré encore quelques éléments (sang du cœur) avec deux spores. Pour ne plus avoir dans les cultures que des spores, il suffit de les laisser à l'étuve à 37° pendant plusieurs mois ou 3 heures à la température de 80° (Besson).

Tandis que le bacille meurt par le chauffage à 60°, les spores résistent plus d'une demi-heure à 90° (Besson) et au delà de 50 heures à la lumière solaire (San Felice).

Il est parmi les anaérobies stricts un des moins exigeants. Il pousse à la température de 22° et de 38°. Il trouble le bouillon qui se clarifie, au bout de quelques jours, en formant un dépôt floconneux. Le bouillon Martin, excellent lorsqu'il est frais, devient un mauvais milieu au bout de peu de temps.

Dans la gélatine sucrée il donne des colonies très caractéristiques, quand elles sont bien séparées. Elles se présentent d'abord sous la forme d'une petite masse ronde, de coloration blanche, qui ne tarde pas à émettre des prolongements courts, gros, puis très ramifiés. L'aspect général de cette colonie rappelle un flocon d'ouate. Le milieu est rapidement liquéfié.

En gélose sucrée profonde les colonies ont des formes analogues. Dans ces deux milieux la production de gaz est constante, tantôt abondante, tantôt légère suivant la race.

Le vibrion septique pousse bien dans le lait, précipite la caséine en fins grumeaux et la digère ensuite après un temps variable, transformant le milieu en un liquide transparent, incolore. La rapidité de précipitation et de digestion de la caséine varient également suivant les races. Il liquéfie le sérum coagulé. Dans le sang, le caillot sous l'influence de ce microbe devient spongieux, mou et est finalement dissous.

Il digère le blanc d'œuf cuit. Cette action semble se faire sous l'influence d'une diastase du type trypsique qui n'a pas été isolé. Il attaque enfin les dérivés de ces substances protéiques comme les peptones, en produisant dans ces diverses attaques des traces d'indol. D'après Macé il attaquerait la dextrine et tous les autres sucres. D'après Achalme, il attaquerait seulement le glucose, le maltose, le galactose. Nous avons étudié l'action d'un échantillon de vibrion septique vis-à-vis du glucose, du saccharose, de la dextrine et du lactose. Il ne nous a paru avoir aucune action sur la dextrine et sur le saccharose, mais attaquer légèrement le glucose et le lactose. D'après Tissier il produirait dans l'attaque du glucose une acidité variant entre 1,47 et 1,96, insuffisante en tout cas pour arrêter l'action de sa diastase protéolytique.

Nous avons dit plus haut que le vibrion septique est parmi les anaérobies stricts un des moins exigeants.

Rosenthal aurait adapté le vibrion septique à la vie aérobie. Le microbe y arrive à travers trois phases : dans la première il garde toutes ses propriétés chimiques et biologiques, dans la deuxième les fonctions chimiques et biologiques tendent à disparaître dans les cultures aérobies, mais se régénèrent dans les cultures anaérobies, la troisième, où en dehors d'artifices spéciaux, le bacille semble devenir un microbe sans importance n'ayant plus du vibrion septique que le nom.

Pouvoir pathogène. — Davaine et Pasteur ont donné la description de l'inoculation au cobaye. Si on injecte à cet animal du vibrion septique sous la peau de l'abdomen, il se produit un œdème local qui s'étend vite, devient crépitant et se prolonge jusqu'aux régions inguinales et axillaires. En même temps éclatent des phénomènes généraux graves, les poils se hérissent, l'animal paraît souffrir énormément, il pousse des cris qui redoublent dès qu'on le touche. La mort survient quelquefois en 6 heures, généralement dans les 24 heures. A l'autopsie on constate de l'exsudation dans les différentes cavités séreuses, congestion des organes à l'exception du foie qui a un aspect lavé. Au point d'inoculation les tissus sont nécrosés, sphacélés, avec des bulles gazeuses. Il est à remarquer à l'autopsie du cobaye la grande facilité avec laquelle on peut arracher les poils et l'odeur d'acide butyrique qui se dégage à l'ouverture du ventre.

Si on inocule un cobaye dans le péritoine, on ne rencontre, en général, dans l'exsudat abdominal et à la surface du foie, que des formes bacillaires et filamenteuses, de même dans le sang du cœur où abondent de longs filaments.

Si on inocule le même animal dans le tissu sous-cutané, comme nous avons dit, ou dans une masse musculaire, on ne rencontre dans le liquide de l'œdème que des formes bacillaires courtes. En laissant l'animal à l'étuve à 37°, à partir de 8-10 heures la sporulation commence et se poursuit rapidement d'abord dans la sang du cœur, ensuite et moins abondamment dans l'exsudat péritonéal.

Le lapin est moins sensible que le cobaye. Le mouton, le cheval sont encore très sensibles : de même le chat, placé souvent à tort parmi les animaux résistants (Besson). Beaucoup plus sensibles sont le chien, le porc, la poule, le canard, le pigeon. Le rat d'égout est presque réfractaire : il ne meurt que sous l'influence d'une très forte dose d'un virus très actif, après avoir présenté une grosse lésion locale purulente (Besson). Cet animal est au contraire très sensible à la toxine des bovidés, ainsi qu'au bacillus Chauvei et il ne le serait pas au vibrion septique. La grenouille est infectée si on la garde à la température de 22° (Tédenat). Tous les échantillons de vibrion septique ne sont pas également virulents : il y en a d'avirulents même pour le cobaye (Kirsten).

Toxine. — Le vibrion septique produit une toxine. Cette toxine, qu'on prépare de plusieurs façons, a une action très active et instantanée, comme le venin des serpents, vis-à-vis de certains animaux. On admet l'existence de plusieurs vibrions, dont quelques-uns tendent au type toxique et d'autres au type virulent (Nicolle).

Roux et Chamberland ont obtenu leur toxine, en filtrant sur bougie la sérosité des muscles de cobaye et de lapins ayant succombé à la septicémie gangreneuse : le filtrat injecté dans le péritoine produit la mort des cobayes à la dose de 40 centimètres cubes. Moins active était la toxine obtenue par la filtration des cultures en bouillon.

Besson a obtenu une toxine plus active en cultivant le vibrion dans un mélange stérile de viande de bœuf hachée et d'eau. Après 6 jours de séjour à l'étuve la culture présente son maximum de toxicité. La partie liquide est décantée, la partie solide est passée à la presse à viande et la sérosité obtenue est mélangée au produit de la décantation : le tout est filtré sur une bougie de Chamberland. La dose mortelle pour le cobaye serait, d'après Besson, de 5 à 10 centimètres cubes de culture par injection intrapéritonéale, tandis que le filtrat de la sérosité d'œdème d'animaux morts de septicémie, ne tuerait le cobaye qu'à la dose de 30-40 centimètres cubes par injection intrapéritonéale. A l'abri de l'air et de la lumière et à la température ordinaire, cette toxine garde toute son activité. Elle possède des propriétés chimiotaxiques négatives devenant positives par le chauffage à 80° pendant 2-3 heures.

Leclainche et Morel obtiennent une toxine active en cultivant le vibrion en bouillon Martin : la culture est décantée et non filtrée, le filtre retenant une partie de la toxine. Le produit obtenu tue le lapin à la dose de 5 centimètres cubes par injection intraveineuse et de 5 à 6 gouttes, quand l'inoculation est pratiquée dans le cerveau.

L'action de la toxine se fait sans période d'incubation. Quand on injecte une trop grande quantité de culture, il peut arriver que l'animal meure subitement, tué par la toxine, avant de présenter le moindre phénomène de réaction.

Vaccination. — Roux et Chamberland ont réussi à vacciner le cobaye en lui injectant dans le péritoine, à plusieurs reprises et à quelques jours d'intervalle, des cultures en bouillon chauffées 10 minutes à 110° ou, à 7-8 reprises, 1 centimètre cube de sérosité filtrée sur bougie et provenant d'un animal mort de septicémie gangreneuse.

Besson a vacciné le lapin par des inoculations répétées de sérosité septique, non filtrée, dans le tissu cellulaire de l'oreille ; la vaccination du cobaye n'a pas donné de résultats constants.

Leclainche et Vallée ont vacciné le cobaye par un procédé analogue à celui indiqué par Arloing et Cornevin pour le charbon symptomatique. Ils gardent du sang septique, recueilli en ampoules scellées, pendant 5 jours à 37°. Au bout de ce temps tous les vibrions sont sporulés : on dessèche le sang et on le réduit en poudre. Pour préparer le vaccin on mélange 1 partie en poids de poudre virulente à la moitié d'eau : le tout est porté à 92° pendant 7 heures. Les cobayes qui reçoivent 2 centigrammes de poudre résistent à l'inoculation de 1 goutte entière de sérosité septique.

Leclainche a vacciné l'âne, à l'aide d'inoculations multiples de sérosité virulente, dans les veines et dans le tissu musculaire.

Leclainche et Morel ont vacciné le cheval avec des inoculations intraveineuses de cultures du vibron septique en bouillon Martin. Le sérum de cet animal possède des propriétés préventives et un pouvoir curatif, seulement chez les animaux peu sensibles au vibrion. Les inoculations du mélange sérum-virus sont inoffensives, mais elles ne confèrent pas l'immunité. Le sérum exerce une action à la fois antimicrobienne et antitoxique. Il est doué d'un pouvoir agglutinant assez notable (p. 300).

La pathogénie de la septicémie gangreneuse a été étudiée par Penzo et Besson. Si on injecte dans les tissus vivants et sains d'un cobaye des spores privées de toxine, elles ne déterminent aucune maladie. Les spores sont phagocytées ; si, au contraire, avec des spores on injecte des traces de toxine ou une substance quelconque (acide lactique), capable d'empêcher la phagocytose, l'animal meurt (Besson) ; on obtient le même résultat si on nécrose les tissus où l'on pratique l'injection ou si en même temps on injecte des microbes (micrococcus prodigiosus, staphylococcus aureus) plus facilement phagocytés (Besson). Les expériences de Besson sont calquées sur celles, classiques, de Vaillard sur le bacille du tétanos.

Dans l'infection naturelle il est très probable qu'aux microbes favorisants ou au traumatisme revient le rôle important d'entraver la phagocytose et de permettre la germination des spores.

La septicémie gangreneuse reconnaît généralement une infection externe, mais peut relever aussi d'une infection interne. On connaît le cas de cet aliéné qui but de l'eau de fumier ; il eut des accidents infectieux graves et au niveau de la cuisse une tumeur gazeuse, crépitante. On trouva dans le sang et dans les organes, après la mort, le vibrion septique en culture pure. La production de la tumeur s'explique par une contusion qu'a dû se faire ce malade. En effet quand on injecte à un animal du vibrion septique et qu'on traumatise une partie quelconque de son corps il se produit en cet endroit une localisation du virus. Ce phénomène n'est pas spécial à ce microbe, car Colzi a déterminé l'ostéomyélite aiguë chez le lapin, en traumatisant le fémur dans la région juxta-épiphysaire après injection de staphylocoque doré.

Bacillus sporogenes (Metchnikoff). — C'est un bâtonnet isolé des matières fécales des hommes sains ou atteints de troubles légers de l'intestin, du contenu du cæcum, d'un cas de colite chronique et enfin isolé encore des matières fécales de plusieurs personnes atteintes spontanément d'une forte diarrhée, à la suite de l'absorption d'un lait qui renfermait le même microbe.

C'est un bacille à bouts plus ou moins arrondis, tantôt isolé, tantôt réuni en chaînettes de longueurs différentes. Il donne des spores de préférence dans les milieux sucrés.

La spore, placée soit au centre, soit à l'un des pôles du corps du microbe, est ovale et résiste à la température de l'ébullition de l'eau.

Dans la gélose profonde ce microbe donne des colonies composées d'une partie centrale, munie d'appendice sous forme de bourgeons ou de filaments plus ou moins longs ou ramifiés.

Il donne des gaz.

Il attaque l'albumine et la caséine en produisant des substances fétides.

Metchnikoff distingue deux variétés : L'une A se présente dans les milieux peptonés sous forme de bâtonnet et de filament mince souvent réunis en chaînes de plusieurs éléments. Les spores sont polaires. L'autre B se développe plus abondamment dans le lait et dans l'eau physiologique avec le blanc d'œuf. Les bacilles de cette variété soit isolés, soit réunis en chaîne, sont beaucoup plus gros que ceux de la variété A. Dans le bouillon glucosé, avec blanc d'œuf, les bacilles sont à bouts arrondis et de forme ovoïde. Les spores qui s'y développent occupent juste le milieu de la cellule.

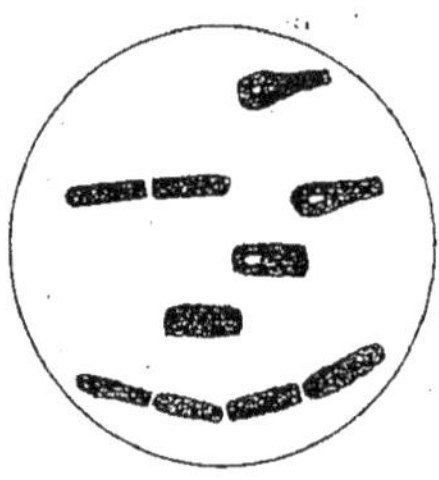

Fig. 4. — Bacillus sporogenes (Metchnikoff).

Les bacilles de la variété B, cultivés dans la macération de viande dans l'eau, donnent lieu, dans leur contenu, au dépôt d'un pigment noir.

Berthelot a fait l'étude clinique de ces deux variétés. Dans les cultures en viande l'action de la variété B est plus énergique que celle de la variété A.

Dans le lait, la variété B digère la caséine très activement, tandis que l'action de la variété A est lente et n'arrive jamais à dissoudre complètement la caséine.

Le lait n'est pas coagulé.

La tyrosine se trouve en quantité notable dans les cultures de la variété B, tandis que dans celles de la variété A, il y en a seulement des traces.

Seule, la variété B donne lieu à des sphérocristaux qui peuvent être de la leucine.

Les deux variétés ne donnent ni phénol ni crésol, mais seulement de petites traces d'indol. Il y a formation d'ammoniaque, d'amine et d'oxyacides aromatiques.

Il y a production d'hydrogène sulfuré, mais en plus grande quantité pour A.

La variété B est pathogène, même le précipité alcoolique

obtenu après filtration sur bougie, injecté dans les veines est toxique. Ce poison appartient peut-être au groupe des ptomaïnes.

Les deux variétés attaquent le glucose, le lévulose, le galactose, le maltose et la mannite, mais restent sans action sur le saccharose et l'amidon.

Elles donnent de l'acide butyrique, de l'acide acétique et de l'acide lactique ; mais la variété *A* produit plus d'acide butyrique et la *B* plus d'acide acétique. L'acide lactique est donné en très petite quantité.

Il y a formation d'acide carbonique et très petite quantité d'hydrogène.

Metchnikoff pense qu'il faut considérer ce microbe comme une variété de vibrion septique.

Bacille de Ghon et Mucha. — C'est un bacille, isolé d'un cas de péritonite, qui ressemble au perfringens.

Il a une longueur de 3 à 7 µ et une largeur qui oscille aux environs de 0,6 µ.; à bouts arrondis, droit ou un peu infléchi, il se présente isolé ou en diplobacilles.

Dans l'exsudat péritonéal de la souris le bâtonnet se présente en filaments non articulés qui atteignent la longueur de 100 µ., et qui sont rarement droits, tandis que dans le liquide œdémateux du cobaye la formation des filaments n'a pas lieu.

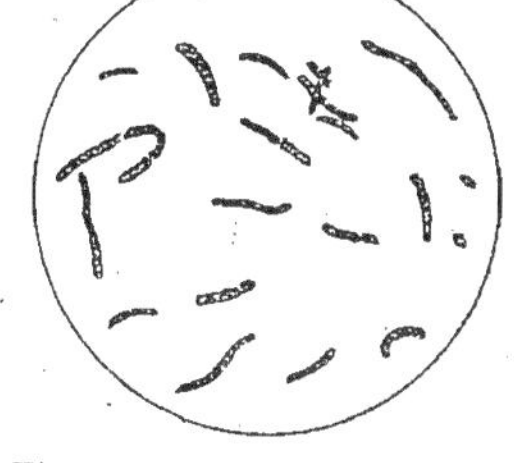

Fig. 5. — Bacille de Ghon et Mucha.

Dans les vieilles cultures sur agar on trouve aussi les filaments qu'on doit considérer comme formes d'involution.

Dans les cultures âgées de 130 jours, les bacilles sont réunis en houppe, mais dans les cultures plus vieilles l'on trouve des formes désagrégées.

Le bacille est mobile. Il prend le Gram ; mais au bout de 2 jours en gélatine sucrée, on voit souvent le bacille perdre cette propriété.

Les formes qui ne prennent pas le Gram sont plus grêles que les autres.

Il n'offre jamais la réaction de la granulose. Il produit des spores, qui ne sont pas si fréquentes que dans l'œdème malin, d'un ovale allongé, et qui occupent le centre ou même l'un des pôles des bacilles. Elles sont très fréquentes dans l'eau peptonisée à 2 p. 100. Les spores ne se trouvent jamais dans l'exsudat péritonéal.

Le bacille possède une capsule.

Les colonies sur agar sont rondes ou presque rondes et ressemblent à celles du perfringens.

Les colonies sur agar profond restent toujours petites, mais quand elles sont bien éloignées l'une de l'autre, elles atteignent la grandeur d'une tête d'épingle et sont en forme de balle de neige ou de mousse. Le bacille pousse à la température de 20-21°, mais son optimum est à 37°. Les colonies se développent seulement après 48 heures.

Il y a très petite formation de gaz.

En gélatine sucrée par piqûre à 20-22°, il y a développement après 48 heures avec production de gaz et liquéfaction, la culture s'éclaircit ensuite et donne un dépôt blanchâtre.

Le bouillon est troublé, mais après quelques jours il s'éclaircit et il se produit un dépôt. Il se forme à la surface une couche d'écume, qui disparaît peu à peu. Dans le bouillon on trouve toujours les formes filamenteuses.

Dans l'eau peptonisée le développement ne se fait pas sur le milieu, quand il est très peu alcalin.

Le bacille ne pousse jamais dans les milieux pauvres d'albumine.

Il coagule la caséine en 4 jours et la dissout après 5 à 6 semaines.

Les cultures avec le liquide d'hydrocèle et d'ascite coagulé sont liquéfiées, mais pas toujours uniformément.

Il y a formation d'indol, d'alcool éthylique, d'acide butyrique et d'acide lactique, mais on ne constate que des traces d'acide acétique.

L'analyse des gaz donne : $CO_2 = 33$ p. 100; $N = 4,33$ p. 100; $H = 62,34$ p. 100.

Le bacille est peu pathogène.

La souris et le moineau sont les animaux les plus sensibles. Pour les tuer il faut employer une grande quantité de culture. Le microbe est quelquefois pathogène pour le cobaye, jamais pour le lapin.

Les symptômes sont ceux constatés dans le vibrion septique, mais les phénomènes sont beaucoup moins accentués.

Bacille de Ghon et Sachs. — C'est un bacille isolé d'un

foie de malade, atteint de la gangrène gazeuse, dont l'auteur croit qu'il est l'agent spécifique.

Ce microbe ressemble beaucoup au perfringens, mais il serait plus grêle, quelquefois il est recourbé. Il forme parfois des filaments.

Dans des cultures avec glucose ou avec amidon, il présente parfois des formes de poire, de massue ou bien il est pointu ou renflé. Fréquemment on trouve l'un joint à l'autre de tels renflements, de sorte qu'il se forme un filament ayant l'aspect d'un chapelet.

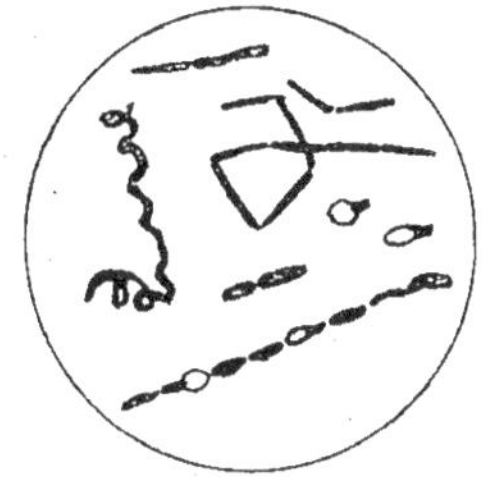

Dans les cultures liquides, on trouve des formes courtes ou des filaments non articulés. Ce bacille donne après 48 heures des spores qui sont médianes.

Fig. 6. — Bacille de Ghon et Sachs.

La réaction de la granulose se produit dans la période de la sporulation.

Il est mobile. Il prend le Gram quand il est jeune, mais il perd cette propriété en vieillissant.

Les colonies, dans l'agar sucré par piqûre, peuvent atteindre 2 millimètres. Les plus grandes sont sinueuses, les plus petites sont rondes, de couleur blanc grisâtre et opaques.

Quelquefois la partie centrale des colonies s'élève en cône renversé.

Dans l'agar profond sucré, il donne beaucoup de gaz; il trouble le milieu et les colonies présentent souvent des prolongements partant de la périphérie.

Dans l'agar non sucré, le développement est le même.

Dans la gélatine profonde, il forme un trouble diffus, donne des gaz et un précipité. La gélatine devient acide et se liquéfie.

Sur pomme de terre se forme une couche homogène.

Dans le bouillon sucré, on observe d'abord un trouble; ensuite le milieu s'éclaircit et donne un précipité.

Le bacille ne se développe pas en milieux sans albumine.

Le lait est coagulé, mais la caséine n'est pas attaquée, même après 2 ans.

Il ne dissout ni l'ascite, ni le liquide de l'hydrocèle coagulés.

Il donne de l'indol, de l'acide acétique et de l'acétone. Il produit aussi de l'acide butyrique, et de l'alcool éthylique, mais en petites quantités.

L'acide lactique se trouve en quantité variable.

La vitalité du bacille non sporulé est de 8-10 jours ; mais les spores vivent plus de 5 ans.

Il n'est pas pathogène pour la souris ; il produit seulement une tumeur passagère.

Il n'est pas pathogène pour le cobaye à la dose de 2 cm³ et même pas pour le lapin.

Ghon et Sachs croient que le bacille produit la gangrène gazeuse chez le lapin.

Bacillus radiatus (Lüderitz). — C'est un bâtonnet, à bouts arrondis de 4 à 7 μ de long et 0,8 de large, isolé chez des cobayes et des souris morts après injection de terre de jardin.

Il est mobile.

Il donne des spores médianes ou voisines de l'un des pôles, dans les bacilles qui sont les plus gros.

Les spores libres ont de 0,8 à 0,9 μ d'épaisseur et de 1,2 μ à 2 μ de longueur. Elles sont fortement réfringentes et à bouts arrondis.

Dans la gélatine préparée depuis longtemps, on observe à côté des filaments typiques, sveltes, des masses granuleuses rondes et plates, dont le diamètre est plus grand que celui du bacille même. L'auteur croit que ces formations sont les produits de filaments fragmentés.

Dans les vieilles cultures, on observe aussi souvent des formations spéciales, jaunâtres et réfringentes de 0 μ.8 d'épaisseur environ et de 1,5 à 3 μ de long, à contour en zigzag que Lüderitz suppose être des formations cristallines.

Le bacille ne donne jamais la réaction de la granulose.

C'est dans les milieux sucrés qu'il pousse le mieux.

Dans la gélatine, au bout de 24 heures, et à 22°, on observe des colonies très nombreuses et fines qui troublent le milieu ; ensuite on voit apparaître des prolongements rayonnants, qui partant du centre compact, sont le point de départ de nouvelles colonies, qui se répandent dans tout le milieu. En 2 ou 3 jours la géla-tine est remplie de tous ces prolongements et liquéfiée complè-tement. Ensuite, au fond de la gélatine liquéfiée, tombe un dépôt et le milieu s'éclaircit.

Lorsque les dilutions sont bien faites, les colonies sont alors en petite quantité et ressemblent à des champignons.

Le bacille se développe en piqûre au bout de 2 jours en

donnant des colonies un peu plus épaisses que les précédentes, d'où partent de nombreux prolongements.

Ces colonies sont moins réfringentes, ramifiées et comme feutrées, ce qui leur donne l'aspect d'une racine avec ses radicules secondaires.

En agar les colonies forment des dirimations délicates semblables dans les premiers jours à celles du bacillus liquefaciens magnus, mais encore plus fines.

Quand les colonies sont devenues grandes, elles atteignent les dimensions de 3 à 4 millimètres : les ramifications principales sont plus fortes et les petites plus épaisses que celles du bacillus liquefaciens magnus.

Dans tous les milieux la fermentation est énergique, mais elle l'est encore plus avec les sucres.

Ce bacille dégage une odeur infecte. Il dissout le sérum sanguin coagulé avec production de gaz et en donnant une odeur de putréfaction.

Ce bacille n'est pas pathogène pour la souris.

Clostridium fœtidum (Liborius-Sanfelice). — C'est un bacille de longueur variable, de 1 μ de largeur, qui parfois se présente en forme filamenteuse. Il est mobile. Il forme des clostridium pendant la sporulation et a des spores ovales, très fortement réfringentes, de diamètre encore plus grand que le bacille lui-même. Elles sont situées normalement dans le milieu du corps microbien. Pourtant les spores peuvent, quelquefois, être terminales.

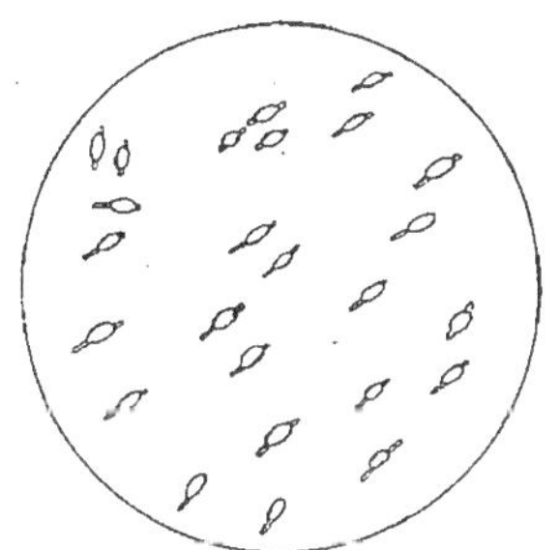

Fig. 7. — Clostridium fœtidum.

Dans l'agar le clostridium forme des petites colonies en forme de petites masses irrégulières, de couleur jaune brunâtre, possédant de courts prolongements plus compacts et plus vigoureux que ceux du vibrion septique. Ces prolongements deviennent plus nets quand les cultures vieillissent.

Dans la gélatine, le bacille forme des colonies irrégulières, très mal limitées, autour desquelles se forme une zone trouble, due à la liquéfaction du milieu.

La gélatine est liquéfiée ensuite complètement.

Dans le sérum sanguin solidifié, on observe le long de la piqûre un trouble homogène.

Le bacille produit beaucoup de gaz et dégage une odeur désagréable.

On constate la présence d'acides gras, entre autres de l'acide butyrique.

Dans les milieux sucrés, le développement de gaz est plus abondant, mais l'odeur des acides gras n'est pas la plus marquée.

Lüderitz, sous le nom de bacillus magnus liquefaciens, a décrit un bacille isolé de la même manière que le clostridium fœtidum, ayant les mêmes caractères que celui-ci. De plus, il donne avec l'iode la réaction de la granulose, le sérum coagulé est liquéfié en partie et il est pathogène pour le cobaye et pour la souris.

Gaerstner, selon Matzuschita, a décrit 6 espèces qui ont les mêmes caractères de mobilité, de coloration, et peuvent toutes peptoniser la gélatine et donner des spores.

Elles diffèrent les unes des autres par la forme des colonies. En effet, nous croyons que l'auteur a eu affaire à une seule et même espèce, qui paraît être une race du vibrion septique. Nous ne pouvons pas en donner la description détaillée, car la monographie nous en a semblé fort incomplète.

Voici le nom de ces divers microbes :

1° *Bacillus Cincinnati*, avec colonies à contour sinueux.

2° *Bacillus funicularis*, avec colonies qui ressemblent à celles du polypiformis.

3° *Bacillus fibrosus*, avec colonies formées de filaments entrelacés.

4° *Bacillus pinicœlatus*, avec colonies neigeuses.

5° *Bacillus diffrangens*, avec petites colonies non transparentes, à bords nets.

6° *Bacillus granulatus*, avec des colonies rondes et jaunâtres, transparentes, granuleuses.

Bacillus spinosus (Lüderitz-Sanfelice). — C'est un bacille droit ou courbé, à extrémités arrondies, de 0,6 μ de large et de longueurs différentes, isolé de la viande putréfiée et de la terre de jardin.

Les plus petits mesurent 1,5 μ, mais leurs dimensions varient de 3 à 8 μ.

Dans la gélatine, on trouve toujours des filaments courbes, formés de plusieurs éléments.

Ce bacille est mobile.

Il donne des spores, mais seulement dans les bacilles mesurant de 3 à 6 μ d'épaisseur, chez lesquels on constate une épaisseur de 1 à 2 μ au point où sortira la spore.

Il ne donne pas la réaction de la granulose.

Il ne pousse pas dans les milieux sans sucre.

Dans la gélatine il forme, à 20°, en 2 jours, de petites alvéoles rondes et irrégulières, remplies de liquide et de la grandeur d'un pépin de raisin.

Plus tard les colonies, en s'agrandissant, viennent se confondre peu à peu et la gélatine est liquéfiée. En même temps se forme un dépôt de masses muqueuses.

Avec un ensemencement abondant, on observe la formation de zooglées. Dans ce cas on voit, dans la gélatine liquéfiée, un amas muqueux, qui paraît être composé de filaments bacillaires et d'une substance intermédiaire. Sur plaque de gélatine, les colonies d'aspect liquide montrent dans leur milieu une sphère blanchâtre, dont les bords sont striés.

Dans l'agar, les colonies sont opaques, semblables à des pelotes. Elles peuvent mesurer environ 4 millimètres et être composées d'innombrables filaments entortillés.

Dans les vieilles cultures les colonies présentent des fins filaments, qui leur donnent un aspect chevelu, ou bien les colonies sont constituées de masses nodulaires.

Le sérum sanguin solidifié est liquéfié.

Le bacille donne des gaz. L'odeur des cultures en gélatine sucrée, rappelle celle du fromage de gruyère et du jus de framboises gâté.

Dans le bouillon et dans le sérum sanguin l'odeur est encore plus désagréable, mais sans atteindre celle de la putréfaction.

Le spinosus n'est pathogène ni pour le cobaye, ni pour la souris.

Bacillus cadavéris sporogenes (Klein). — C'est un bacille mobile, qui prend le Gram.

Ses colonies ressemblent complètement à celles du spinosus de Lüderitz.

L'auteur l'a isolé du foie et de la rate d'un cadavre déjà enseveli depuis 2 ou 4 semaines. Il l'a obtenu de la même manière d'un cobaye. Le bacille, prétend Klein, a son siège dans l'intestin et pendant la putréfaction émigrerait dans les muscles.

Il y a entre le cadaveris de Klein et le vibrion septique la différence que le premier se présente avec ses spores terminales et l'ensemble prend la forme d'une baguette de tambour.

Il diffère du bacille enteritidis sporogenes par la forme de ses colonies en agar.

Dans le lait il forme 3 couches : l'une supérieure crémeuse, l'autre moyenne jaunâtre, l'autre inférieure qui contient le coagulum.

En plus il se différencie de l'enteritidis sporogenes, car il liquéfie le sérum coagulé.

Sans doute ce bacille est le même que le spinosus de Lüderitz.

D. — GROUPE DU BACILLUS CHAUVÆI

Bacillus Chauvæi.

Arloing, Cornevin et Thomas (1879) précisent expérimentalement la différence entre la fièvre charbonneuse et le charbon symptomatique; ils indiquent (1880) les principaux caractères du bacillus Chauvæi et signalent un premier procédé d'immunisation; poursuivant jusqu'en 1884 l'étude de la maladie ils

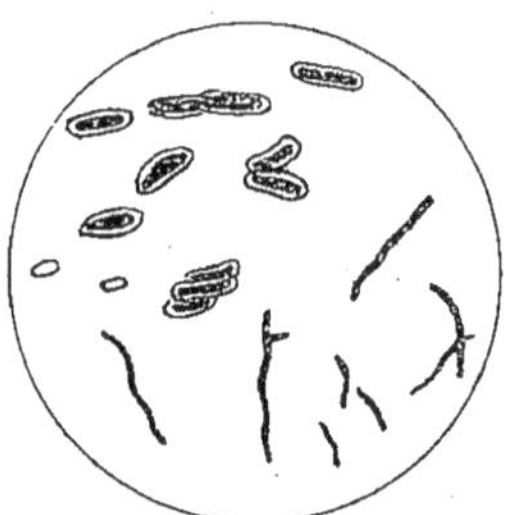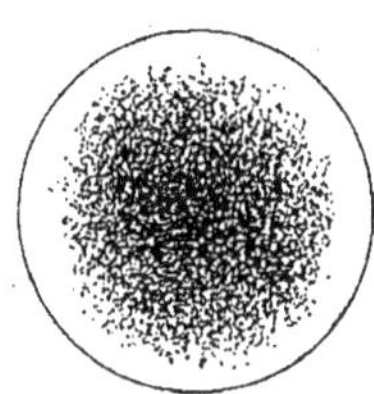

Fig. 8. — Charbon symptomatique.

font connaître une méthode de vaccination répandue partout à l'heure actuelle.

Roux (1887) obtient des cultures pures du bacille en bouillon et sur gélose et Kitasato (1889) sur les autres milieux de culture.

Roux (1888) fait connaître une méthode d'immunisation contre le charbon symptomatique, au moyen des substances solubles. La toxine du bacillus Chauvæi est étudiée par Dünschmann, Leclainche et Vallée, Grassberger et Schattenfroh. L'étude de la sérothérapie, commencée par Kitt, Dünschmann, Arloing, a été reprise par Leclainche et Vallée, Grassberger et Schattenfroh, Gomez de Faria.

Le bacillus Chauvæi morphologiquement ressemble au vibrion septique. Il n'y a qu'un caractère différentiel. Si l'on frotte avec une lame la surface du foie d'un cobaye mort de charbon symptomatique, on voit des bactéries disposées en chaînettes. Les chaînettes sont composées d'une série d'articles, moins longs que ceux du vibrion septique et tous égaux entre eux. Ces caractères, bien mis en relief par Leclainche et Vallée, sont considérés comme non spécifiques par Gomez de Faria qui dit, dans une thèse récente, avoir retrouvé à la surface du foie des formes filamenteuses, comme celles qu'on rencontre dans la septicémie gangreneuse. Nous avons repris la question et nos conclusions sont identiques à celles de Leclainche et Vallée. Les séreuses des animaux, morts de charbon symptomatique, renferment des formes droites, moins trapues que celles des tumeurs charbonneuses, quelquefois réunies bout à bout, au nombre de 3 à 4 articles de longueur égale, les formes sont asporulées. Dans les tumeurs musculaires, il se forme rapidement des spores : elles peuvent cependant manquer quand l'animal est mort très rapidement. La spore se présente comme un point ovoïde, réfringent, elle siège soit à une extrémité, soit au centre du bâtonnet, donnant des formes en raquette, en battant de cloche. Les spores sont plus abondantes dans la maladie naturelle que dans la maladie expérimentale et assez peu nombreuses dans les vaccins (Roger).

Le bacillus Chauvæi se colore par les couleurs basiques d'aniline et par le Gram. Il est moins mobile que le vibrion septique.

Il pousse à la température de 22° et de 37°.

Tandis que le bacille est détruit à 100° après 2 minutes, les spores peuvent supporter des températures élevées pendant 2 heures à 80°; une demi-heure à 90°-95°, quelques minutes à 100° (Leclainche et Vallée).

Le bacille du charbon symptomatique pousse bien dans tous les milieux soit liquides, soit solides. Dans les milieux liquides non sucrés il ne pousse que si le milieu est fraîchement préparé. Le bouillon Martin frais, excellent pour cultiver le bacillus Chauvæi, est complètement impropre lorsque sa préparation remonte à 6-7 jours. Il trouble le bouillon dans les 24-36 heures avec formation d'un dépôt, comme de la fine poussière et avec éclaircissement graduel de la masse liquide.

Nous n'avons pas trouvé de descriptions de cette espèce en milieux solides : nous avons donc été obligés de faire des recherches sur ce dernier point et en voici les résultats. Il est très facile, croyons-nous, de différencier ce bacille du vibrion septique, avec lequel on le confond si fréquemment, simplement par l'examen de ces colonies. Dans la gélatine, comme dans la gélose profonde, le bacillus Chauvæi donne des colonies arrondies, lenticulaires, rappelant celles du bacillus perfringens. Mais au microscope, on voit que les granulations, qui composent la colonie, sont plus nettes à la périphérie qu'au centre, tandis que c'est le contraire pour le bacille perfringens.

Les colonies qui avoisinent surtout la zone limite d'anaérobiose, prennent avec le temps une coloration gris noirâtre. Dans ces deux milieux la production de gaz est variable d'après les races. En général elle est assez abondante. La gélatine est liquéfiée rapidement.

Il pousse bien dans le lait : il précipite la caséine, puis la digère dans un temps variable. Le lait est transformé en un liquide transparent et incolore.

Pour la plupart des auteurs il attaque le blanc d'œuf cuit. D'après nos recherches personnelles, cette action n'est pas considérable, les deux races que nous avons étudiées n'ont pas donné d'attaque sensible. Il agit sur les protéoses en donnant des traces d'indol.

Il n'a aucune action sur le saccharose et sur le dextrose; il attaque le glucose et, d'une façon moins énergique, le lactose.

Pouvoir pathogène et réceptivité. — La réceptivité est limitée à quelques espèces domestiques. Le bœuf, à peu près seul exposé à l'infection naturelle, est tué par l'inoculation du virus sous la peau et dans les muscles. Le mouton, presque réfractaire à la maladie accidentelle, possède une extrême sensibilité au virus inoculé. Le cheval, l'âne, le porc sont très résistants. Le chien et le chat ont une immunité absolue. Parmi les petits animaux, le cobaye presque seul est sensible au bacillus Chauvæi. Le lapin est sur la limite de la réceptivité : il est tué avec des cultures toxiques et sa résistance est vaincue, si on neutralise la phagocytose par des substances chimiques (acide acétique, acide lactique, etc.), par le simple traumatisme, ou par l'injection simultanée de microbes favorisants (micrococcus prodigiosus, proteus vulgaris). Le rat, la poule, le canard, le pigeon sont réfractaires (Nocard et Leclainche).

Toxine. — Dünschmann prépare une toxine active, tuant le cobaye, à la dose de 2 centimètres cubes en injection intrapéritonéale. Il cultive le bacille dans la pulpe de viande et en arrêtant la culture au septième jour, la sérosité obtenue est filtrée sur porcelaine et concentrée dans le vide sur l'acide sulfurique.

Ensuite Leclainche et Vallée ont montré qu'en bouillon Martin le bacillus Chauvæi donne une toxine, dont le maximum de toxicité dans les cultures est atteint vers le cinquième jour, puis décroît. Cette toxine injectée par la voie endoveineuse tue le lapin en quelques minutes. Lorsque les filtres retiennent une grande partie du poison, la culture filtrée peut encore tuer les animaux d'expérience. Le chauffage à 75° modifie ses propriétés chimiotoxiques qui, de négatives, deviennent positives. La toxine est altérée par l'air en 48 heures, elle n'est pas détruite par la température de 115°.

Grassberger et Schattenfroh, partant du principe que tous les échantillons de bacillus Chauvæi ne sont pas capables de fournir une toxine active, recommandent le bouillon lactosé, additionné de carbonate de chaux pour les bacilles produisant rapidement une fermentation active et le bouillon additionné de lactate de chaux pour les échantillons ne produisant pas de fermentation à allure rapide. Ces auteurs obtiennent une toxine tuant le cobaye en 24 jours à la dose de 0,01, en inoculation sous-cutanée. Tout dernièrement Gomez de Faria étudie trois échantillons de bacillus Chauvæi, dont deux isolés par lui-lui-même et le troisième reçu par Kitt. Il n'a jamais obtenu aucune toxine.

La toxine du charbon symptomatique d'après les uns serait thermolabile (Elsenberg, Grassberger et Schattenfroh), d'après les autres, thermostabile (Leclainche et Vallée). Tandis que la toxine de Leclainche et Vallée est extrêmement active pour le lapin, celle des auteurs viennois est beaucoup moins active et en outre agit vis-à-vis du pigeon, réfractaire au microbe.

Eisenberg a montré comment le charbon symptomatique, de même que le vibrion septique, sécrète une leucocidine et une hémolysine. Cette leucocidine est détruite, quand elle est chauffée à 50°-55° pendant une demi-heure. Elle garde son activité pendant des mois si on la maintient dans des tubes scellés à la lampe, à l'abri de l'air et à basse température. Chez le lapin, Eisenberg a obtenu une antileucocidine et d'après cet auteur le sérum n'est pas spécifique, étant donné qu'il neutralise non seulement la leucocidine du charbon symptomatique, mais aussi et au même titre, celle du vibrion septique.

Vaccination. — Arloing et Cornevin ont créé la vaccination contre le charbon symptomatique. Ils ont préparé deux vaccins : le premier, en chauffant la poudre obtenue de la sérosité musculaire desséchée à 100°-105° pendant 5-6 heures, le deuxième, en le chauffant pendant 5-6 heures à 90°-94°. On injecte le premier vaccin, puis le deuxième à quelques jours d'intervalle. Ces poudres contiennent de nombreuses impuretés.

Arloing, Cornevin et Thomas, ayant vacciné les animaux, croyaient avoir affaire à un virus atténué à leur gré. Ils rendaient, à ce virus atténué, la virulence primitive ou même l'exaltaient, en ajoutant quelques gouttes d'acide lactique au cinquième.

Nocard et Roux ont voulu étudier le rôle de l'acide lactique dans ce prétendu retour à la virulence du virus atténué. Ils se sont bien vite aperçus « que le rôle de l'acide lactique est d'affaiblir la concurrence des cellules ; c'est ainsi qu'il paraît restituer la virulence aux spores qui sont contenues dans la poudre, préparée avec le bacillus Chauvœi ».

Kitt prépare un seul vaccin en maintenant le virus, préparé à la façon des auteurs précédents, dans la vapeur d'eau à 98°-100°, pendant 5-6 heures ; 2 centigrammes de virus ainsi traité, injectés au mouton et au bœuf, confèrent une seule fois à ces animaux l'immunité.

Thomas a préparé d'autre part un vaccin différent. Il insère sous la peau de la queue des animaux qu'il veut immuniser un fil imprégné, au préalable, de jus de grenouille broyée, après avoir été inoculée avec du virus très fort, et conservé à 18°-20° pendant quelque temps.

Leclainche et Vallée dessèchent le sang du cœur et chauffent pendant 7 heures à 102° (1er vaccin) et 7 heures à 92° (2e vaccin). Ce procédé permet d'obtenir un vaccin pur pour les recherches de laboratoire.

Roux, le premier, a réussi à vacciner le cobaye par les toxines. Il injecte chaque jour sous la peau 1 centimètre cube de sérosité filtrée. Au bout de 10-12 injections l'immunité est acquise.

Kitasato a ensuite immunisé un cobaye avec des cultures en bouillon, âgées de plus de 2 semaines, ou avec des cultures virulentes, chauffées à 80° pendant 30 minutes.

Kitt applique cette immunisation au mouton et aux bovidés. Leclainche et Vallée ont repris les recherches de Kitt, mais au lieu de faire vieillir les cultures, ils les chauffent à 70° pendant 2 heures. Les bovidés acquièrent une immunité solide, qui leur permet de recevoir impunément l'inoculation des cultures pures les plus virulentes à la dose de 2 centimètres cubes. Ces auteurs complètent l'immunisation des bovidés avec quelques injections de culture non chauffée.

Schattenfroh et Grassberger pratiquent l'immunisation avec un mélange de toxine et de sérum. Malgré la présence de l'anti-toxine dans le sérum des animaux, ceux-ci contractaient la maladie. Ces auteurs pensent à une dissociation complète entre l'immunité antitoxique et antibactérienne.

Sérothérapie. — Les premières tentatives de sérothérapie sont réalisées par Kitt (1893). Il a vacciné un mouton en lui injectant à trois reprises du jus de muscles virulents. Le sérum du mouton ainsi vacciné, à la dose de 40 centimètres cubes sous la peau, préserve un autre mouton contre une inoculation virulente massive.

Dünschmann, ensuite, renforce la résistance naturelle du lapin par des doses croissantes de virus : il obtient un sérum, pour le cobaye, antitoxique et préventif, mais dépourvu de pouvoir curatif.

En 1899, Kitt immunise le cheval, la chèvre, le bœuf par des inoculations intraveineuses ou sous-cutanées. Après quelques injections, le sérum des animaux préserve le mouton à la dose de 5-10 centimètres cubes, contre une inoculation virulente, pratiquée 3 à 8 jours plus tard. Les moutons qui ont reçu successivement les inoculations de sérum et de virus, possèdent une immunité active durable.

Arloing (1900) constate l'existence de propriétés préventives, curatives et antitoxiques dans le sang d'une génisse immunisée pendant 6 mois, par l'inoculation de doses croissantes de virus. L'injection sous-cutanée d'une dose de sérum, largement préventive, arrête, chez le mouton, la marche d'une inoculation mortelle, si elle est pratiquée moins de 9 heures après cette dernière : par voie sanguine la même dose est curative 9 heures après l'infection et inefficace au bout de 12 heures.

Leclainche et Vallée obtiennent un sérum actif, en hyper-immunisant la chèvre et le cheval. Le sérum a un faible effet préventif et n'a aucun effet thérapeutique chez le cobaye : son pouvoir agglutinant est assez fort (1 : 9000).

Grassberger et Schattenfroh ont immunisé le veau : le sérum

a les mêmes effets que le précédent vis-à-vis du cobaye.

Si on injecte dans les tissus vivants et sains d'un cobaye des spores, privées de toxine, elles ne déterminent aucune maladie (Roux). Ces expériences, dont Roux avait donné l'explication exacte, ont été reprises et complétées par Leclainche et Vallée. Les conditions nécessaires à la germination des spores du charbon symptomatique sont analogues à celles étudiées par Besson pour le vibrion septique. On peut faire intervenir aussi l'action des microbes favorisants tels que le staphylocoque blanc, des steptocoques non pathogènes, un streptothrix (Leclainche et Vallée), le proteus vulgaris, le prodigiosus (Roger).

Dans l'infection naturelle, la germination des spores peut être favorisée par l'action de microbes favorisants ou par un traumatisme.

Parallèle entre le vibrion septique et le charbon symptomatique. — Certains auteurs ont prétendu que l'on peut vacciner contre le charbon symptomatique par le vibrion septique. C'est Leclainche et Vallée qui ont mis cette question sous son vrai jour. Ils ont d'abord démontré que le bacillus Chauvæi favorise le développement du vibrion septique. Si on fait des passages successifs aux cobayes de bacillus Chauvæi, on constate qu'au bout de quelques passages on trouve dans l'exsudat péritonéal simultanément du vibrion septique sous forme de filaments longs, inégaux, onduleux. Si on ne s'entoure pas de précautions, on arrive souvent à vacciner les animaux avec les deux germes et quelquefois la vaccination ne se poursuit qu'avec le vibrion septique seul. Nous croyons qu'à présent toute difficulté doit être éliminée, car on peut à chaque passage s'assurer de la pureté de la culture, en faisant des ensemencements dans la gélose sucrée en couche profonde. Nous avons bien indiqué la forme de la colonie du charbon symptomatique dans les milieux solides et rien n'est plus facile, à notre avis, de la reconnaître parmi celles bien caractéristiques du vibrion septique, lorsque ce microbe y pousse en même temps.

Leclainche et Vallée, qui ont réussi à vacciner les animaux vis-à-vis du charbon symptomatique seul, sont venus à cette conclusion que les animaux, immunisés contre le charbon symptomatique, n'ont aucune immunité contre la septicémie gangreneuse. D'autre part le sérum antigangreneux ne vaccine pas contre le bacillus Chauvæi.

Bacillus pseudo-œdema (Liborius). — C'est un bâtonnet isolé d'une souris inoculée avec terre de jardin, de la viande pourrie (Sanfelice) et des selles d'un cobaye (Sanfelice); il ressemble au vibrion septique, mais il est plus épais que celui-ci et possède une capsule.

Sanfelice décrit des filaments munis de spores.

Le bacille du pseudo-œdème présente presque toujours deux spores terminales, qui ne déforment pas le bacille.

Dans la gélatine, les colonies sont d'abord petites, puis elles deviennent grandes comme un petit pois, troubles dans la partie inférieure, tandis que la partie supérieure reste claire. Sanfelice compare ces colonies à celles du proteus mirabilis.

Ensuite, il se forme dans le centre des colonies une petite vésicule qui devient de plus en plus grande. C'est le commencement de la liquéfaction de la gélatine, qui se poursuit jusqu'à la liquéfaction complète du milieu.

Le bacille produit beaucoup de gaz qui sont capables de faire éclater le tube.

La culture a une odeur de vieux fromage.

En agar, les colonies sont petites, ovales ou en forme de sphère avec des contours irréguliers et grossiers. Le long de la piqûre se montre un trouble léger.

Le bacille est pathogène quand on l'injecte en grande quantité, pourtant le petit lapin est tué en 8 heures avec une injection intraveineuse de 0,5 centimètre cube.

Dans un lapin, mort 45 heures après l'injection intraveineuse, Liborius a trouvé une péritonite fibreuse.

Dans l'exsudat, les bacilles ne sont pas pourvus de spores.

Bacillus liquefaciens parvus (Lüderitz). — C'est un bâtonnet, isolé de la terre de jardin, de longueur de 2 à 5 μ et d'épaisseur de 0,5 μ à 0,7 μ.

Il forme dans les cultures solides de longs filaments.

Il est immobile.

Dans les cultures en bouillon l'épaisseur du bacille augmente et atteint jusqu'à 1 μ.

Dans le sérum sanguin on observe des bacilles ayant une épaisseur de 0,6 μ à 1 μ et 2 μ.

Dans les cultures sur sérum sanguin coagulé on voit, à une extrémité ou répartis dans tout le corps cellulaire, des corpuscules brillants, ronds, de grandeur inégale, qui ne se colorent pas avec les couleurs d'aniline.

Ces corpuscules sont probablement des spores.

Le bouillon et le sérum sanguin sont les deux milieux convenables pour la formation des spores.

Avec l'iode il n'y a pas de réaction de la granulose.

En gélatine, en agar, en bouillon, en sérum sanguin à 20°-22° il pousse fort bien.

Les milieux sucrés lui conviennent mieux.

Les colonies sur gélatine en piqûre, ou profonde, sont punctiformes. A faible grossissement elles semblent être des masses rondes, limitées grossièrement. Elles atteignent un diamètre de 2 à 2,5 µ..

Le liquefaciens parvus liquéfie très faiblement la gélatine. La liquéfaction est limitée à une zone autour des colonies, sans formation de gaz.

En agar, les colonies commencent par être des masses compactes, opaques en forme d'amandes, nettement limitées; ensuite elles changent d'aspect en donnant des proliférations à forme de tubercule.

En agar il y a parfois production de gaz, mais en quantité limitée.

Dans le sérum sanguin coagulé, il émet de la piqûre des proliférations, rappelant des tubercules. Le milieu est ensuite lentement liquéfié.

En bouillon il dégage une odeur de putréfaction.

Le bacille n'est pas pathogène.

E. — GROUPE DU BOTULINUS

Bacillus botulinus (van Ermengen). — C'est un bâtonnet isolé d'un cas d'empoisonnement par le jambon par van Ermengen (1896), ensuite par Römer (1900) chez des personnes atteintes d'empoisonnement par le botulinus. Landmann (1904) l'a isolé des haricots en conserve, qui avaient causé l'empoisonnement de 21 personnes, dont 11 sont mortes. Ce bacille a été isolé aussi de la salade; Kempner (1897) l'a aussi isolé des fèces du porc.

Il est droit, avec les bouts arrondis et ressemble beaucoup au vibrion septique et à celui du charbon symptomatique.

Il a une longueur de 4 à 9 µ., et une épaisseur de 0,9 à 1,2 µ., souvent réunis 2 à 2, souvent en chaînes courtes.

Mobilité peu accentuée et cils ondulés. Il prend le Gram.

Il forme des clostridiums sur agar et sur gélatine. En gélatine très alcaline il donne des spores presque toujours terminales, mais rarement dans la partie moyenne du corps microbien.

Ces spores ont une forme ovale allongée et sont un peu plus épaisses que le bacille même. Elles ne se produisent jamais à une température supérieure à 35°.

Les colonies en gélatine sont très caractéristiques. Elles apparaissent au bout de 4 à 6 jours, rondes, transparentes, de couleur brun jaunâtre, formées de grains très réfringents, particulièrement en mouvement à la périphérie.

Tout autour des colonies il se forme une zone de liquéfaction.

Plus tard les colonies deviennent opaques et montrent seulement à la périphérie une zone de granules en mouvement ; ensuite elles deviennent très sinueuses et irrégulières.

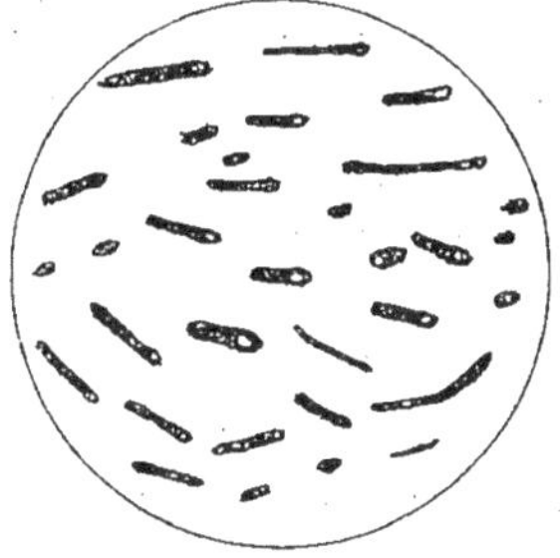

Fig. 9. — Bacillus botulinus.

Un autre type de colonies est celui en forme de cocarde ou de fleur étoilée.

Ce bacille produit des gaz qui fragmentent la gélatine, mais quand il n'y a pas de fragmentation, les gaz montent à la surface, en formant une couche mousseuse.

Quand la gélatine est liquéfiée, il se produit un dépôt floconneux.

Dans la gélatine par piqûre, il se développe comme une végétation arborescente ; il y a alors abondant développement de gaz et la liquéfaction est très lente.

Dans l'agar il y a abondante production de gaz et odeur très forte d'acide butyrique.

Dans le bouillon sucré le bacille se développe abondamment à 35°, il y a trouble du milieu, forte production de gaz, qui après 3-4 jours cesse et le liquide redevient clair. Au contraire, la production de gaz, à la température de 20°-25°, dure plusieurs jours et l'on constate une forte odeur d'acide butyrique.

Il ne coagule pas le lait et son développement est lent. Von Hibler, récemment, a trouvé que le bac. botulinus coagule le lait et le peptonise ensuite.

Il ne pousse pas dans les milieux sans albumine.

La température optima est entre 20° et 30°.

A 37°-38° les cultures présentent des filaments longs, qui montrent des granules irréguliers et des épaississements. Ces cultures perdent bientôt leur activité biologique.

Le milieu le plus favorable pour le bac. botulinus est la viande de porc.

Mis en atmosphère de CO_2 il meurt.

Le glucose ne peut pas être substitué à n'importe quel sucre.

Avec 6 p. 100 de chlorure de sodium il ne pousse pas.

La vitalité des spores est d'un an environ

Il ne résiste pas 15 minutes à 85°, ni 30 minutes à 80°, pas plus qu'aux agents chimiques.

Le bâtonnet n'est pas très répandu dans la nature.

Il tue le lapin avec 10-20 centimètres cubes en 48 heures. Mais avec des doses plus petites, on a d'abord une cachexie et la mort ne survient que longtemps après.

Il est pathogène pour le cobaye et pour la souris.

L'animal de choix est le chat, chez lequel on produit tous les symptômes de la maladie tels que prolapsus de la langue, mydriase, ptosis, aphonie, aphasie, etc.

Avec des doses faibles il y a d'abord cachexie et, après un temps plus ou moins long, les animaux meurent de marasme.

Les symptômes que nous avons précédemment décrits sont appelés « symptômes du botulisme ».

Le bacillus botulinus ne se multiplie pas dans l'organisme des animaux à sang chaud, il disparaît bientôt après l'injection sous-cutanée, intraveineuse ou intrapéritonéale. Il provoque une extraordinaire phagocytose.

C'est un vrai microorganisme toxigène.

Une culture filtrée tue à la dose de 0 cm³ 005 un lapin en 72 heures, un cobaye en 4 ou 5 jours.

Chez le chat, comme nous avons dit, à la dose de 0 cm³ 5, il donne d'abord les phénomènes caractéristiques, déjà décrits, et provoque la mort ensuite en 8 ou 10 jours.

Le poison sécrété par le bac. botulinus est peu résistant aux agents extérieurs et à la chaleur. Marinesco (1896), Kempner et Pollack (1896) ont décrit des changements microscopiques dans les cellules nerveuses, sous l'influence du poison botulinique.

Le poison botulinique a beaucoup de ressemblance avec celui du tétanos et de la dipthérie.

Kempner (1897) a fabriqué un sérum antitoxique.

Bacillus fœdans (Klein, 1908). — C'est un microbe isolé d'une infection, due à du jambon altéré.

Il a une forme cylindrique, mesurant 3 à 5 μ. de longueur, mais il y a des formes qui atteignent 14 μ. de longueur et 0,4 μ. de largeur, à bouts arrondis, droit ou recourbé. Il se présente sous forme de chaîne très longue et parfois de filaments non segmentés, courbés ou en spirale.

Il est immobile et prend le Gram.

Il ne donne jamais de spores, mais l'auteur a observé parfois, chez quelques individus, des corpuscules de signification douteuse.

Fig. 10. — Bacillus fœdans.

Le fœdans ne pousse que dans les milieux glucosés et spécialement dans le bouillon de porc glucosé, qui est son milieu d'élection.

Sa température optima est de 20°. Dans le bouillon de porc glucosé et à 20°, il pousse en 2 ou 3 jours, tandis que dans le bouillon de bœuf ou en gélatine, il lui faut 5 jours.

Il pousse très bien dans la gélatine sans la liquéfier, mais, pourtant, dans l'espace de 8 semaines, elle devient comme un liquide sirupeux.

Dans le bouillon glucosé, il forme comme des flocons d'ouate, qui résultent d'agrégation de filaments. Le liquide reste limpide après formation d'un dépôt.

Il donne grande quantité de gaz.

Le lait ne serait pas transformé, mais émettrait une odeur fétide.

Le fœdans dégage une odeur très marquée de putréfaction.

Il n'est pas pathogène.

F. — GROUPE DES CHROMOGÈNES

Bacillus rubellus (Okada). — Isolé de la poussière de la terre, injectée à un cobaye. Ce bacille a la grandeur de celui du vibrion septique et se présente en chaînes de 2 à 3 et parfois de 15 articles.

Il est mobile et prend le Gram.

Les spores sont endogènes. Dans le temps de la sporulation, il prend la forme d'un têtard.

Ses spores, exposées pendant une demi-heure à 80°, ne sont pas détruites.

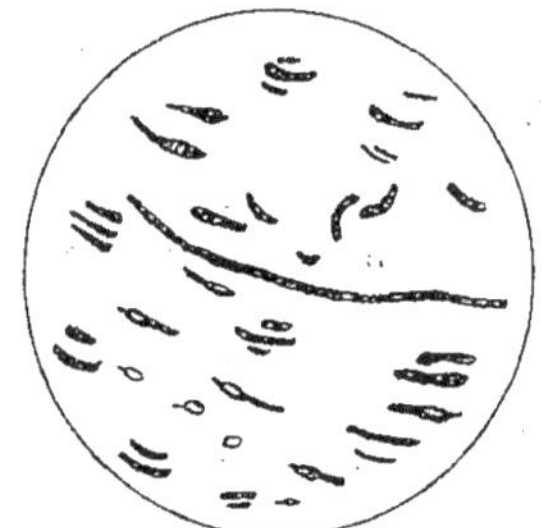

Fig. 11. — Bacillus rubellus.

Les colonies en agar sont d'une couleur blanche mate. Ce bacille donne des gaz d'odeur désagréable et pénétrante. Après cinq jours les colonies deviennent un peu plus grandes et rouge pâle. Cette couleur devient de plus en plus intense, jusqu'au rouge-vin.

La coloration commence toujours à la partie supérieure de la culture et se diffusent graduellement vers la partie inférieure du tube.

Dans la gélatine en plaque les colonies se présentent d'abord de couleur blanche mate, de forme ovalaire avec des prolongements très fins. Ensuite le milieu prend une coloration rouge.

Le bacille liquéfie la gélatine graduellement et la trouble, puis il forme des précipités floconneux, qui deviennent rougeâtres; ensuite, c'est tout le liquide qui prend une couleur rougeâtre uniforme. A la fin de la liquéfaction de la gélatine on trouve seulement des spores.

Le bouillon est troublé et coloré.

Il n'est pas pathogène.

Bacille de Ghon et Mucha. — Nous donnons la description de Ghon, en supprimant, pour abréger, les caractères déjà décrits par Okada. C'est un bâtonnet isolé d'un abcès périnéphrétique; plus petit que celui du vibrion septique droit ou faiblement courbé, à bouts arrondis, parfois pointus, parfois affectant la forme d'un coccus.

Il donne dans les vieilles cultures des formes d'involution, qui parfois sont des bâtonnets plus grêles.

Il donne des clostridiums qui précèdent la formation des spores et qui rappellent les formes en raquette (Keulenform), en poire, en lancette.

Dans les vieilles cultures en gélatine, on trouve des formes d'involution et des masses désagrégées.

Ce bacille forme des filaments dans les milieux fortement alcalins.

Il est mobile. Les mouvements rappellent ceux du bacille typhique.

Il prend le Gram, mais les formes d'involution ne le prennent pas.

Il ne donne pas la réaction de la granulose.

Le bacille pousse très bien dans les milieux au sérum et dans l'agar sucré.

Sur plaque, il donne un voile à la surface.

Dans l'agar non sucré ou non peptoné, il n'y a pas coloration.

Le bouillon est troublé après 24 heures et parfois il se produit une couche d'écume à la surface; puis l'écume et le trouble disparaissent à la suite de la formation d'un dépôt. Les cultures, avec liquide d'ascite et d'hydrocèle solidifiés, sont liquéfiées et prennent une teinte brunâtre, le long de la piqûre et le bouchon d'agar devient rouge.

Ce bacille coagule le lait et peptonise ensuite la caséine avec dégagement de gaz.

Il ne donne pas d'indol, ni d'acétone, mais il y a production abondante de H_2S, traces d'acide acétique et d'acide butyrique.

Il préfère les milieux alcalins.

Sa vitalité est très grande.

Il a un faible pouvoir pathogène.

De fortes doses sont nécessaires pour tuer la souris blanche.

Ce bacille est caractéristique par sa production chromogène, qui semble être due à des ferments trypsiques agissant sur la peptone en présence de l'O.

G. — GROUPE DU PUTRIFICUS

Bacillus putrificus (Bienstock). — Ce bacille fut décrit pour la première fois par Bienstock en 1884. Il l'avait trouvé dans l'intestin du cadavre humain, mais ce n'est que plus tard, après les études de Tissier, Rettger, Passini et dernièrement Metchnikoff que son rôle très important dans la nature fut établi.

Il est répandu partout : dans la terre, dans l'intestin de l'homme, et partout où se produit de la putréfaction, dont il est l'agent principal.

Rodella, en outre, l'a isolé d'un phlegmon gazeux, dans la

carie dentaire de la pulpite, et Rocchi d'un cas de gangrène spontanée de la jambe à la suite de la luxation du tibia.

Disons tout d'abord que Tavel a décrit sous le nom de pseudotetanus bacillus et L. Roux sous le nom de kopfchensporen bacillus, un bacille identique au putrificus.

Bienstock a signalé qu'un des meilleurs milieux est l'albumine non coagulée, par exemple l'urine albumineuse, dans laquelle le putrificus se développe si bien qu'au bout de quelques jours, l'urine ne contient plus d'albumine coagulable.

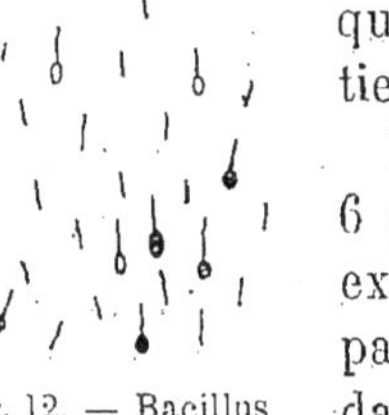

Fig. 12. — Bacillus putrificus.

Le putrificus est un bacille rigide de 5 à 6 μ de longueur, de 0,8 μ de largeur, à extrémités arrondies, facile à reconnaître, parce qu'il se présente presque toujours, dans les préparations colorées, sous la forme classique, décrite par les premiers observateurs, de baguettes de tambour.

Il est très mobile et conserve la coloration par la méthode de Gram.

Il donne facilement des spores dans tous les milieux. Elles sont rondes.

Il pousse entre 22° et 37°, mais Rodella trouve qu'il pousse aussi bien à la température de la chambre, qu'à 44°.

Ce bacille au bout de 24 heures donne, dans la gélose profonde, des colonies qui se présentent comme des points, mais qui, vues au microscope, sont irrégulières, avec gibbosités.

Dans ces cultures, on observe très rarement un dégagement de gaz, malgré une odeur très caractéristique de putréfaction.

Après 48 heures, les colonies sont devenues de beaucoup plus grandes, ont acquis leur forme définitive avec un noyau central épais, autour duquel rayonnent une énorme quantité de filaments. Ces filaments, semés de granulations foncées, partant du noyau central, forment autour de lui une auréole claire et transparente.

Pendant que les colonies prennent leur forme définitive dans la culture, on observe souvent la formation d'une petite quantité de gaz, incapable de fragmenter la gélose.

Nous avons eu plusieurs échantillons qui ne donnaient pas du tout de gaz. L'odeur très désagréable de ces cultures est très caractéristique.

Dans la gélose ordinaire, le développement est plus lent qu'en gélose sucrée.

Dans la gélatine, les colonies sont chevelues et elle n'est liquéfiée qu'au bout de 5 ou 6 jours, après avoir subi un ramollissement progressif.

Le putrificus se développe dans le bouillon ordinaire aussi bien que dans le bouillon sucré, en troublant dans les premières 24 heures le milieu et en donnant ensuite un dépôt granuleux. Ces cultures ont l'odeur typique de vieux fromage.

Le lait prend d'abord une teinte jaune ocre, il devient graduellement transparent du fait que la caséine est digérée sans être coagulée.

Le bacille attaque vigoureusement le blanc d'œuf cuit et le dissout en très peu de temps, sans donner lieu à une production de gaz. On trouve dans ce milieu les formes à clostridium.

Dans les vieilles cultures contenant du blanc d'œuf, se forme un dépôt de pigment noir autour des débris d'albumine.

Les milieux, sucrés ou non, contenant de la fibrine ou de la viande, se troublent et produisent des gaz fétides. Les particules solides se gonflent et disparaissent, en laissant un résidu noirâtre semblable à la poussière.

Tissier a remarqué que ce pouvoir d'attaquer les albumines est plus faible dans les échantillons qui proviennent des milieux pauvres en albumine.

Le bacille putrificus est sans action sur le saccharose et sur la dextrine, mais il attaque à peine le lactose et très faiblement le glucose en donnant dans ce milieu une acidité de 1 et 1,47 p. 1000 en H_2SO_4. Cette acidité s'atténue progressivement dans les cultures et au bout de 24 jours elle n'est plus que de 0,28; de 30 jours de 0,49 et au bout de 45 jours le milieu est alcalin.

Ce fait, que nous avons soigneusement contrôlé pour divers échantillons, donne raison à Tissier contre Achalme, lequel a soutenu que le putrificus n'attaque pas le glucose.

Il sécrète une lipase : en effet il émulsionne et saponifie les graisses dans les milieux à base de viande (Tissier et Martelly).

Il donne de l'indol, des amines, de la leucine, de la tyrosine, de l'ammoniaque, des protéoses dont la quantité diminue avec l'âge des cultures.

Il donne encore des acides acétiques, butyriques, valérianiques et paraoxyphénylpropioniques (Wallach).

Selon les données de Tissier, au bout de 3 semaines, sur 30 grammes de fibrine on trouve de 0,02 p. 100 d'albumine insoluble; 0,1285 p. 100 de protéoses et 0,70 p. 100 de substance extractive.

L'attaque des albuminoïdes s'accomplit par l'intermédiaire d'une diastase trypsique; une urine contenant 17,93 d'urée p. 100 n'en contient après 8 jours que 11 gr. 5.

L'urée est dédoublée.

Il se forme des bases toxiques qui_ ont tous les caractères des alcaloïdes.

Le bacillus putrificus n'est pas pathogène; mais Bienstock et Rodella ont travaillé avec des races pathogènes, qui tuent le cobaye par injection sous-cutanée de 3 centimètres cubes.

Korentschwesky nous apprend que le putrificus est capable de donner une toxine, quoique peu active.

Rodella (1903) a isolé d'un abcès gazeux un bacille qu'il appelle I, identique au putrificus, sauf qu'il peut présenter des spores médianes.

Bacillus paraputrificus (Bienstock). — C'est un bâtonnet isolé pour la première fois par Bienstock de l'intestin humain et par Rodella de la sérosité qui recouvre la surface interdigitale des pieds et du creux de l'aisselle. Il est la cause selon Rodella de la mauvaise odeur de la sueur des pieds.

Le paraputrificus ressemble morphologiquement et biologiquement au putrificus, sauf qu'il coagule le lait en quelques heures, en donnant un coagulum très dur, dont se sépare une quantité tres petite de sérum acide, limpide comme de l'eau. Le lait ne subit pas de changement ultérieur.

« Le bacille attaque les sucres, en produisant des acides acétique, lactique, butyrique, carbonique et de l'hydrogène et, après avoir accompli son action sur les sucres, il attaque l'albumine. » (Bienstock.)

Ce fait semble en effet paradoxal, l'acidité produite par ce bacille devant s'opposer à l'action de sa diastase protéolytique.

Bienstock a observé qu'en ensemençant le putrificus et le paraputrificus à la fois dans le lait, c'est le dernier qui se développe, tandis que le premier ne se développe pas.

D'où l'auteur conclut que le véritable antagoniste de la putréfaction est le paraputrificus.

Bienstock croit qu'on a décrit jusqu'à maintenant sous le nom de putrificus le paraputrificus qui est, selon lui, l'hôte normal et le seul des deux que l'on trouve dans l'intestin humain.

Bacillus nebulosus (Vincent). — C'est un bâtonnet, isolé des eaux, fin, allongé, souvent sinueux, ayant 6 à 8 μ de long et 0,6 de large. Il présente souvent l'aspect filamenteux, mais les filaments sont composés de plusieurs articles. Il donne des spores légèrement ovales. Le nebulosus est immobile et prend le Gram.

Dans la gélatine, les colonies donnent lieu à de petits amas nuageux, bien visibles à partir du 3e ou 4e jour.

Il ne donne pas de gaz, mais le milieu commence à se liquéfier dès le 4e jour et la liquéfaction est complète au 10e seulement. Ensuite, se forme au fond du tube un dépôt gris blanchâtre.

Le nebulosus pousse peu abondamment dans le bouillon.

Dans l'agar, il donne parfois des petites bulles de gaz, d'odeur à la fois caséeuse et acide.

Il n'est pas pathogène.

Bacille anaérobie du groupe de l'acide copronique (Rodella). — Ce bacille a été isolé dans quelques sortes de fromage. Il se présente en chaîne, à bouts carrés d'une longueur de 3 à 8 μ. Quelquefois les bacilles prennent la forme ovale et en s'unissant en chaîne, prennent la forme de chaîne de spores.

Les bacilles longs sont mobiles, les courts sont immobiles (stade de sporulation?).

Il ne prend pas le Gram. Il ressemble beaucoup au thyrothrix cateluna de Duclaux.

Dans l'agar sucré, ou non, il donne des colonies rondes, granuleuses, peu compactes, qui quelquefois prennent la figure d'une étoile.

Il se produit très peu de gaz et seulement en bulles isolées.

Les cultures dégagent une odeur désagréable.

La façon dont se comporte ce microbe dans la gélatine est caractéristique. Il y a des individus qui la peptonisent en 5 ou 6 jours, il y en a d'autres, au contraire, qui emploient des semaines.

Aussi les colonies sont différentes. De la culture se dégage une odeur désagréable.

Dans le bouillon, les bacilles forment un voile consistant et épais, qui arrive jusqu'à 1 centimètre de la surface du liquide. Le même voile est attaché aux parois du tube. Ensuite, le bouillon s'éclaircit. La formation de gaz dans un tel milieu n'est pas constante.

Le lait devient muqueux après 24-48 heures à 37°, ensuite, montent à la surface des bulles de gaz, qui franchissent la couche crémeuse. Après 4-6 jours la caséine est coagulée et fractionnée par les gaz.

Au bout de 15-20 jours, le coagulum de caséine est complètement dissous et le liquide est d'un jaune-paille.

La réaction est acide. La culture dégage H_2S, mais en proportion non constante.

Le microbe ne se cultive pas sur pomme de terre.

Le sérum sanguin coagulé est liquéfié complètement, en donnant un pigment noir. Ces cultures dégagent une odeur pénétrante, mais différente de celle des autres cultures du même microbe.

On le trouve dans le Granakäse, dans le fromage de Asiago, dans le vieux Provolone et dans le Caciocavallo.

Bacille anaérobie du groupe de l'acide baldrianique (Rodella). — Ce bacille a été isolé dans le fromage de Backstein, de Allgauer et de Tilsit.

Il donne des spores. Il est mobile, il ne prend pas le Gram.

Les colonies dans l'agar par piqûre sont semblables à de l'ouate.

Dans l'agar profond les colonies ont de la tendance à se réunir l'une à l'autre, pour former des prolongements en spirale.

Il pousse dans le bouillon après 2 jours, en troublant le milieu d'abord et en donnant ensuite un précipité très abondant.

Le lait en 6-8 jours est complètement peptonisé.

L'auteur croit que ce microbe, ainsi que celui de l'acide copronique, peuvent peptoniser le lait sans le coaguler.

Il nous semble bien que les 2 microbes sont la même espèce, et une variété de putrificus.

Bacillus gracilis putidus (Tissier). — On le rencontre pendant la première semaine de la putréfaction spontanée de la viande de boucherie. C'est un bacille petit, grêle, rigide, beaucoup plus mince que le putrificus.

Dans les milieux liquides, il forme des chaînes de 4 à 5 articles.

Dans les cultures vieilles, il donne des formes plus longues.

Il est immobile. Il ne prend pas le Gram. Il peut être réensemencé au bout de 15 jours.

Il est tué à 100°.

Il ne donne jamais de gaz, mais une odeur putride.

Dans la gélose, il donne des colonies, visibles seulement après 48 heures, d'abord lenticulaires, ensuite bosselées, marronnées de couleur gris blanche.

Leur grosseur maxima est celle d'une tête d'épingle.

Dans la gélose ordinaire, les colonies sont plus irrégulières et hérissées de piquants.

Il ne liquéfie pas la gélatine.

Le bouillon se trouble au bout de 48 heures et forme un dépôt pulvérulent.

Le lait n'est pas modifié.

Il pousse bien dans l'urine, qui prend une odeur putride.

Dans les cultures où il y a de la fibrine, on voit sous l'influence d'une diastase, sécrétée par le bacille, les particules

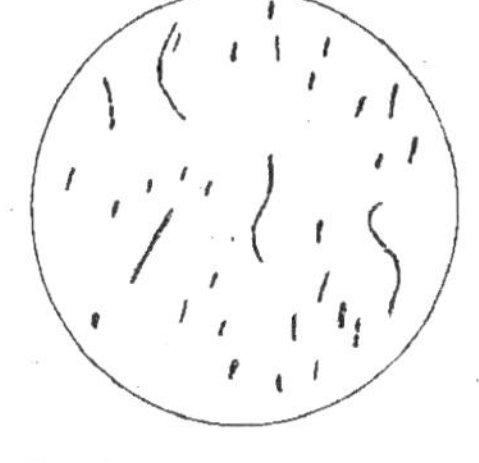

Fig. 13. — Bacillus gracilis putridus.

solides se gonfler, devenir jaunes et dégager des gaz abondants.

D'après Tissier le bacille sécrète une lipase.

Il transforme les albuminoïdes, en donnant des protéoses, des amines, des acides acétique, butyrique, valérianique et une petite quantité de H_2S.

Il ne donne ni indol, ni phénol. On peut en isoler une diastase du genre trypsine, dont l'activité est peu considérable. Nous avons vu que cette espèce agit peu sur la caséine et sur la gélatine et qu'elle agit mieux sur la fibrine.

L'explication de ce fait se trouve dans le peu d'activité de cette diastase.

Il dédouble l'urée et n'attaque pas les sucres.

H. — GROUPE DU TÉTANOS

Tétanos. — En 1884, Nicolaier, en inoculant de la terre de jardin à des animaux, constata que ceux-ci devenaient souvent tétaniques. En examinant le pus dans le point d'inoculation, il découvre parmi des formes banales multiples un microbe spécial qu'il n'arrive pas à isoler en culture pure; de plus lorsqu'il essaya de faire des passages successifs par les animaux, il échoua car le microbe disparaissait. Ensuite Rosenbach

(1886) retrouve le bacille dans le pus d'un malade, atteint de gangrène au pied et insiste le premier sur la forme spéciale

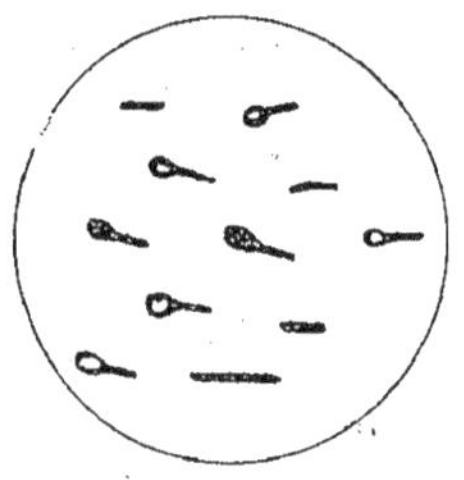

Fig. 14. — Tétanos.

en épingle que présentent les éléments sporifères, mais il n'obtient pas le bacille au culture pure. En 1887 Bonomi constata la présence dans 5 cas de tétanos du bacille de Nicolaier.

C'est seulement Kitasato (1889), en même temps que Tizzoni et Cattaneo, qui réussit à faire des cultures pures et à démontrer qu'il était bien l'agent spécifique du tétanos. Nicolaier constate ensuite que le petit renflement était une endospore et il eut l'idée d'utiliser cette propriété pour obtenir des cultures pures ensemencées en anaérobiose.

Le bacille du tétanos est très répandu dans la nature. Dans l'intestin des herbivores, des chevaux, des bœufs il existerait à l'état de véritables cultures. Dans les matières fécales de ces animaux il y a des quantités énormes de spores et de même, quoique très rares, dans celle de l'homme (Pizzini). Il pullule dans le fumier, à la surface de la terre, sur les végétaux (Rietsch, Peyraud), dans la terre de marécage des pays chauds, dans la poussière des habitations, etc. G. Roux l'a retrouvé dans le dépôt vaseux des réservoirs d'eau du Rhône, alimentant Lyon ; Lortet dans la vase de la mer Morte ; Vaillard dans l'enduit des bougies Chamberland, ayant filtré de l'eau de Seine.

Morphologie. — L'agent du tétanos est un bacille plus ou moins allongé, — 6 jusqu'à 10 μ — plus grêle que le vibrion septique.

Dans de vieilles cultures, de même que dans les cultures jeunes en milieux sucrés, le bacille prend souvent la forme filamenteuse. Dans le pus, le bacille assez court se présente souvent sous la forme sporulée. Il possède des mouvements lents et flexueux quand il est jeune : la mobilité est due à un grand nombre des cils, disposés sur toute la surface du corps (Kanthack et Connell). Après quelques jours de culture, les cils disparaissent, la spore commence à se former et toute mobilité des bacilles disparaît.

Dans les cultures en bouillon, on arrive quelquefois à trouver quelques cils même dans les cultures âgées de 20 jours (De

Grandi). Le bacille se colore bien par toutes les couleurs d'aniline et par le Gram. Dans de vieilles cultures, on voit aussi des éléments ne prenant pas le Gram.

Quoique Vaillard ait isolé des bacilles tétaniques asporogènes, on peut dire qu'en général il produit des spores, qui sont entre les plus résistantes.

La spore présente ce caractère particulier de se développer presque exclusivement à un pôle. Elle est exactement ronde et terminale (bacilles en forme d'épingle, de baguette de tambour, etc.); elle est notablement plus grosse (1,5 μ.) que le bâtonnet (0,01-0,05 μ.).

Tandis que le bacille est détruit à 70° dans l'espace de 30 minutes à 1 heure, la spore n'est détruite que dans l'espace de 20 à 30 minutes à 100° (Sanfelice).

Les spores ne sont détruites par l'acide phénique à 5 p. 100 et par le sublimé 1 p. 1000 qu'après une heure.

Elles résistent à la lumière diffuse une quinzaine de jours et à la lumière directe du soleil une quinzaine d'heures.

Il pousse abondamment dans le bouillon Martin : le bouillon devient louche, les jours suivants il s'éclaircit avec formation d'un dépôt. La réaction devient très alcaline. La culture donne une odeur spéciale, désagréable de corne brûlée. Tandis que les bacilles poussent très bien dans le bouillon Martin, même vieux, les spores ne germent que dans le bouillon récemment préparé.

Dans la gélatine par piqûre, au bout de 4-5 jours il forme de petits points nuageux, d'où partent de très fins tractus : la culture a un aspect floconneux. Dans la gélatine par dilutions progressives, il forme des petites taches, floconneuses, blanchâtres, avec de courts prolongements. La gélatine se liquéfie assez vite, se clarifie ensuite, avec formation de dépôt nuageux blanchâtre.

Dans la gélose sucrée en couche profonde, il forme des colonies d'abord presque rondes, assez régulières, s'entourant ensuite de très courts prolongements. Il produit des gaz qui fragmentent la masse de la gélose. Vaillard et Vincent ont obtenu une fois une culture sur pomme de terre, il se forma une couche humide, luisante, peu visible, assez semblable à celle qu'y forme le bacille typhique.

Il pousse bien dans le lait, il précipite la caséine et la digère ensuite, transformant le milieu en un liquide clair.

Il attaque le sérum coagulé. Il digère le blanc d'œuf cuit. Son pouvoir protéolytique varie suivant les races.

Son action sur les sucres est tout à fait particulière : il ne donne jamais d'acides dans les milieux contenant du glucose, lactose, saccharose. Suivant Tissier il brûlerait le glucose sans jamais donner d'acides et au bout de 2 jours, dans un milieu contenant 15 p. 1000 de ce sucre, il n'en resterait que 4 grammes.

Quoique le bacille du tétanos soit un anaérobie strict, Valagussa a pu cependant déterminer son développement en aérobie vrai en le cultivant dans des bouillons de culture d'autres microbes (bacillus subtilis, proteus vulgaris, fluorescens liquefaciens), filtrés sur Chamberland. Sanchez Toledo et Veillon ont remarqué, en outre, que, dans les vieilles cultures, le bacille du tétanos pouvait se développer à la surface du milieu au contact avec l'air. Roux et Debrand ont cultivé le bacille du tétanos en symbiose avec le bacille subtilis. Tarozzi et après lui un grand nombre de bactériologistes ont obtenu le bacille du tétanos, dans les milieux ordinaires, en présence d'air, additionnés de substances réductrices. Rosenthal aurait adapté le bacille du tétanos à la vie aérobie. Le bacille passerait, pour y parvenir, par trois étapes, comme le bacille perfringens, le vibrion septique et le charbon symptomatique, quoique plus difficilement et d'une façon moins régulière. On a la première étape d'aérobisation avec intégrité des propriétés chimiques et biologiques, il survient une deuxième et une troisième étape où le microbe se trouve dépouillé de toutes ses propriétés fermentatives, biologiques et pathogènes. Une seule propriété rattache ce microbe modifié au microbe d'origine, c'est l'agglutinabilité par le sérum antitétanique.

Pouvoir pathogène. — Un très grand nombre d'animaux est sensible au tétanos. Tous les mammifères domestiques sont exposés au tétanos, mais à des degrés variables. Assez fréquent chez le cheval, rare chez le bœuf, le tétanos est constaté surtout chez les vaches à la suite de la parturition et de la non-délivrance. Assez fréquent chez le mouton et le bouc à la suite de la castration ; rare chez le chien, pas signalé chez le chat.

Les oiseaux sont très résistants, il faut des quantités énormes de culture, 12. 15, 20 centimètres cubes. Chez la poule, reconnue réfractaire au tétanos, on a pu facilement engendrer un tétanos mortel, en lui injectant des doses moyennes de toxine (Courmont et Doyon).

La tortue est réfractaire : on peut lui inoculer des quantités énormes de cultures sans lui donner le tétanos (Metchnikoff).

On peut arriver à tétaniser la grenouille à l'étuve entre 28° et 31° (Courmont et Doyon) et même à la température ordinaire (Marie). La toxine tétanique se conserve longtemps dans l'organisme de la grenouille froide. Si on élève la température de la grenouille, celle-ci contracte le tétanos (Courmont et Doyon). Les animaux habituels de laboratoire sont très sensibles au tétanos.

Une souris peut être tuée par un millième et même un dix-millième de centimètre cube de culture. La maladie débute par le point d'inoculation ; si l'on fait l'inoculation au niveau de la patte droite, après quelques heures, on voit que la patte se raidit, puis la cuisse, puis la patte du côté opposé, etc., et la mort survient en 2 à 3 jours, avec une raideur tétanique généralisée, mais il n'a pas d'électivité chez cet animal pour le trismus.

Chez le cobaye on obtient les mêmes résultats avec des quantités très faibles de culture. Il y a du relâchement des sphincters et on note parfois des secousses tétaniques ; mais il n'y a pas de trismus. Le lapin est beaucoup moins susceptible, il n'est tétanisé que par une dose cent fois supérieure à celle qui est active chez le cobaye.

Chez n'importe quel animal, au point d'inoculation, on ne constate pas de pullulation du microbe, qui bientôt disparaît. Veillon a constaté cependant que, si on attend quelques heures après la mort de l'animal, il n'est pas rare de trouver quelques bacilles dans le sang. On a publié même 4 cas de passage du microbe dans le sang chez l'homme (Hohlbeck).

Le tétanos est une intoxication. Kitasato inocula des doses mortelles de culture tétanique à l'extrémité de la queue du rat, puis il coupa la queue 5, 10, 15, et 30 minutes après l'inoculation. Il a constaté que si on coupe la queue une demi-heure après l'inoculation les animaux meurent toujours, tandis qu'ils survivent si la section de la queue est faite seulement 5, 10 ou 15 minutes après. Chez les animaux morts de tétanos, il ne constate pas de généralisation dans le sang et dans les organes, pas de multiplication microbienne au point d'inoculation. Il s'ensuit que dans ces cas on ne peut pas penser à une infection, mais bien à une intoxication. Avec les cultures pures, on tue donc les animaux, parce qu'on leur injecte en même temps de la toxine et non pas parce qu'on leur inocule des microbes.

En effet si une culture, où les microbes ont sporulé, est débarrassée de la toxine, en étant chauffée à 75°-80°, on voit que les spores ne germent pas et ne donnent pas le tétanos, quand elle est injectée à un animal; dans l'exsudat prélevé au point d'inoculation, on constate que les spores se trouvent à l'intérieur des phagocytes. Lorsqu'on détermine au point d'inoculation une lésion des tissus, soit qu'on introduise des corps étrangers, soit qu'on injecte des microbes favorisants (micr. prodigiosus, etc.), les leucocytes sont annihilés et les spores se mettent à germer; le tétanos se déclare. Ces très intéressantes expériences de Vaillard et de ses élèves ont permis de comprendre l'étiologie du tétanos, l'apparition de la maladie à la suite d'écrasement des tissus.

Vincent a démontré que d'autres causes peuvent favoriser le développement du tétanos. Lors de l'expédition de Madagascar, à la suite des injections de quinine, il y eut de nombreux cas de tétanos. C'était la quinine elle-même qui agissait comme substance favorisante. En effet si on inocule à des animaux un mélange de quinine et des spores chauffées, on les tue de tétanos. On peut encore amener la mort en injectant d'un côté du corps les spores tétaniques, de l'autre la quinine. Si même on inocule les spores 5 à 8 jours avant, on déterminera la maladie, lorsqu'on injectera ensuite une solution de cet alcaloïde.

La toxine tétanique ne se développe pas immédiatement dans les cultures (Vaillard). Si on injecte par exemple une culture en bouillon de 2 à 3 heures, quoiqu'elle contienne des bacilles vivants, elle ne tuera pas l'animal.

Produits toxiques du bacille de Nicolaier. — Brieger obtint des cultures impures du tétanos trois substances toxiques : la tétanine, la tétanospasmine, la spasmotoxine.

Pour Madsen les cultures contiendraient deux substances toxiques différentes : la tétanospasmine ou toxine tétanique proprement dite et la tétanolysine. La première produit les symptômes caractéristiques, et peut être considérée comme la vraie toxine tétanique, la deuxième est une hémolysine à action très active sur les globules rouges. Le bacille tétanique contient aussi une endotoxine, mise en évidence par l'injection des microbes morts. Cette endotoxine peut produire des petits abcès, quand on l'injecte à des animaux.

Toxine tétanique. — Knud Faber filtra des cultures de bacille tétanique et avec le liquide filtré reproduisit la maladie, comme avec les cultures entières.

Pour obtenir la toxine, le procédé le plus simple consiste à filtrer les cultures sur bougies Chamberland. La composition du milieu a une grande influence sur la toxicité. Les milieux très nutritifs qui déterminent une pullulation abondante du microbe, donnent un produit moins toxique que les bouillons moins nutritifs, où le microbe se développe moins abondamment (Vaillard et Vincent). En cultivant le bacille dans du bouillon ordinaire, au bout de quelques jours, le liquide s'éclaircit, car les bacilles, tous sporulés, se déposent au fond du tube. Après 15-20 jours de culture on a une toxine très active qui peut tuer la souris au dix-millième de centimètre cube.

On a une toxine encore plus active en faisant germer des nouvelles spores dans un premier milieu de culture épuisé. On le filtre et on ajoute un quart de bouillon neuf, on ensemence et l'on a ainsi une nouvelle génération du bacille tétanique. On pourra faire ainsi 3-4 cultures successives, qui chaque fois enrichiront la teneur en toxine du milieu.

Roux et Debrand ont obtenu une toxine très active, en cultivant le bacille tétanique et le bacille subtilis à la fois. Seulement, il ne faut pas attendre au delà du cinquième jour pour filtrer, car le subtilis digère la toxine.

Brieger conseille de remplacer le carbonate de soude pour neutraliser l'acidité du bouillon avec le carbonate de magnésie et conseille encore d'augmenter le chlorure de sodium jusqu'à 2 p. 100 ; mais ce sel doit probablement agir beaucoup plus sur la conservation de la toxine que sur son élaboration.

Marie ensemence un petit tube de gélatine ordinaire à 1 p. 100, additionnée de 1 p. 100 de glucose ; après 15 jours de séjour à l'étuve, il ensemence des ballons de gélatine ordinaire glucosée à 1 p. 100; 15 jours après il filtre et obtient une toxine très active.

Propriétés de la toxine. — La toxine tétanique est une substance labile, voisine des enzymes et des ferments. Elle s'altère rapidement au contact de l'air, est très sensible à la chaleur : un chauffage pendant une demi-heure à 80° lui enlève toute toxicité. Le mieux est de la conserver à l'abri de la chaleur et de la lumière, dans une glacière. Malgré cela la toxine perd peu à peu de son pouvoir. Les acides la détruisent ; elle n'est pas reconstituée par la neutralisation du milieu. Une solution d'éosine à 1 p. 100 la détruit après une heure de contact à la température de 37° (Flexner et Noguchi). Le liquide de Gram l'altère aussi. Elle dialyse très difficilement à travers le sac de collodion. Elle est détruite par l'action des sucs digestifs, tels que ptyaline, trypsine, bile (Carrière) et de la sécrétion de la muqueuse intestinale (Ferusi et Pernossi). La toxine doit être conservée à l'état sec.

On peut se servir pour dessécher la toxine du vide ou de la précipitation à l'aide de l'alcool, du sulfate de magnésie ou du chlorure de calcium ; ensuite, on la pulvérise et on la conserve alors dans un récipient à vide, maintenu à l'abri de la chaleur et de la lumière. On refait le vide, après chaque prise (Courmont). Le produit de l'évaporation, desséché, peut supporter des températures très élevées, sans perdre son activité. 1 centimètre cube de toxine filtrée, soumis à la dessiccation donne un poids sec total de 0,04 centigramme. Si par la combustion, on détruit les matières organiques, dont fait partie la toxine, on constate que le précipité a perdu 0,025 de son poids. C'est donc dans ces 0,025 que se trouve la toxine. Cette quantité de 0,025, contenant en dehors de la toxine encore des peptones, des matières organiques, de la tétanolysine, etc., est capable de tuer 100 000 souris (Vaillard et Vincent).

Echelle de sensibilité des animaux à la toxine. — Tous les animaux ne sont pas au même point sensibles à la toxine tétanique. Si l'on prend comme modèle la quantité de toxine qui tue 1 gramme de cheval, on obtient l'échelle suivante :

Par gramme d'animal.			Par individu.	
1 gramme de cheval.	1 unité.		Souris	1/100 000
—	cobaye.	2 —	Cobaye	1/10 000.
—	chèvre.	4 —	Lapin	1/4 cm³.
—	souris..	13 —	Grenouille	1/2 cm³.
—	lapin.	2 000 —	Cheval	2 cm³.
—	poule..	200 000 —	Chien	4 cm³.
			Poule	10 cm³.

Période d'incubation. — La toxine n'agit qu'après une période d'incubation variable suivant les animaux.

Souris	8 à 18 heures.	Homme	4 jours.
Cobaye	15 à 18 —	Poule	4-9 —
Lapin	18 à 36 —	Cheval	5 —
Chien	36 à 48 —	Grenouille	4-6 —

On a pu déterminer la période d'incubation chez l'homme, à la suite d'un accident de laboratoire survenu au D' Nicolas.

On ne peut pas supprimer la période d'incubation, même en injectant rapidement des doses colossales de toxine, en inondant l'organisme de poison (Courmont et Doyon).

Marie a recherché ce que devenait la toxine. Il inocula dans les veines d'un lapin une dose de toxine plusieurs fois mortelles. Le sang du lapin prélevé 5, 6, 10, 15 heures après l'inoculation et injecté à des souris, en déterminait la mort avec tous les symptômes du tétanos. Après 17 heures, la souris ne meurt plus quelle que soit la dose de sang injecté. Or, les premiers symptômes chez le lapin n'apparaissent que 30 à 36 heures après l'inoculation. On a trouvé que la toxine tétanique se fixe en particulier sur les cellules nerveuses.

Affinité de la toxine pour les cellules nerveuses. — La démonstration de ce fait a été donnée par Wassermann et Takaki. Voulant confirmer la théorie d'Ehrlich, d'après laquelle l'antitoxine est fabriquée même par les animaux neufs, ils ont broyé des cellules nerveuses, dans lesquelles ils supposaient qu'il se trouvait de l'antitoxine et les mélangeaient à de la toxine tétanique. Dans ces conditions ils ont obtenu un mélange inoffensif même pour le cobaye et la souris. En comparant l'action neutralisante qu'exercent vis-à-vis de la toxine un cerveau de cobaye neuf et un cerveau de cobaye immunisé, Dmitriewsky a vu que cette action n'est pas influencée par l'immunisation. *In vivo* on peut également obtenir la fixation de la toxine sur les cellules nerveuses. Si au lapin on fait une inoculation intracérébrale de toxine tétanique, au bout de 18 heures on a un tétanos cérébral, provoquant des crises épileptiformes, qui ne sont pas caractéristiques du tétanos.

La quantité de toxine nécessaire, pour tuer un animal, varie suivant la voie d'inoculation. Chez le lapin la dose mortelle intracérébrale est inférieure à celle sous-cutanée.

Chez le cobaye il faut les mêmes doses par la peau ou par le cerveau.

Ce sont les cellules nerveuses qui fixent la toxine. Chez la souris, le cobaye il n'y a qu'un groupe de cellules fixatrices. Quel que soit le lieu d'inoculation toute la toxine va dans les centres nerveux. Chez le lapin, au contraire, il doit y avoir plusieurs groupes : en effet en lui injectant par la voie sous-cutanée de la toxine, celle-ci ne va pas toute au cerveau, une partie s'arrête en route. Chez la poule il y a également un certain nombre de groupes cellulaires capables de fixer la toxine. Chez la tortue aucun groupe cellulaire ne possède le pouvoir de la fixer, car on la retrouve presque entièrement dans le sang plusieurs mois après.

C'est par la voie nerveuse que la toxine arrive jusqu'aux cellules nerveuses centrales. Les filets nerveux absorbent la toxine au niveau du foyer tétanique. On a fait beaucoup d'expériences pour démontrer cette hypothèse. On inocule avec une même dose 2 cobayes, dont l'un a le sciatique sectionné au niveau de la patte inoculée et on observe que, chez ce dernier, il n'y a pas de tétanos.

Chez le lapin on constate que, pour amener la mort, il faut injecter dans les veines 4 à 5 centimètres cubes, tandis que sous la peau 1/4 de centimètre cube suffit. Or, dans ce dernier cas une partie passe dans les filets nerveux, l'autre dans le courant sanguin. Ce n'est pas celle qui a passé par les vaisseaux qui amène la mort, puisque nous avons vu que, pour tuer l'animal par voie intraveineuse, il fallait 4 centimètres cubes au moins, c'est donc la seule partie qui a suivi les filets nerveux, qui a été nocive.

Lorsqu'on inocule une dose de toxine non mortelle en plusieurs points, et par conséquent en multipliant les bouches d'absorption, on arrive à tuer l'animal, alors que l'inoculation totale de cette dose en un point ne le tuerait pas.

On a constaté directement la présence de la toxine tétanique dans les filets nerveux. Meyer injecte à un cobaye de la toxine dans le muscle gastrocnémnien, il prélève ensuite sur un cobaye des fragments de nerf sciatique du côté inoculé. Un de ces fragments est inoculé à la souris : celle ci meurt de tétanos. Les fragments des centres nerveux du même cobaye, restent inactifs, quand ils sont inoculés à la souris, car ils ont fixé la toxine. On voit en outre que le nerf a absorbé la toxine tétanique dans un temps très court, car le nerf sciatique devient toxique pour la souris 1 heure après l'injection de toxine tétanique, dans les muscles de la patte du cobaye.

Si on attend encore un peu, on constate que la toxine abandonne le nerf. En effet Marie et Morax injectent de la toxine tétanique au niveau du genou d'un cobaye, après 2 heures ils sectionnent le sciatique un peu au-dessus du foyer tétanique. Une demi-heure après, ils sectionnent l'extrémité inférieure du segment supérieur du nerf. Ce fragment nerveux s'était vidé de sa toxine, car les cylindraxes ne la fixent pas.

Marie et Morax injectent 2 grammes de toxine à un cheval et remarquent que les nerfs massétériens, qui sont exclusivement sensitifs, en contiennent ainsi que les nerfs du système grand sympathique.

Intoxication des animaux de laboratoire. — On doit à Vincent une étude très complète sur les effets de la toxine tétanique injectée aux animaux de laboratoire.

Si l'on injecte de très petites quantités de toxine dans le diaphragme d'un cobaye, l'incubation dure une journée environ; l'animal est pris de tétanos du diaphragme et meurt dans une syncope.

Si on en injecte dans les viscères, dans les gros vaisseaux, dans les séreuses on obtient un tétanos splanchnique. Après 48 heures environ d'incubation, l'animal est pris de frissons et il se raidit sur ses pattes dès qu'on le touche : si on l'excite, le cobaye est pris d'angoisse, de convulsions qui par la suite cessent.

Si la dose est assez forte, on peut provoquer la mort du cobaye en le touchant seulement.

Le tétanos splanchnique est toujours symétrique : il n'y a jamais de contractures; la mort se produit dans l'hypothermie.

Si on pratique l'injection de la toxine dans la moelle épinière, on a une forme de tétanos douloureux. L'animal ressent des douleurs très violentes, dans les parties molles correspondantes à la région de la moelle atteinte.

Si on injecte la toxine dans les veines postérieures entre la moelle et les ganglions, on obtient uniquement un tétanos douloureux. Si on coupe la moelle, les douleurs cessent, mais l'animal est pris de secousses, qui durent jusqu'à la mort (Ransom et Meyer). Si on injecte la toxine dans le cerveau, après une incubation de quelques heures, l'animal présente des hallucinations, de la polyurie, des crises épileptiformes. Chez le lapin, il faut employer pour le tuer beaucoup moins de toxine en injection dans le cerveau, qu'en injection dans les muscles.

Chez le rat, au contraire, une dose tuant cet animal dans les muscles est insuffisante pour le tuer dans le cerveau. Les rats meurent alors avec des troubles psychiques très accentués.

Administrée par ingestion, la toxine tétanique ne provoque

aucun trouble, car elle ne traverse pas l'épithélium du tube digestif.

La vaccination des animaux, vis-à-vis de la toxine tétanique, est très difficile. En effet, les animaux injectés par de petites doses deviennent de plus en plus sensibles et ils meurent bien avant qu'on arrive à leur injecter la dose mortelle.

On a réussi cependant à vacciner les animaux, en s'adressant à la toxine modifiée. Fränkel, le premier, a obtenu de bons résultats, en inoculant d'abord de faibles doses de toxine chauffée à 70°, puis en augmentant progressivement les doses. Ensuite il injecte de la toxine chauffée à 60°, enfin de la toxine pure.

Behring a pu immuniser les animaux avec un mélange de trichlorure d'iode et de toxine. Il a pu obtenir les mêmes résultats, en inoculant en un point le trichlorure, en un autre point la toxine. Mais le trichlorure produit des eschares, il est difficile à employer. Le liquide de Gram, proposé par Roux et Vaillard, convient mieux. Pour réaliser la vaccination on recourt d'abord à l'injection des mélanges gradués, contenant de plus en plus de la toxine et de moins en moins de liquide de Gram. Lorsque dans le sang de l'animal (cheval), on voit apparaître le pouvoir antitoxique, dans le but de renforcer l'immunisation obtenue, on lui injecte de la toxine pure en commençant par des doses faibles (1 centimètre cube) pour arriver graduellement à introduire d'un seul coup, dans les veines, 350 centimètres cubes d'une toxine, dont 2 gouttes suffisent à tuer un cheval vigoureux (Vaillard). A ce moment, on peut obtenir un sérum d'une activité telle, que un cent-millième de centimètre cube, au minimum, neutralise *in vitro* 100 doses mortelles de toxine (sérum de l'Institut Pasteur de Paris).

L'antitoxine n'a pu être isolée à l'état de corps défini et sa nature exacte reste encore ignorée. C'est une substance non cristallisable, intimement adhérente aux matières albuminoïdes du sérum, précipitable avec les globulines et se désignant en général par une assez grande résistance aux influences physiques ou chimiques (Vaillard). L'antitoxine est une substance plus stable que la toxine, elle est capable de résister à une température supérieure à la coagulation, sans être altérée (Frouin). Dans certaines conditions, même en portant la température à 100°, elle s'affaiblit, mais elle ne disparaît pas. Elle est précipitable par l'alcool et par le sulfate d'ammoniaque. Elle diffuse assez facilement dans l'organisme et on la trouve dans les sécrétions.

In vitro l'antitoxine neutralise la toxine. Elle protège les animaux contre l'inoculation de toxine. Les résultats sont variables lorsqu'on l'injecte avant, en même temps ou après la toxine.

Titrage du sérum antitétanique. — Pour savoir le titre du sérum antitétanique, on en détermine la dose capable de protéger un cobaye contre une dose mortelle de toxine. Prenons un cobaye de *n* grammes, il nous sera facile de lui injecter sous la peau 1 centième, 1 millième, 1 dix-millième, de son poids et, 24 heures après, d'injecter un nombre fixe de doses mortelles de toxine tétanique. Si le cobaye survit, on dit que le sérum est actif au 1 centième, 1 millième, 1 dix-millième, etc.

Le pouvoir antitoxique du sérum antiténatique, livré par l'Institut Pasteur de Paris, est environ de 1 000 000 000, c'est-à-dire qu'il suffit d'injecter à une souris une quantité de ce sérum égale à 1 milliardième de son poids, pour la préserver contre la dose mortelle de toxine.

Action exercée entre elles par la toxine et l'antitoxine. — Nous avons dit que l'antitoxine neutralise, *in vitro*, la toxine. Dans une première hypothèse on a cru qu'il s'agissait d'une neutralisation comparable à celle d'une base par un acide, avec formation d'un sel neutre (Behring). Les premières objections à cette théorie ont été soulevées par Tizzoni et ensuite par Buchner.

Ce dernier fait des mélanges titrés de toxine et d'antitoxine et obtient un complexus inoffensif pour le cobaye. On a pensé tout d'abord que la neutralisation était complète ; mais on a vu que ce mélange, inoculé à la souris, lui donnait le tétanos. La neutralisation qui existe pour le cobaye n'existe donc pas pour la souris. De plus, un mélange neutre qui est sans effet, quand on l'injecte par exemple à la dose de 0,1 à un cobaye, n'est pas indifférent à la dose de 0,3-0,5 (Roux et Vaillard). Ces mêmes auteurs ont montré encore, qu'un mélange neutre qui est sans action sur un cobaye bien portant, est toxique quand on l'injecte à un cobaye débilité. Les mélanges neutres redeviennent toxiques en vieillissant car la toxine redevient libre (Besson). Wassermann et Brucke injectent d'abord de l'adrénaline à un cobaye, ensuite un mélange neutre d'antitoxine et de toxine et l'animal prend le tétanos.

Toutes ces expériences prouvent bien que dans ces mélanges l'antitoxine n'avait pas complètement neutralisé la toxine.

Dans le mélange de toxine et d'antitoxine, il se passe, d'après Ehrlich, des phénomènes très complexes, dus à ce que la toxine contient des substances différentes (toxines, toxones, toxoïdes), douées de propriétés toxiques différentes et toutes capables de fixer l'antitoxine.

On a voulu comparer encore l'action de la toxine et de l'antitoxine à celle d'une base forte sur un acide faible, mais ces réactions n'ont pas le caractère des réactions chimiques.

La température joue aussi un grand rôle : la combinaison se fait plus vite si le mélange est à une température plus haute. Il faut retenir, d'après Roux, que si l'antitoxine se combine avec la toxine dans une sorte d'action chimique pour former une substance inoffensive, cette combinaison est essentiellement instable; elle peut être dissociée par diverses influences, dont quelques-unes nous sont connues et agissent dans l'organisme lui-même.

Nernst voit dans ce phénomène des actions comparables à celles qui se produisent dans l'interaction des colloïdes.

Nicolle et Pozerski viennent de proposer une nouvelle théorie. L'antitoxine aurait la propriété de coaguler la toxine. Cette coagulation ne se voit pas dans le liquide, mais elle n'en existerait pas moins, *in vivo* comme *in vitro*.

Le mode d'action de l'antitoxine sur la toxine consiste pour Ehrlich dans une combinaison des deux substances, aussi bien *in vitro* qu'*in vivo*.

Pour Roux et Vaillard, l'antitoxine agirait non pas sur la toxine, mais sur l'organisme.

Origine de l'antitoxine. — C'est dans le sérum que le titre antitoxique est le plus élevé. Il ne l'est pas plus dans la rate, le foie, les reins, le cerveau. La production d'antitoxine chez les Mammifères se fait suivant les espèces, plus ou moins facilement et en quantité plus ou moins considérable. Tous les animaux ne produisent pas l'antitoxine. Metchnikoff a montré que les invertébrés n'en donnent pas.

Données expérimentales sur l'emploi du sérum dans la prévention et le traitement du tétanos. — On sait, d'après l'expérience de Kitasato, que si l'on attend 40 minutes après l'inoculation de la toxine, tous les animaux meurent de tétanos. On sait encore que l'antitoxine ne commence à apparaître dans le sang que 35 à 60 minutes après l'injection. D'autre part, l'expérience a démontré que si le sérum antitétanique est administré de 40 à 60 minutes avant la toxine, celle-ci est sûrement neutralisée dès son arrivée dans le sang par l'antitoxine.

Si on inocule simultanément l'antitoxine et la toxine, ce mélange est inoffensif. Mais si on injecte dans le même tissu, mais en des points différents, le sérum et la toxine, les deux substances ne diffusent pas avec la même vitesse; le poison devance le sérum et la minime quantité qui échappe alors à l'antitoxine, suffit à provoquer un tétanos limité, léger et toujours curable; aussi conçoit-on qu'il devienne difficile de prévenir le tétanos, lorsque le sérum intervient après la pénétration de la toxine et cela d'autant plus que le laps de temps écoulé aura été plus grand et la dose de poison plus élevée. Toutefois, en employant une plus grande dose de sérum ou un sérum plus actif, on peut intervenir efficacement plusieurs heures après l'injection de la toxine; mais il se produit encore un tétanos partiel et curable. Après un certain temps écoulé, variable avec les animaux, la prévention est impossible, même avec une grande quantité de sérum (Vaillard). En effet, dès que les premiers symptômes apparaissent, la guérison du tétanos est rarement obtenue, bien que le sang de l'animal traité soit devenu antitoxique et immunisant à un haut degré.

On peut sauver encore les animaux en pratiquant les injections de sérum directement dans la masse cérébrale, mais si l'empoisonnement des parties supérieures de la moelle est fait, la mort ne sera pas évitée.

Sérothérapie chez les grands animaux domestiques. — Nocard avait constaté que chez le cheval « la marge, laissée à l'action préventive du sérum, était plus étendue que chez les petits animaux de laboratoire ». Il recommanda de pratiquer chez cet animal, de même que chez les bovidés adultes, le plus tôt possible après un traumatisme suspect, une injection de 10 centimètres cubes de sérum et de renouveler l'injection à 12-15 jours d'intervalle. Chez les animaux porteurs de plaies persistantes, exposées à des infections renouvelées par le sol ou les fumiers, il est prudent, d'après Nocard et Leclainche, de faire une troisième et même une quatrième injection.

Vaillard, en réunissant les statistiques de Nocard, de Labat et de Vallée et la sienne, arrive au chiffre de 16 917 animaux, traités dans la période de 11 ans. Sur ce très grand nombre d'animaux, traités préventivement, un seul cheval a présenté des symptômes tétaniques.

Sérothérapie chez l'homme. — C'est à la suite des premiers résultats obtenus par Nocard en vétérinaire que les médecins ont essayé d'employer le sérum antitétanique comme préventif chez l'homme. Aux Congrès français de chirurgie de 1902 et de 1906 et à la Société de chirurgie de Paris en 1907, on a agité cette question. Aux partisans de la méthode préventive on a opposé : 1) que l'emploi des injections préventives n'a pas influencé la mortalité par tétanos à Paris (Pierre Delbet); 2) que le tétanos se déclare assez souvent malgré les injections préventives (Reynier); 3) que les conditions qui permettent la prophylaxie du tétanos en médecine vétérinaire ne sont pas réalisables en médecine humaine (Reynier); 4) que le sérum serait moins actif sur l'homme que sur le cheval (Delbet). Vaillard, dans une récente monographie, combat d'une façon très précise les objections de ces chirurgiens. D'après cet auteur, les objections formulées contre la valeur des injections préventives manquent de fondement et les quelques insuccès signalés ne représentent qu'une infime proportion, au regard des milliers d'injections pratiquées. En principe, Vaillard conseille de pratiquer une injection de 10 centimètres cubes dans les cas de plaies peu profondes, régulières, et 20-30 centimètres cubes dans les cas de plaies anfractueuses. Des observations faites sur l'homme ont montré que la quantité d'antitoxine, introduite avec le sérum, demeure à peu près stable, pendant près d'une semaine, pour tomber ensuite rapidement en 2 à 6 jours. C'est donc avant la fin de la première semaine et ensuite hebdomadairement, qu'il conviendra de réitérer le sérum. Si la dose initiale a été de 20 à 30 centimètres cubes, il suffira de 10 à 15 centimètres cubes pour les injections subséquentes, qui doivent être pratiquées, pendant tout le temps que le danger d'intoxication tétanique subsiste.

Le sérum a été injecté sous la peau, dans les veines, la cavité sous-arachnoïdienne, le cerveau.

Vallas a divisé les résultats obtenus, suivant la technique employée :

	Cas.	Morts.	Mortalité.
Injection sous-cutanée.	373	39	39 %
— intraveineuse.	31	13	41,9 %
— cérébrale.	84	52	61 %
— sous-arachnoïdienne.	20	13	65 %

« Ces différences ne sauraient exprimer la valeur de tel ou tel procédé : elles tiennent, sans doute, beaucoup moins aux modes d'injection, qu'à la gravité particulière des cas, qui ont motivé le choix de la voie veineuse arachnoïdienne ou cérébrale pour l'application du sérum : d'ailleurs, le plus souvent, les injections sous-cutanées ont été associées aux autres modes d'introduction du sérum. » (Vaillard.)

Les injections sous-cutanées massives et les injections intraveineuses paraissent à l'heure actuelle constituer la méthode de choix dans le traitement sérothérapique du tétanos. Les injections intracérébrales constituent une méthode qui peut être dangereuse et, dans l'état actuel de la question, n'est pas à conseiller (Delbet et Chevassu).

Bacille de Lubinski. — C'est un bâtonnet isolé de la péritonite purulente; il est plus long que celui du tétanos et possède comme lui une spore terminale.

Il prend le Gram.

Sur plaque de gélatine il se développe au bout de 2 jours. Les colonies sont plates, grises, avec les bords ratatinés.

Sur plaques d'agar, les colonies ont la forme de vésicules ellipsoïdales, pleines de liquide et de gaz.

La gélatine n'est pas liquéfiée.

Le lapin est tué par injection dans le péritoine en 24 heures. Les phénomènes pathologiques qu'on observe ne ressemblent pas du tout à ceux qui causent le tétanos.

Le bacille est très difficile à classer, si les renseignements que l'auteur nous donne sont exacts.

Aussi, lui donnons-nous à côté du tétanos une place tout à fait provisoire.

Microbes 2 et 3 de Séwerine. — Ce sont deux échantillons de tétanos isolés du fumier.

I. — MICROBES PROTÉOLYTIQUES
IMPOSSIBLES A GROUPER

Nous donnons après la description de ces bacilles, celle des bacilles de Botkin, de Flügge et de Kedrowski, qui se rapprochent par certains caractères, comme celui de la granulose, du bacille butyrique. Ces bactéries ont cependant une propriété très différente, celle d'attaquer les matières albuminoïdes. Beaucoup d'auteurs, dont Grassberger et Schattenfroh, contestent leur existence; nous donnons cependant leur description, pour être plus complet.

Bacille de Botkin. — C'est un bâtonnet isolé du lait, de la poussière, de 1 à 4 µ de long et de 0,5 µ de large, à bouts arrondis.

Dans les milieux liquides, il devient plus mince, mais atteint une longueur de 10 µ.

Il est faiblement mobile.

Il donne facilement des spores, qui sont placées dans le milieu du corps microbien ou, rarement, terminales.

Les spores ont une longueur moyenne de 2 à 3 µ et une largeur

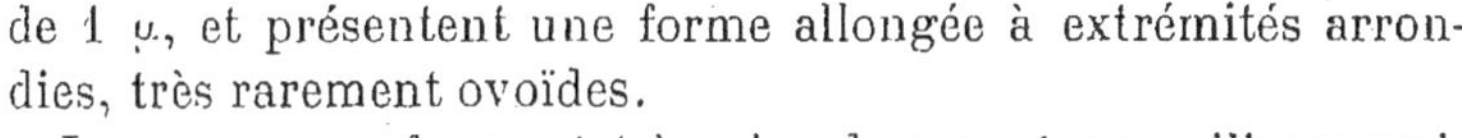

Fig. 15. — Bacille de Botkin.

de 1 µ, et présentent une forme allongée à extrémités arrondies, très rarement ovoïdes.

Les spores se forment très abondamment en milieux amidonnés. Elles résistent pendant une demi-heure à l'ébullition.

Il donne, avec l'iode, la réaction positive de la granulose.

Le bacille de Botkin pousse entre 18° et 42°, mais son optimum est à 37°.

Il ne donne jamais de gaz.

Les colonies en agar sont rondes ou elliptiques, sombres au centre et semblent feutrées.

Elles présentent dans la plupart des cas des ramifications, qui vont dans tous les sens et qui deviennent plus larges avec l'âge de la culture.

Le bacille se développe après deux jours en gélatine, en donnant des colonies rondes ou allongées, à contours ondulés, constituées comme un feutre. La gélatine est liquéfiée.

Le bouillon est troublé après 24 heures. Au troisième jour, le développement est complet et le milieu s'éclaircit en donnant un dépôt.

La culture sur pommes de terre sent l'alcool.

Dans le lait, il y a, 12 heures après l'ensemencement, une active fermentation et au bout de 18 heures coagulation. La caséine et les savons flottent sur le sérum jaune clair.

La caséine prend un aspect spongieux à cause des gaz qui se développent; elle est ensuite liquéfiée.

Il y a en même temps dans le lait, un fort dégagement de gaz.

Le bacille donne principalement de l'acide butyrique. Il transforme l'amidon en sucre et plus tard celui-ci en acide lactique ou acide butyrique.

La cellulose n'est pas attaquée.

Le bacille de Botkin ressemble au microbe de Perdrix, mais celui-ci ne liquéfie pas la gélatine.

Flügge a décrit 4 microbes qui, au fond, sont le même organisme et probablement des races du bacille de *Botkin*.

En effet, tous les 4 sont mobiles; 3 donnent des spores; dans le 2ᵉ seulement l'auteur ne les a pas observées.

Ils liquéfient la gélatine.

Ils donnent du gaz.

Les phénomènes dans le lait se passent comme pour le Botkin, mais Flügge prétend, sans en donner la preuve, que dans les cultures ne se forment pas d'acides gras.

Pour son microbe 3, Flügge dit que le lait ne change pas.

Pour son microbe 4, Flügge ne nous renseigne pas sur le sort de la caséine, mais d'autre part il nous apprend qu'après 48 heures il y a odeur de putréfaction.

Kedrowski a isolé au cours d'une préparation de l'acide butyrique deux bacilles ayant les mêmes propriétés que le Clostridium fœtidum.

En plus, ces bacilles donnent sur pommes de terre des colonies coniques, grises, humides avec des gibbosités, et de la grandeur d'une tête d'épingle.

Ces bacilles coagulent le lait et le peptonisent ensuite en 2 semaines.

Dans les cultures on constate une odeur de fromage.

Quoique Kedrowski en fasse 2 espèces distinctes, nous devons pourtant ajouter qu'il nous semble exagéré de séparer 2 microbes, dont l'un est plus mobile que l'autre et dont l'action sur le lait est plus lente.

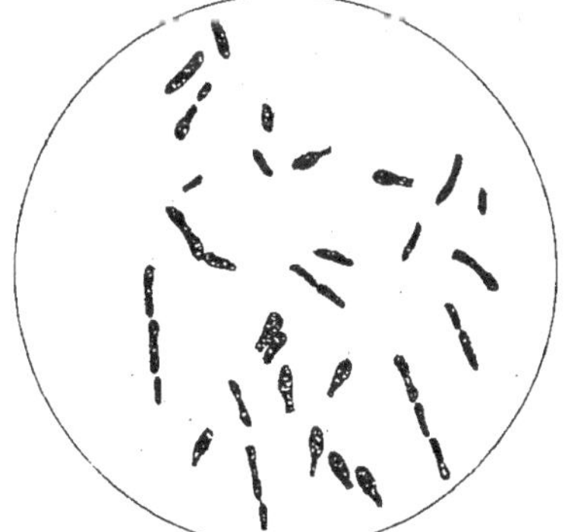

Fig. 16. — Bacille de Kedrowski.

Bacillus radiiformis (Rist et Guillemot). — C'est un bacille rectiligne, assez épais, dont les extrémités arrondies se colorent fréquemment, mais non toujours, plus énergiquement que le centre, ce qui lui donne un aspect en navette.

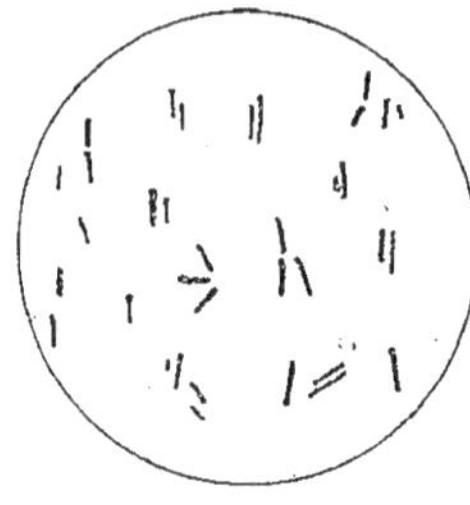

Fig. 17. — Bacillus radii-formis.

Il se décolore par la méthode de Gram.

En gélose sucrée, en profondeur, il donne au bout de 48 heures des colonies blanchâtres très fines, parfois à peine visibles. Même très isolées, elles n'atteignent jamais de grandes dimensions. Examinées à un faible grossissement, elles ont l'aspect de petits disques irréguliers, de couleur jaunâtre, transparents, ayant parfois à leur périphérie des prolongements irréguliers et pas très longs.

En gélatine sucrée, en profondeur, cultivé à la température de 22°, ce bacille donne des colonies très caractéristiques. Elles sont nettement visibles au 3ᵉ ou 4ᵉ jour, sous forme d'un petit grain translucide, nacré, soyeux, paraissant formé de 2 ou 3 couches concentriques et possédant une sorte de noyau brunâtre, plus opaque. A un faible grossissement, on voit un ovoïde jaunâtre de forme régulière, avec un noyau central brun, irrégulier ; la surface de l'ovoïde est hérissée de petits prolongements courts, rectilignes, transparents, plantés très drus et ressemblant à des soies de porc : l'aspect est celui d'un oursin ou d'une châtaigne munie de sa coque.

Au bout de 5 à 6 jours, la colonie a notablement augmenté de volume : elle est composée d'un petit noyau brunâtre entouré d'une zone jaunâtre : autour de cette zone, un espace clair, puis un anneau fin, nacré, dont le contour extérieur, mal limité, se confond assez brusquement avec une atmosphère finement nuageuse, qui a un rayon d'un centimètre à peu près et qui est la zone de liquéfaction de la gélatine.

Il est immobile.

Il est peu vivace ; ses cultures meurent en 8 ou 10 jours.

Il est pathogène pour le cobaye.

Bacillus Ghon, Mucha et Müller. — C'est un bâtonnet isolé dans un exsudat de méningite, des dimensions du typhique ; mais à côté des bâtonnets on trouve des formes en coccus.

Dans la majorité des cas il est droit, arrondi aux bouts, de longueur de 1,5 µ, jusqu'à 3,5 µ, et de largeur variable.

Il a des renflements qui lui donnent l'aspect du funduliformis. Il forme des filaments, soit dans les milieux où l'on peut faire croître l'alcalinité, soit dans les milieux très faiblement acides.

Il est mobile, mais il ne donne jamais de spores.

Il prend le Gram, mais il perd bientôt cette propriété; pourtant, dans l'exsudat de méningite, il ne le prend pas.

Il se colore d'une teinte sombre avec l'iode, mais seulement à ses extrémités.

Les colonies en surface, dans l'agar, ressemblent beaucoup à celles du micrococcus pyogenes; elles sont rondes, blanchâtres et luisantes; la partie centrale est obscure, la partie périphérique est claire et finement crénelée.

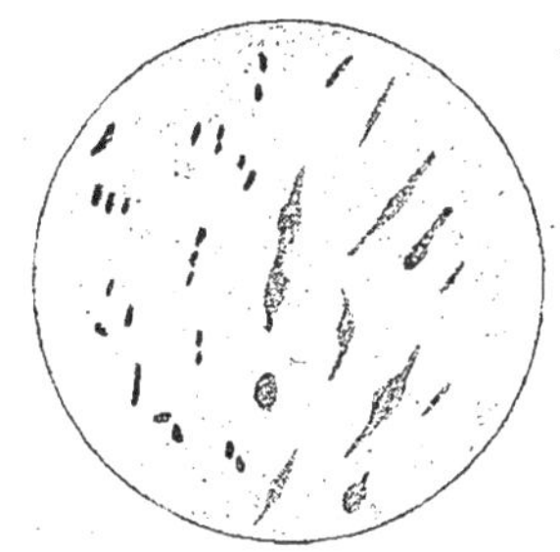

Fig. 18. — Bacillus Ghon, Mucha et Müller.

Les colonies profondes sont petites et bosselées, elles laissent voir parfois de petites colonies filles et de petites bulles gazeuses.

Dans les milieux glucosés, il donne du gaz, en quantité peu considérable.

Dans la gélatine sucrée à 20-22°, il se développe lentement, en donnant des colonies punctiformes, en même temps qu'il se produit le long de la piqûre une teinte brunâtre.

Il liquéfie la gélatine en 12-14 jours, sans donner de gaz.

Dans le bouillon, il pousse très bien, en troublant le milieu et en formant à sa surface une couche d'écume. Dans ce milieu se dégagent des bulles de gaz.

Le lait n'est pas coagulé, il devient acide, dégage peu de gaz et accuse une forte odeur d'acide butyrique.

Dans les liquides d'hydrocèle et d'ascite coagulés, le développement est lent.

Il donne des traces d'indol; abondante formation d'H_2S, d'acide butyrique et d'alcool éthylique.

Les acides acétique et lactique se trouvent en très petites quantités.

Les analyses des gras donnent : $C_2O = 37,98$ p. 100; $Az = 4,13$ p. 100; $H = 57,89$ p. 100.

La température optima est 37°, mais le bacille pousse à la température de la chambre.

Il détermine des infiltrations n'aboutissant jamais à la formation d'un abcès.

Il ressemble beaucoup au radiiformis de Rist et Guillemot.

Bacillus serpens (Veillon). — Ce microbe a été isolé dans le pus d'appendicites.

Il s'agit d'un bâtonnet assez gros, à extrémités arrondies, régulier. Dans les cultures, les éléments sont souvent mis 2 par 2, ou forment des pseudo-filaments.

Il est légèrement mobile et progresse surtout par ondulation. Il ne se colore pas par le Gram. Il pousse dans la gélatine au bout de 4-5 jours, en petites colonies rondes, grisâtres. La gélatine est liquéfiée lentement.

Dans la gélose en couche profonde, il forme, au bout de 24 heures, des colonies rondes, claires, grisâtres, granuleuses, hérissées de hachures : on voit quelquefois un bouquet de filaments à l'un des pôles. Plus tard, la colonie, en grossissant devient plus opaque : les bords en sont plus nets.

Le bouillon se trouble rapidement, puis s'éclaircit lentement, en laissant déposer un enduit blanchâtre au fond du tube.

Les cultures dégagent une très petite quantité de gaz, d'odeur fétide.

Il est vivace.

Il est pathogène pour la souris, le cobaye et surtout pour le lapin.

Granulobacter pectinivorum (Beijerinck et van Delden). — C'est un bacille isolé la première fois par Fribes des tiges du lin en rouissage et ensuite par Beijerinck et van Delden de la même provenance. C'est l'agent spécifique de la dissolution de la pectine, selon les auteurs, et celui qui permet le rouissage du lin.

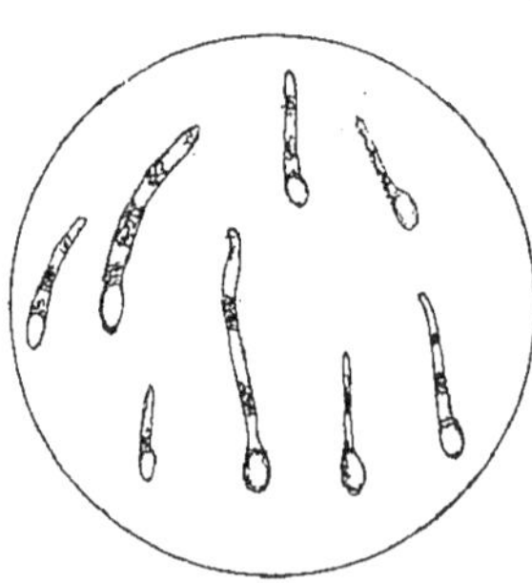

Fig. 19. — Granulobacter pectinivorum.

Nous suivons la description donnée par Winogradski au nom de Fribes, qui nous semble être assez complète, en ajoutant quelques notices prises au travail de Beijerinck et van Delden.

C'est un bâtonnet relativement grand, formant des spores dans des renflements terminaux, qui se colore en bleu avec l'iode (forme de têtard). A l'état jeune, ces articles ont une longueur de 10 à 15 μ. sur une épaisseur de 0,8 μ.

Souvent on trouve des filaments très longs.

Il forme des spores ovoïdes, ayant 1,8 μ. de longueur et 1,2 μ. d'épaisseur.

Il fait fermenter le glucose, le saccharose, le lactose, l'amidon, le lévulose, le galactose et le maltose, en donnant de l'acide butyrique, mais à condition que le milieu contienne de la peptone. Il est sans action sur les hydrates de carbone, quand on met de l'ammoniaque dans le milieu, comme unique source d'azote.

La pectine ou l'acide pectique extraite du lin, des poires, carottes, navets blancs, et pure autant que possible, est décomposée déjà en présence d'un sel ammoniacal comme seul aliment azoté.

La cellulose et la gomme arabique sont inattaquables; Beijerinck et van Delden ont préparé un milieu spécial pour l'isolement de ce microbe, consistant en agar avec extrait de Malte.

Il peptonise la gélatine.

Il sécrète une *pectase* qui hydrolise la pectine[1].

Paraplectrum fœtidum (Weigmann). — C'est un bâtonnet, qui dans les cultures en bouillon, est droit, de 2,6 μ. à 14 de long et de 0,6 μ. de large, à bouts arrondis.

Il forme souvent des chaînes composées de 3 à 6 éléments.

Il est mobile. Les bacilles plus grands ont un mouvement pendulaire.

Il ne prend pas le Gram.

Dans le lait, il donne des spores après 3 jours. Les spores libres sont de 1,75 μ. à 2,1 μ. de long et de 0,3 à 1 μ. de large.

Il ne forme pas de clostridium.

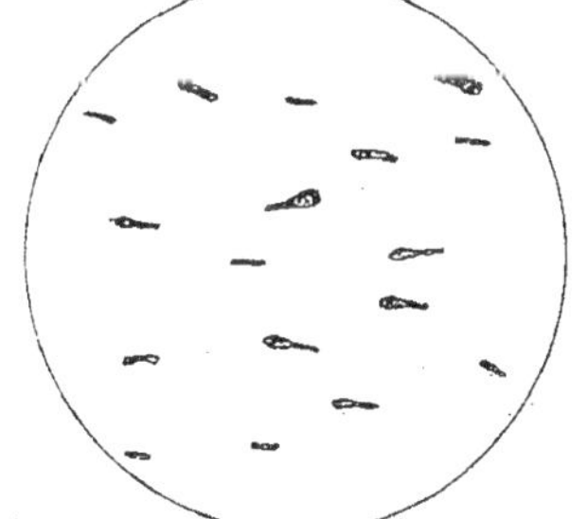

Fig. 20. — Paraplectrum fœtidum (Weigmann).

Dans le lactate de soude avec caséine, il pousse très bien en donnant après 3-4 jours de petites colonies rondes, d'aspect feutré.

Il ne pousse pas dans les milieux non sucrés.

1. *Stormer* a isolé en 1904 son *Plectridium* qui nous semble être identique au *Granulobacter pectinovorum*.

Le lait est coagulé en 4 jours et ensuite peptonisé.

Le bacille accuse une odeur de fromage de Limbourg.

Le bouillon se trouble après 2 jours, en donnant un voile qui tombe au fond ; ensuite le milieu s'éclaircit.

Sur pommes de terre, on obtient, après longtemps, un enduit de culture.

Le paraplectrum donne des gaz.

En gélatine par piqûre, il forme une culture, consistante en filaments enchevêtrés, qui bientôt se fusionnent en une seule ligne épaisse, au milieu de la gélatine partiellement liquéfiée.

Fig. 21. — Bacillus thalassophilus.

On trouve ce bacille dans le fromage de Backenstein, de Romadur, de Tilsit, de Gonda et de Harzer.

Bacillus thalassophilus (Russell). — C'est un microbe isolé de la boue du fond de la mer dans le golfe de Naples.

Il est de longueur variable et mince, parfois en filaments, dont les articles ne montrent aucune division apparente.

Le protoplasma paraît vacuolaire.

Dans les vieilles cultures, le thalassophilus donne des formes curieuses de dégénérescence.

Par exemple, en gélatine, il y a des individus en baguettes de tambour, mais la partie renflée n'est pas une spore.

En gélose, il donne des filaments très longs, dont le protoplasma se présente comme une chaîne de pointillée.

Les colonies en gélatine à l'eau de mer sont, après 2 ou 3 jours, comme des boules troubles ; ensuite les colonies se réunissent pour former une espèce de sac. Le milieu est liquéfié. Après la liquéfaction il se précipite une masse glutineuse.

Les cultures sentent les selles ou le fromage en putréfaction.

Les colonies sur plaque de gélatine, sont évidentes après 2 ou 3 jours. A faible grossissement, elles sont formées d'un réseau de filaments très fins.

Bacillus parvus liquefaciens (Jungano). — Ce microbe a été isolé des matières fécales d'une jeune fille, atteinte de constipation opiniâtre.

Il s'agit d'un petit bacille, très polymorphe : on trouve des

éléments à forme de clou avec la partie mince légèrement
courbée; d'autres présentent comme un noyau central avec
extrémités un peu courtes et moins colorées ; d'autres éléments, enfin, présentent une ou plusieurs petites boules, prenant plus intensément la couleur que le reste du bacille.

A côté des formes nettement bacillaires, on trouve des éléments courts très irréguliers, ressemblant à des formes coccobacillaires. Parfois,

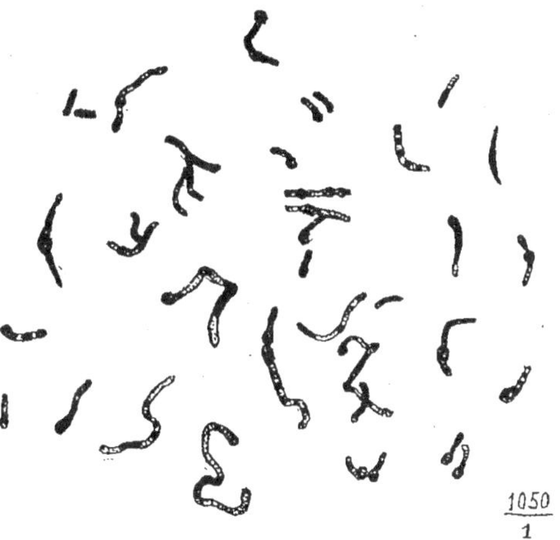

Fig. 22. — Bacillus parvus liquefaciens.

plusieurs éléments se réunissent, tantôt en courtes chaînes,
tantôt en V, tantôt en petits amas. En cultivant ce microbe
dans un mélange stérilisé de viande hachée et d'eau, on trouve
quelques formes fourchues : les branches de bifurcation ne
se divisent pas. On en trouve davantage dans les vieilles cultures en gélose sucrée.

Il se colore par toutes les couleurs d'aniline et par la méthode
de Gram. Dans les vieilles cultures, les microbes, quelle que soit
la méthode employée, ne se colorent pas d'une façon uniforme.

Dans la gélose sucrée en couche profonde, il pousse dans
les 48 heures, en donnant de petites colonies rondes, régulières, transparentes au début, plus opaques dans la suite. Il
ne donne jamais de gaz.

Dans le bouillon sucré, il produit un trouble uniforme avec
très peu de dépôt au bout de quelques jours; après une semaine,
il donne une acidité de 2,45 (évaluée en SO_4H_2 p. 1000).

Il coagule le lait dans l'espace d'une dizaine de jours.

Il n'attaque pas le blanc d'œuf cuit.

Il n'attaque pas ni le saccharose, ni la dextrine.

Il ne donne pas d'indol.

Il ne pousse qu'à la température de 37°.

Il est pathogène pour le cobaye; les tentatives faites pour
obtenir une toxine *in vitro* ont échoué.

Parmi les anaérobies déjà connus, il y en a un — le *Bifidus* de Tissier — qui lui ressemble beaucoup, et, d'après les caractères morphologiques et tinctoriaux, il serait absolument impossible de différencier les 2 germes.

La différenciation par les propriétés biologiques est par contre très nette. En effet, le bacillus parvus liquéfie la gélatine, n'attaque pas le saccharose : sa vitalité est aussi considérable (plusieurs mois); il est pathogène pour le cobaye, tandis que le bifidus n'attaque pas la gélatine, attaque le saccharose, n'est pas pathogène et a une vitalité bien moindre (11 à 15 jours).

Bacille anaérobie semblable à celui de l'influenza (Russ). — C'est un bâtonnet isolé d'un abcès périrectal, court, à bouts arrondis, trois fois plus long que large.

Il est immobile et ne prend pas le Gram.

Il ne donne jamais de spores.

Il forme des colonies transparentes, mais moins que celles du bacille de l'influenza. Elles sont en forme de demi-sphère, à bords nets, en forme de coupe, avec le centre faiblement coloré en jaune, et la périphérie sans couleur, claire comme l'eau. Elles sont granuleuses. Du centre partent des stries radiaires vers la partie périphérique.

Il pousse dans le bouillon glucosé après 3-4 jours.

Il semble que la gélatine n'est pas liquéfiée et qu'il ne pousse pas dans les milieux privés de sucre.

L'optimum de température est de 30-37°.

Les colonies se développent après 3-4 jours.

Le bacille n'est pas pathogène pour la souris.

Bacillus Ghon, Mucha et Müller. — C'est un bâtonnet isolé d'un cas d'inflammation du cerveau, qui ressemble beaucoup à celui de l'influenza. Quand il est jeune et prélevé dans les premières cultures, c'est un bacille presque semblable à un coccus et ayant une longueur de 1,5 μ. et le tiers de largeur.

Il a les extrémités arrondies, avec fort renflement central, qui lui donne un aspect ovalaire.

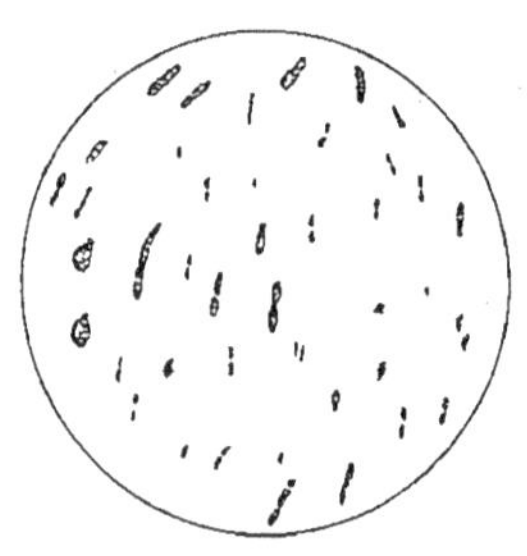

Fig. 23. — Bacillus Ghon, Much et Müller.

Après 48 heures, on rencontre des formes vésiculeuses, et, à côté, de courts filaments, non segmentés.

Ces formes se conservent telles pendant deux ans, sans se transformer en forme dentritique.

Dans les jeunes cultures en sérum, on observe de petites formes et, dans les vieilles, des formes aussi grandes que le microccoccus parvulus.

Il est immobile, ne prend pas le Gram, ne présente ni spores, ni capsules, ne donne pas la réaction de la granulose et, coloré avec une solution de bleu de méthylène, prend une teinte très foncée aux deux extrémités.

Les cultures en surface n'ont rien de caractéristique, elles présentent seulement une végétation finement granuleuse.

Dans les milieux solides, les colonies sont petites, rondes, avec le contour très net, et sont plus grosses qu'un pépin de raisin.

Il n'y a pas production de gaz.

Le bacille trouble la gélatine sucrée en la liquéfiant et en donnant ensuite un dépôt floconneux.

Le bouillon se trouble et s'éclaircit ensuite en donnant un dépôt. -

Il ne liquéfie pas les milieux contenant de l'ascite et du liquide hydrocèle coagulés.

Il coagule le lait sans le peptoniser.

Il produit H_2S, alcool éthylique, acide butyrique, et, comme produits secondaires, de l'acide lactique.

Il ne donne jamais d'indol, ni d'acide acétique.

Il est peu pathogène et seulement à la première génération, en produisant un exsudat hémorragique fibrineux purulent.

C'est un microbe déjà décrit par Russ, qui l'avait très mal décrit, qui l'a isolé d'un abcès périrectal et qui avait constaté qu'il n'est pas pathogène pour la souris.

Bacillus I (Rodella). — Isolé des selles de l'enfant, courbé et ayant tendance à former des filaments à éléments de longueur inégale.

Il est immobile et prend le Gram. Il donne des spores terminales, ovales ou sphériques; rarement, une à chaque bout.

La réaction de la granulose est négative.

Le bâtonnet pousse à la température de la chambre et à 37°.

Sur agar par piqûre il pousse en stries, avec des arborisations latérales.

En agar profond, les colonies atteignent la grandeur d'un pois en 1 ou 2 semaines.

Dans l'agar sucré, on observe des colonies floconneuses, rondes, irrégulières, avec un centre plus compact.

Il y a développement de gaz avec odeur de scatol.

Sur gélatine par piqûre, il ne donne pas de culture.

Dans la gélatine profonde, mais à 22°, on voit des colonies avec des prolongements serpentiniformes. Parfois il n'y a pas de centre, les colonies offrent un aspect feutré.

Il ne liquéfie pas la gélatine.

Le bouillon est troublé après 3 jours, puis il s'éclaircit, en donnant un dépôt granuleux et une odeur caractéristique.

Après 5 ou 6 jours, le lait prend une coloration rosée et il est alors peptonisé.

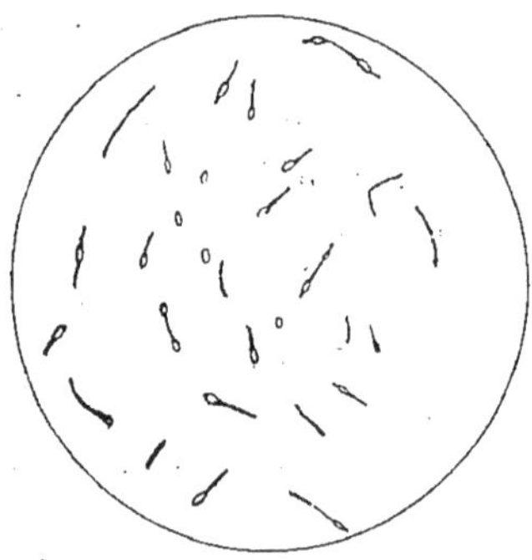

Fig. 24. — Bacillus I (Rodella).

L'odeur de scatol dans ces cultures est plus évidente.

Le bacille est pathogène pour les animaux de laboratoire, mais il ne l'est pas, quand on l'absorbe par voie buccale.

Bacillus Ghon, Mucha et Müller. — C'est un bacille isolé d'un cas de méningite fibrineuse-purulente de la base du cerveau.

C'est un bacille très polymorphe : à côté des formes vibrioniennes on trouve des bacilles longs et droits. Souvent par la réunion des formes vibrioniennes on obtient des S ou de vrais spirilles. Il y aussi des filaments recourbés. Dans les vieilles cultures, on trouve des formes renflées.

Il est mobile et ne prend pas le Gram.

Il ne donne jamais de spores.

Les colonies en plaque, sur agar sucré, sont punctiformes, à bords nets, avec le centre brun, et granuleuses.

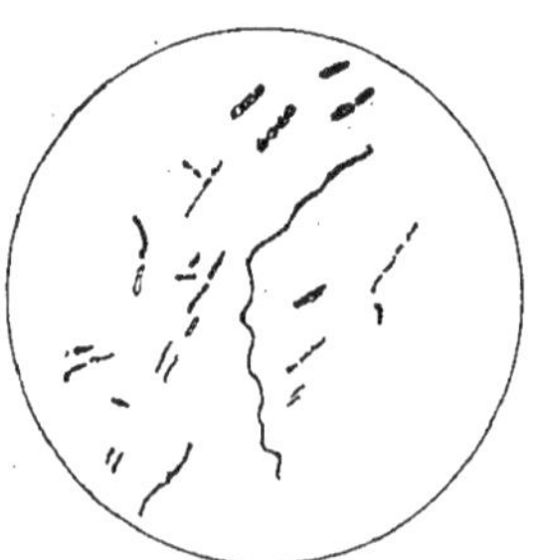

Fig. 25. — Bacillus Ghon, Mucha et Müller.

Les colonies en agar profond sont ovalaires et présentent une courte nébuleuse, laquelle, à faible grossissement, se montre composée de points très fins.

Le bacille donne du gaz, mais pas toujours et jamais beaucoup.

Dans l'agar au sang, il y a développement, mais jamais formation de gaz et jamais changement de couleur du milieu.

Il pousse dans la gélatine à 23-24°, en donnant des colonies semblables à celles données dans l'agar. Le milieu n'est pas liquéfié, mais autour des colonies on voit un noircissement du milieu.

Dans le bouillon, il donne après 48 heures un trouble qui n'est pas intense. Ce trouble subsiste.

Il ne pousse pas dans le milieu de Hutschinski.

Il coagule le lait après plusieurs jours. Le coagulum est lentement dissous.

Il pousse dans le liquide d'hydrocèle ou d'ascite, coagulé, sans les liquéfier.

Il y a riche formation d'hydrogène sulfuré, d'acide lactique et d'acide butyrique et de traces d'acide acétique.

Dans les cultures en bouillon glucosé, les auteurs ont démontré de l'alcool éthylique. Jamais on a trouvé d'acétone ni d'indol.

L'indigotate de soude se décolore complètement dans les 48 heures, sans formation de gaz.

Avec le rouge neutre, il y a les mêmes phénomènes. Dans l'agar avec mannite, il y a aussi décoloration du milieu sans formation de gaz.

Le bacille pousse mieux dans les milieux faiblement alcalins.

Sa vitalité dépend des milieux de culture.

Il n'est pas du tout pathogène.

Comme le Rodella I, il dissout la caséine, sans peptoniser la gélatine. Ce sont les seuls microbes connus ayant une action sur la caséine, sans en avoir en gélatine.

CHAPITRE V

BACILLES PEPTOLYTIQUES

A. — GROUPE DU BACILLE BUTYRIQUE

Bacillus butyricus[1]. — En 1861, Pasteur fit la mémorable découverte que la fermentation butyrique est due à un microorganisme, qu'il appela *vibrion butyrique*, et qui développe son activité fermentative dans des conditions d'anaérobiose.

Ce vibrion a, selon Pasteur, la propriété de se développer dans les substances cristallisables, c'est-à-dire formées de sels

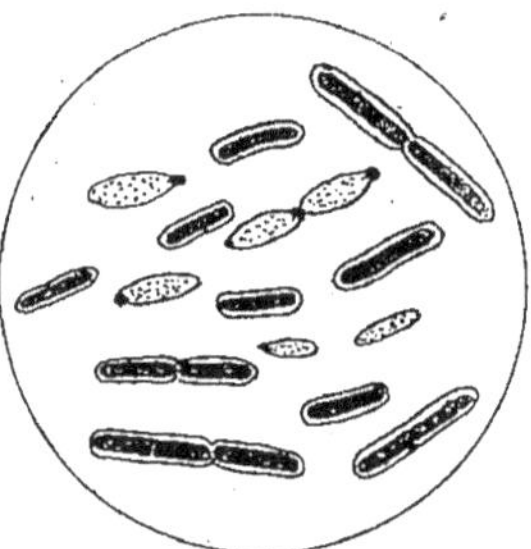

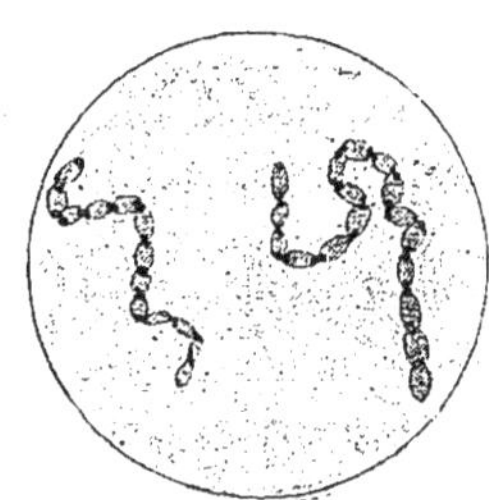

Fig. 26. — Bacillus butyricus.   Fig. 27. — Bacillus Metchnikowi.

minéraux. Il croyait de plus que les propriétés biologiques de ce microorganisme, le rapprochaient des ferments végétaux.

Plus tard Trécul, en 1865, rencontre le microorganisme dans les cellules végétales, pendant la putréfaction, et en observant

1. Nous préférons conserver le nom de *butyricus* pour des raisons historiques, et parce qu'il répond aux fonctions du microbe. Ce chapitre était rédigé avant que parût le mémoire de Bredemann, nous sommes heureux de nous trouver d'accord avec l'auteur.

La figure 27 représente un microbe décrit sous le nom de *Bac. Metchnikowi*, qui n'est sans doute que la forme clostridium du butyrique.

son polymorphisme, croit avoir affaire à 3 espèces différentes, d'où les noms de : 1.° amylobacter; 2° clostridium; 3° formes urocéphaliques.

C'est seulement en 1877-79-84 que van Tieghem, dans une étude remarquable sur son *amylobacter*, fusionne les 3 espèces de Trécul en une seule et explique le polymorphisme de ce bacille. Ensuite (1879) il identifie son *amylobacter* au vibrion buty-rique de Pasteur.

A partir de cette époque, plu-sieurs auteurs se sont occupés de la fermentation butyrique. Tous ont cru avoir affaire à un agent nouveau, quand en réa-lité ils étaient toujours en pré-sence du même microbe. Donc, selon nous, Prazmowski (1879) avec son *clostridium butyricum*, Gruber (1887) avec ses deux espèces du bac. *amylobacter*,

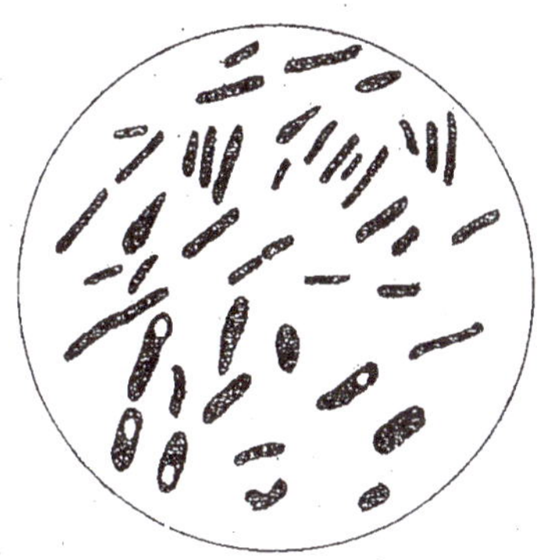

Fig. 28. — Clostridium Pasteurianum (Winigradski).

Perdrix (1897) avec son *amylozine*, Grimbert (1893) avec son *orthobutylicus*, Beijerinck (1893) avec son *granulobacter sac-charobutyricum* et *granulobacter lactobutyricum*, Klecki (1896) avec son *saccharobutyricus*, Behrens (1901-02) avec son *Hanf-clostridium*, Winogradski (1902) avec son *Clostridium pasteu-rianum*, Grassberger et Schattenfroh (1902) avec leur *bacille mobile de l'acide butyrique*, Pringsheim (1906-07) avec son *clostridium americanum* et Rodella (1906-07) avec son *bacille des racines des légumineuses*, ont décrit tous le même microbe, sous des noms différents. Il est facile de s'en convaincre, en lisant les différentes descriptions données par les auteurs sus-mentionnés. En effet, il y a seulement quelques légères différences, entre les descriptions, du côté de l'activité biochi-mique des microorganismes. Ces différences peuvent bien dépendre, ou des méthodes chimiques imparfaites, employées, ou du chimisme propre de la cellule bactérienne, adaptée au milieu d'élection dont on l'a isolée.

C'est un microbe extrêmement répandu. Il se trouve partout : dans les fromages de diverses qualités et de différente prove-nance, dans la terre (Grassberger), dans le rouissage du lin (van Tieghem, Behrens), dans les selles (Tissier), dans les racines des légumineuses (Rodella), dans les eaux (Perdrix), dans la fermentation de l'acide citrique (Grimbert), dans la farine (Grassberger), dans le lait (Grassberger), etc. On peut donc conclure qu'il est, à côté du perfringens, l'un des ferments les plus répandus de la nature.

Nous en donnerons une description d'ensemble, et nous exposerons dans un tableau les petites différences qui créent les diverses variétés.

C'est un bacille extrêmement polymorphe, à bouts arrondis, droit au début de sa vie, isolé ou en chaîne de 3 à 4 articles. Plus tard, on trouve des éléments plus longs et recourbés. Il est plus long et plus svelte que le perfringens et entouré d'une capsule. Grimbert dit que le bacille ressemble à un battant de cloche. C'est en effet sous cette forme qu'il se présente dans une période de son existence.

Il est mobile, mais il perd bientôt sa mobilité, spécialement quand dans les cultures s'est formée la granulose. Il prend le Gram et donne la réaction de la granulose, d'où le nom que Beijerinck lui avait donné de « *granulobacter* ».

Quand le bacille a emmagasiné la granulose, il se présente sous la forme caractéristique de clostridium. Le bâtonnet se modifie, devient ovalaire, prend la forme d'un fuseau ; cet aspect précède toujours la production des spores. Celles-ci se produisent toujours où la granulose ne s'est pas formée (Grassberger), c'est-à-dire à une extrémité du clostridium. On observe dans le clostridium le soi-disant phénomène de Beijerinck. Les spores naissent dans tous les milieux, aussi bien liquides que solides, et même dans la gélatine non sucrée. Elles sont toujours terminales, mais Behrens les a observées médianes dans son Hanfclostridium. Elles ont une forme ovalaire, quelquefois irrégulières, en haricots, de la longueur de 1,8 à 2,3 et de 1,3 à 1,7 d'épaisseur (Grassberger). Elles résistent 5 minutes à 80°, mais celles de l'amylozine résistent, selon Perdrix, 10 minutes à 80°.

Les colonies en agar profond et en plaque sont très caractéristiques. Nous empruntons à Grassberger leur description :

En agar par piqûre, les colonies à 38° n'ont rien de caractéristique.

Sur plaque d'agar sucré, se montrent après 12 heures une quantité de bulles de gaz. Après 24 heures il pousse des colonies profondes ovalaires, avec des prolongements comme des épines.

Dans les races qui ont une tendance très prononcée à la sporulation, on observe des colonies munies de prolongements délicats, comme des cheveux, mais le fait est très rare.

Une différence fondamentale entre les colonies du butyricus et celles du perfringens est que les premières sont entourées d'une espèce de voile ou d'une végétation très épaisse, qui se perd graduellement vers l'extérieur.

Pourtant il y a des races dont les colonies ont une forme parfaitement égale à celle du perfringens. Ce fait nous apprend clairement qu'il est très difficile d'établir une diagnose sûre de la forme des colonies en agar sucré. La formation de gaz dans ce milieu est plus riche que dans les cultures du perfringens. Gruber avait vu pour la première que la gélatine sucrée est un milieu très favorable pour la formation des spores. En effet Grassberger le constate et décrit soigneusement les variations que le bacille subit dans ce milieu.

Il trouve dans les vieilles cultures en gélatine des filaments, qui peuvent atteindre jusqu'à 50 μ de longueur, des clostridiums et des spores.

Sur gélatine en plaque il y a, selon Grassberger, une végétation qui parcourt et trouble le milieu; mais à côté, on observe les colonies compactes avec les tubercules atteignant, après 6 jours, le diamètre de 2 mm. et qui ressemblent à celles du proteus vulgaris en gélatine. Dans les colonies compactes, les formes granuleuses et sporulantes sont les plus fréquentes, tandis que dans les végétations diffuses les formes à clostridium et les spores n'existent pas (Grassberger).

En gélatine par piqûre il donne aussi : 1° des colonies en forme de disque, au bout de 24 heures à 48 heures; 2° des arborescences longues et délicates, entortillées, qui parcourent le milieu sans le liquéfier. Il se développe beaucoup de bulles de gaz, mais le milieu n'est pas liquéfié.

Il pousse dans le lait en l'acidifiant d'abord et en précipitant la caséine ensuite, grâce à l'acidité qu'il développe.

Il donne beaucoup de gaz, qui font monter le coagulum à la surface. La caséine n'est pas attaquée, ni le blanc d'œuf.

Sur pomme de terre, le butyricus donne au bout de 24 heures un voile écumeux qui recouvre la surface du milieu, et beaucoup de spores.

Perdrix prétend que son amylozine donne sur pomme de terre des colonies blanches, qui s'élargissent en formant un

NOMS	LIEU D'ISOLEMENT	FERMENTS				PRODUITS DE FERMENTATIONS		CARACTÈRES DIVERS
		monosac-charides	dissac-charides	amidon	lactate	acides butyrique, acétique, carbonique, etc.	autres produits	
Vibrion butyrique, *Pasteur*	De la fermentation du lactose.	+	+	»	+	+	»	»
Amylobacter, clostridium, urocephalum, *Trécul.*	De la cellulose, des plantes en putréfaction.	+	+	»	»	»	»	»
Bac. amylobacter, *van Tieghem.*	Des organes des plantes en putréfaction.	+	+	+	+	+	»	Attaque dextrases, arabine, lichenine, mannite.
Clostridium butyrique, *Prazmovski.*	»	+	+	+	»	+	»	»
Bacil. amylobacter, *Gruber.*	»	+	»	»	»	»	»	»
Bacillus amylozine, *Perdrix.*	Des eaux de Paris.	+	+	+	—	+	Alcool amylique, éthylique et une espèce de sucre proche du glucose.	»
Bac. orthobutylicus, *Grimbert.*	De la fermentation du tartrate	+	sans les inter-	+	—	+	Alcool butylique, isobuty-	Ne donne jamais granulose. Atta-

Granulobacter saccharo-butyricum et lactobu-tyricum, *Beijerinck*.	Des farines, du lait.	+	+	+	»	Pas d'acide butyrique.	Acide butylique normale.	Plusieurs diastases. Pas de glucase. Donne amylase.
Bacillus saccharobu-tyricus, *Klecki*.	Du fromage.	+	+	+	»	+	Acide formique, traces d'alcool et acide valé-rianique.	»
Hanfclostridium, *Behrens*.	Du rouissage du lin.	+	+	+.	»	+	»	Il fait fermenter galactose et sub-stance pectique.
Clostridium Pasteu-rianum, *Winogradski* [1].	De la terre.	+	+.	—	—	+	Traces d'acide lactique.	Ne fait pas fer-menter arabinose, mannite, du lacto-glycérine. Attaque inuline.
Bac. mobile de l'acide butyrique, *Grassberger et Schattenfroh*.	De la terre, du fro-mage, des fari-nes, du lait, etc.	+	+	+	—	+	Alcool butyli-que.	N'attaque pas man-nite. Donne amy-lase et sucrase.
Clostridium americanum, *Pringsheim*.	De la terre.	+	+	+	+	+	»	Il fait fermenter mannite, glycé-rine.
Clostridium D et Q, *Haselhoff et Bredemann*.	De la terre.	+	+	+	»	+	»	»
Clostridium von Legumi-nösen Knollen, *Rodella*.	Des nodosités des légumineuses.	+	+	+	»	+	»	»

1. Le milieu dont s'est servi Winogradski pour l'isolement de son bacille est le suivant :

Grammes.
Phosphate de potassium 1
Sulfate de magnésie 0.2
NACl, sulfate de fer . . . . Traces
Eau distillée (libre d'NH³) 11

mamelon, autour duquel le milieu est un peu creusé et semble
se liquéfier. La vitalité de la variété amylozime est de 5 à 6 mois
et dans les milieux neutres de 18 mois.

Le bac. butyricus a besoin pour pousser d'albumines et d'hydrates de carbone solubles et fermentescibles.

Tous les échantillons que nous avons groupés attaquent les
mono- et les dissaccharides, l'amidon, mais ils n'attaquent pas
la cellulose.

Selon van Tieghem, le bac. butyricus dissout la matière géla-
tineuse de l'ascococcus et du nostoc et le parenchyme des
plantes, mais il ne dissout pas les tissus végétaux, ni les fibres
du liber, ni les vaisseaux laticifères.

Selon Behrens, il fait fermenter la pectine et le galactose, qui
est l'unique substance soluble que l'auteur ait obtenue des
lamelles de la substance intermédiaire des plantes. Ce fait est
très intéressant, car le lin contient une pectose non fermen-
tescible. Son Hanfclostridium attaquerait cette substance avec
production de gaz, qui provient de la fermentation de la galactose. Il semble d'un autre côté que cette pentose ne soit pas
complètement transformée.

Le butyricus produit des acides butyrique, lactique, carbonique et de l'H.

Grimbert et Beijerinck ont trouvé que leurs variétés donnent
de l'alcool butylique et Grimbert pour la sienne, en outre, de l'alcool isobutylique; Klecki, comme produit secondaire, de l'alcool
et de l'acide valérianique et Grassberger de l'alcool butylique,
une fois. Ces faits nous indiquent que les variétés de Grimbert
et Perdrix rentrent aussi par leur chimisme dans notre butyrique,
car la production d'alcool butylique est une fonction possible
du butyricus, seulement elle dépend des conditions de vie du
bacille, qui nous échappe.

Selon Perdrix, les cultures s'arrêtent quand l'acidité est de
0 gr. 10 ou 0,12 p. 1000 (en H_2SO_4). Les cultures s'arrêtent
aussi dans les milieux alcalins, quand par eux la dose initiale
de potassium est de 0 gr. 08 p. 100.

Perdrix trouve que son amylozime forme des produits secondaires, comme l'alcool amylique et éthylique et une espèce de
sucre très proche du glucose. Le bacille donne différents produits selon l'âge des cultures.

Ce bacille, selon Winogradski et Pringsheim, se sert du sucre
pour l'assimilation de l'azote libre.

Bacillus lactopropylbutyricus non liquefaciens (Tissier). — C'est un bâtonnet isolé du lait de Paris, plus grand que le perfringens. On observe deux formes : les courtes et les longues. Les premières sont des bâtonnets à bouts carrés qui se réunissent en chaîne de 3 à 4 éléments ; les secondes possèdent dans leur milieu une partie renflée, dans laquelle il y a un corpuscule clair, réfringent.

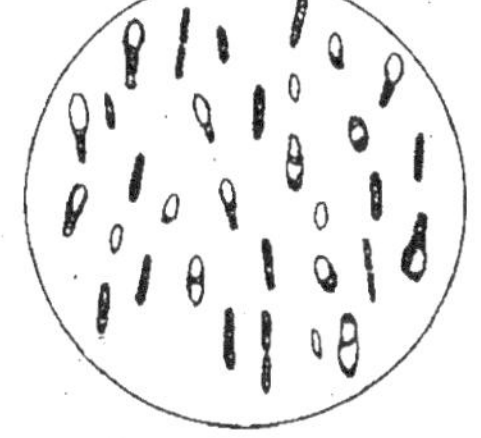

Fig. 29. — Bacillus lactopropylbutyricus non liquefaciens (Tissier).

Dans les milieux solides, les formes sont plus longues.

Le lactopropylbutyricus est très mobile, il se colore par le Gram et ne donne jamais la réaction de la granulose.

Il donne, surtout dans les milieux dépourvus de sucre, des spores, arrondies, légèrement ovalaires, placées au centre ou à une extrémité du bacille.

Il pousse soit à 20° soit à 37°.

Sa vitalité est considérable; il supporte la température de l'ébullition pendant 2 minutes, mais il est tué si l'ébullition se prolonge jusqu'à 5 minutes.

Dans la gélose sucrée, on voit, après 24 heures, des colonies régulières, lenticulaires, à contours très nets, qui peuvent atteindre 2 à 3 millimètres de diamètre.

Le bacille dégage une grande quantité de gaz.

Le milieu devient acide et le développement s'arrête au bout de 4 jours.

Dans la gélatine sucrée les colonies ont le même aspect que dans l'agar.

Le lactopropylbutyricus ne liquéfie pas la gélatine.

Le bouillon ordinaire est légèrement trouble après 2 ou 3 jours, puis apparaît un dépôt pulvérulent au fond du tube.

Dans le bouillon glucosé il y a une grande production de gaz, qui fait mousser le liquide.

Dans les milieux lactosés, le bacille ne se développe que d'une façon insignifiante.

Il n'attaque pas le blanc d'œuf, même si on y ajoute du carbonate de chaux.

L'amidon cuit ne change pas en apparence.

Le lait n'est pas coagulé, mais si on met du glucose dans la culture ou du saccharose, la caséine se précipite sous forme d'un coagulum très dense. L'adjonction de carbonate de chaux produit le même effet.

Le bacille ne pousse pas dans le milieu de Hutschinski-Fränkel, ni dans le milieux de Pasteur contenant du lactate de chaux.

Il pousse dans l'urine ordinaire en troublant légèrement le milieu.

Il n'attaque pas l'amidon ni le lactose.

Il attaque le saccharose en produisant des acides butyrique, propionique et lactique.

A peu près 25 p. 100 de la quantité primitive de la culture disparaissent en 8 jours.

Il attaque le glucose en donnant une acidité d'arrêt de 3,4 en H_2S_4.

Il existe 2,30 d'acides volatils et 1,13 d'acides fixes.

Les acides volatils sont dans la proportion de 2 de butyrique pour 1 de propionique. Les acides fixes sont l'acide lactique et un acide droit.

Le bacille donne aussi des traces d'alcool.

Il n'attaque pas le lactate de chaux, l'ammoniaque et l'acide lactique; il attaque au contraire la glycérine. Il attaque l'albumine seulement quand elle a subi la première hydratation. Il donne alors de l'ammoniaque, du carbonate d'ammoniaque et de l'indol. La fermentation butyrique du lait des environs de Paris semble être sous la dépendance de cet espèce.

Le *clostridium de Schardinger* nous semble être le même que le lactopropylbutyricus de Tissier.

Bacillus methanii (Omélianski)[1]. C'est un bâtonnet mince de 5 µ de longueur et 3 µ de large. Il se présente un peu courbé et dans les jeunes cultures il ne donne jamais de chaînes.

Plus tard il donne des spores à un pôle seulement et forme les caractéristiques baguettes de tambour. Les spores ont un diamètre de 1 µ.

Le bacille de la fermentation du méthane ne donne jamais la réaction de la granulose.

---

1. Le milieu d'élection dont s'est servi Omélianski est le suivant :

Phosphate de K.	1
Sulfate de magnésie	0,5
Sulfate d'NHz ou phosphate.	Traces.
Chlorure de Na.	1 000

Papier Berzulius.

Étant donné que le microbe n'a jamais été isolé à l'état de culture pure, nous ne savons pas comment il se comporte dans divers milieux. Mais nous sommes bien renseignés sur ses caractères chimiques.

Ce bacille forme des acides volatils et produit des acides acétique et butyrique, dans la proportion de 2 parties d'acide acétique pour 1 d'acide butyrique.

Omélianski nous donne des chiffres très nombreux entre autres les proportions suivantes :

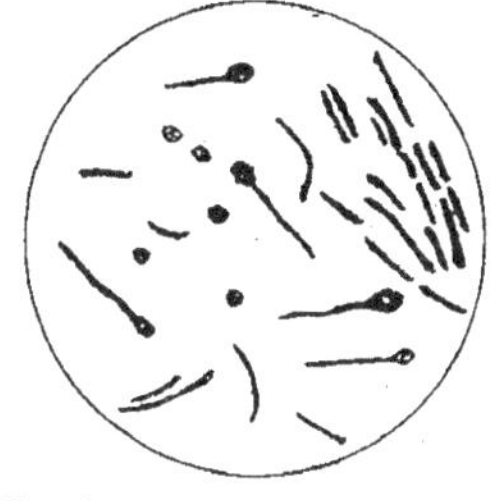

Fig. 30. — Bacillus methanii (Omélianski).

Méthane, 0,1372 gramme ; hydrogène, 0,8678 gramme; acides acétique et butyrique, 1,0223 gramme.

Bacillus hydrogenii (Omélianski). — Ce bacille se trouve dans la deuxième période de la fermentation de la cellulose.

C'est un bâtonnet de 4 à 8 μ de long et 0,5 μ d'épaisseur.

Dans la suite, les bacilles peuvent atteindre 10 à 15 μ de long et il semble qu'ils deviennent plus épais.

Il ne forme jamais de chaînes ; tantôt il se présente faiblement courbé, tantôt on le trouve en forme de spirale, mais ce dernier caractère n'est pas constant.

Plus tard, on observe le stade en baguettes de tambour et ensuite les spores deviennent libres et sont plus grandes que celles du bacille du méthane.

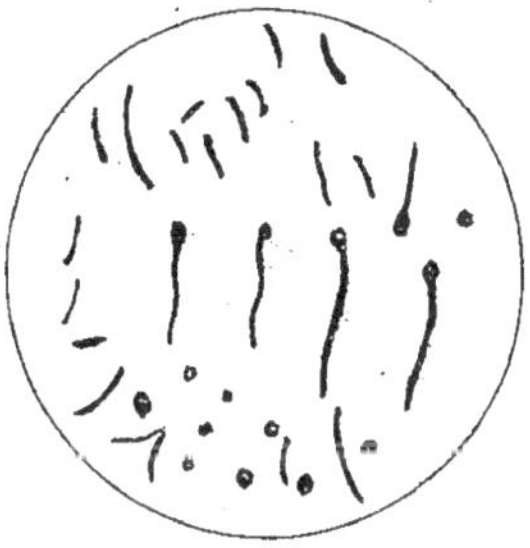

Les spores libres, rondes, peuvent atteindre un diamètre de 1,5 μ. Elles résistent pendant 25 minutes à 90°, mais meurent bientôt à 100°. Ce bacille ne donne jamais la réaction de la granulose.

Fig. 31. — Bacillus hydrogenii (Omélianski).

Il n'a été jamais cultivé en milieux solides.

Dans la fermentation, il se forme principalement des acides acétique, butyrique et, comme produits secondaires, de l'acide valérianique et des traces d'acide formique.

Les acides acétique et butyrique se trouvent dans la proportion de 1 à 4. En dosant on trouve :

Acides gras, 2,2402 grammes; acide carbonique, 0,9722; hydrogène, 0,0138.

Le bacille de la fermentation de l'hydrogène se place sur le papier suédois le long des fibres, quand il n'est pas tout à fait dissous ; quand au contraire les fibres de papier sont dissoutes, il se place sur les débris, sans ordre, et prend la forme spirale ou courbée.

Les deux microbes de la fermentation de la cellulose sont différents l'un de l'autre, car le bacille de la fermentation de l'hydrogène a non seulement des dimensions plus grandes dans les stades de bacilles et de spores, mais au point de vue biologique ils sont très nettement distingués, parce que la fermentation de l'hydrogène s'obtient après qu'on a détruit le bacille du méthane par la chaleur.

Ensuite les produits de la fermentation sont en proportions différentes, quoique le type de la fermentation soit le même ; et les produits secondaires n'existent jamais dans la fermentation du méthane.

En plus ces deux bacilles diffèrent de celui de van Tieghem (amylobacter) parce qu'aucun des deux ne se colore avec l'iode.

B. — GROUPE DU BIFIDUS

Bacillus bifidus communis (Tissier). — C'est un bâtonnet isolé des selles normales de l'homme et des mammifères, assez mince, se terminant par des extrémités effilées ; et très polymorphe en général. La longueur est variable, mais la moyenne est de 4 μ environ.

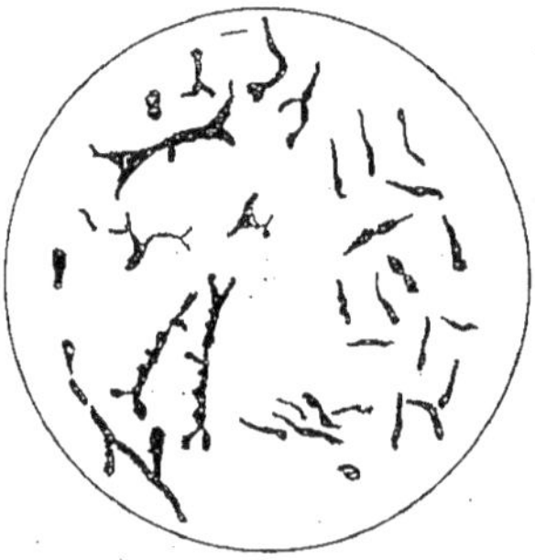

On le trouve réuni en diplobacilles avec des extrémités pointues : les faces qui se regardent sont renflées. Les bacilles se placent aussi côte à côte, disposés parallèlement.

Dans les cultures jeunes, les formes isolées sont la généralité, mais avec l'âge on retrouve des formes allongées, des formes en massue d'aspect géniculé et des formes bifurquées.

Fig. 32. — Bacillus bifidus communis (Tissier).

Ces dispositions deviennent encore plus marquées dans les vieilles cultures, où les formes bifurquées sont les plus fréquentes. Les bifurcations peuvent se produire soit à une, soit aux deux extrémités. Elles peuvent même se diviser et donner des ramifications de deuxième ordre (aspect de trident). Cet aspect se complique par l'adjonction de bourgeons latéraux, susceptibles eux-mêmes de se diviser.

On trouve encore dans les vieilles cultures que les formes courtes deviennent beaucoup plus longues et à côté, des formes vésiculeuses.

Le bifidus est immobile. Il prend le Gram, mais avec une couleur de contraste, on voit toute la gamme des colorations.

Il ne donne pas de spores et est tué au bout d'un quart heure à 60°.

Il pousse très bien à 37°, mais lentement à 20°.

Dans la gélose profonde, au bout de 3 jours, on peut bien distinguer deux espèces de colonies ; les unes lenticulaires, à bord nets, régulières, avec un prolongement sur une des faces, d'un diamètre moyen de 2 mm. et de coloration blanchâtre ; les autres petites, ovoïdes. Ces deux sortes de colonies se trouvent presque toujours ensemble, ce qui donne à la culture un aspect caractéristique. Les colonies grosses sont ordinairement formées par des bacilles courts et les petites par les formes géantes.

Il ne se produit jamais de gaz.

Dans la gélose ordinaire, il ne pousse jamais, pas plus que sur gélatine.

Au bout de 3 jours il trouble le bouillon et il se dépose une masse floconneuse, facilement dissociable, qui envahit le tube.

Au bout de 8-10 jours, cette masse devient granuleuse, épaisse, mais le milieu ne redevient jamais clair.

Le bifidus coagule le lait.

Il fait fermenter très activement les sucres, en produisant dans les milieux glucosés ou lactosés une acidité d'arrêt de 4,90 en H_2SO_4 et, dans les milieux saccharosés, de 3,43 en H_2SO_4. Il donne de l'acide lactique inactif et comme acide volatil uniquement de l'acide acétique. Il n'attaque que la protéose, en donnant de l'ammoniaque, sans produire de l'indol, d'hydrogène sulfuré, ni de phénol, ni d'acides gras. Il détruit complètement l'urée.

Dans les diarrhées, on voit que les formes deviennent plus longues, irrégulières : l'aspect caractéristique est changé. Les diplobacilles sont réunis par une boule centrale, en conservant les extrémités ou effilées ou renflées ; les faces qui se regardent restent planes ou encore peuvent s'emboîter, comme une articulation, ou enfin former un angle d'où le nom que Tissier leur a donné de *formes géniculées.*

On peut trouver aussi des formes en γ dont les branches sont tantôt de la même grosseur, tantôt en massue, tantôt terminées par des boules. En symbiose avec d'autres microbes, le bacille prend souvent des aspects différents. — Avec certaines espèces, il donne des formes naines ; à côté de celles-ci on voit des formes en raquette ou en flamme de bougie. En les ensemençant en cultures pures, on voit que ces formes ne sont pas permanentes.

En réensemençant de petites colonies peu vivaces, après deux ou trois ensemencements, on voit seulement des formes vésiculeuses (formes mortes).

Il sera parlé de son rôle dans l'intestin dans un autre chapitre. Qu'il suffise ici de dire qu'il forme jusqu'à 90 p. 100 de la flore intestinale de l'enfant nourri au sein et qu'il diminue dans la flore intestinale des enfants au biberon et à alimentation mixte et avec l'âge.

Passini soutient qu'il est une espèce anaérobie facultative. — Or nous accordons qu'il existe des races plus ou moins sensibles à l'oxygène, mais nous n'avons jamais trouvé de races capables de pousser en milieu aéré.

Tout dernièrement, Rodella a voulu identifier le bifidus à *l'acidophilus* de Moro et celui-ci au *bacillus gastrophilus* de Boas-Oppler, en formant de tous les trois une seule espèce.

Rodella nous apprend que les formes courtes de l'acidophilus propres à l'estomac, prennent la forme du *bifidus,* sous les conditions d'anaérobiose de l'intestin.

Lotti a décrit tout dernièrement 3 bacilles qu'il appelle α, β, γ, qui sont sans doute des races de bifidus.

C. — GROUPE DU RAMOSUS

Bacillus ramosus (Veillon et Züber). — Isolé la première fois dans une suppuration. C'est un des microbes qu'on rencontre assez fréquemment : nous l'avons isolé plusieurs fois dans l'urètre normal et dans l'intestin.

C'est un petit bacille, un peu plus gros que le bacille de la septicémie des souris. Quelquefois il est plus long et, après plusieurs réensemencements, il acquiert une forme filamenteuse. A côté des véritables formes filamenteuses, il n'est pas difficile de voir des bacilles plutôt longs, réunis en chaînettes. En général, dans la forme typique, le ramosus se présente isolé ou en groupe de deux, disposés parallèlement, ou à angles aigus et quelquefois en petits amas. Il est immobile, avec des mouvements browniens assez vifs; il s'assemble en amas comme s'il s'agissait d'agglutination.

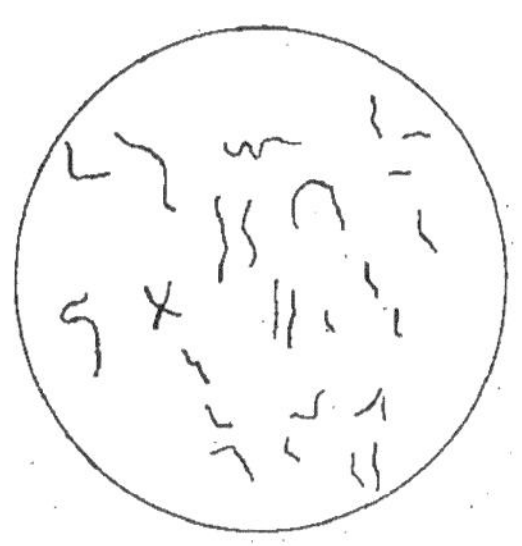

Fig. 33. — Bacillus ramosus (Veillon et Züber).

Il se colore bien par le violet de gentiane et par le Gram; moins bien par le bleu de méthylène et par le Ziehl.

Il se développe bien dans tous les milieux de culture. Il trouble d'une façon uniforme le bouillon. Nous n'avons jamais réussi à le cultiver dans la gélatine, bien qu'il pousse dans la gélose à 22°, après 15 jours de séjour à l'étuve. Dans la gélose le développement apparaît entre le 2e et le 3e jour : si le développement est abondant, on voit de toutes petites colonies rondes, assez régulières. Quand les colonies sont très espacées, elles sont cunéiformes.

Le ramosus coagule le lait, sans attaquer la caséine.

Le développement est plus abondant dans la zone d'anaérobiose supérieure et quelquefois il arrive de voir débuter les cultures surtout à limite supérieure, où il se forme un anneau élégant de colonies très fines, qui gagnent peu à peu en profondeur.

Le ramosus est pathogène pour le cobaye et pour le lapin. Lotti a décrit, sous le nom de bacille, un microorganisme isolé dans un cas d'appendicite. Nous l'identifions avec le ramosus.

Ainsi le bacille A de Grigoroff, isolé du pus d'appendicite, est par ses caractères morphologiques et biologiques le même que le ramosus de Veillon et Züber.

Aussi, selon nous, le bacillus pœciloides de Roger et Garnier par ses caractères morphologiques et biochimiques ne serait autre que le ramosus.

Bacillus angulosus (Garnier et Simon). — A été isolé dans le sang d'un enfant atteint de fièvre typhoïde. C'est un bacille épais, assez court, à bouts arrondis, se colorant bien par les couleurs d'aniline, décoloré par la méthode de Gram. Il se présente en général sur les préparations en groupes de deux à trois éléments, juxtaposés les uns à côté des autres, de manière à former des angles aigus ou obtus et à figurer des V, des L, des M, des Σ. Quelques éléments s'allongent parfois et deviennent presque filamenteux.

Ce bacille se développe bien en gélose profonde : en 48 heures, il donne des colonies blanches, arrondies, assez volumineuses, sans dégagement de gaz. Il se développe bien en bouillon dans le vide et le milieu se trouble uniformément.

Il s'est montré pathogène pour le lapin et pour le cobaye.

Bacillus gracilis ethylicus (Achalme et Rosenthal). — Ce microbe a été isolé dans l'estomac d'un malade atteint de gastrite. Il a la dimension du bacille d'Eberth. Rectiligne ou légèrement recourbé, souvent isolé, quelquefois en chaînettes de 2 à 4 éléments, il est très mince, grêle, légèrement granuleux ; il est immobile. Il se colore facilement par les réactifs ordinaires et par le Gram.

Il ne pousse pas à la température de 22°.

Il trouble légèrement le bouillon, qui redevient clair et laisse déposer des flocons.

Il ne liquéfie pas la gélatine.

Il ne donne pas d'indol.

Il coagule le lait sans digérer la caséine.

En gélose en couche profonde, il donne de petites colonies punctiformes ayant la grosseur d'une tête d'épingle.

Il fait fermenter le glucose, le lactose, la mannite, saccharifie l'amidon et intervertit le saccharose. Dans cette fermentation se produit un développement abondant de gaz, et un mélange d'acides volatils composé d'acides acétique et butyrique, plus une notable quantité d'alcool.

Ce bacille établit selon les auteurs une transition entre les groupes butyrogène et éthylogène des bactéries.

Il est pathogène pour le cobaye et pour le lapin.

D. — GROUPE DU RODELLA III

Bacillus II (Rodella). — C'est un bâtonnet à bouts arrondis, isolé dans les selles des enfants. Il présente une spore dans la partie médiane du corps microbien. Dans les milieux solides il donne des filaments, tandis que dans les milieux liquides il donne des formes en poire ou en bouteille.

Il est immobile et prend le Gram.

Dans la gélatine par piqûre, il y a d'abord développement de petites colonies homogènes, qui après un certain temps prennent un aspect nuageux et augmentent au point de sortir de la ligne de piqûre.

Il développe des gaz qui troublent la vue exacte des colonies.

Dans l'agar par piqûre il y a production de petites colonies blanches de différentes grandeurs.

Dans le bouillon, le bacille pousse très bien en le troublant légèrement. On observe un dépôt pulvérulent.

Le lait n'est pas coagulé.

Il n'est pas pathogène pour le cobaye et la souris.

Rodella croit que soit ce bacille II, soit le III, ont la propriété de fixer l'azote qui se trouve à l'état libre dans l'intestin.

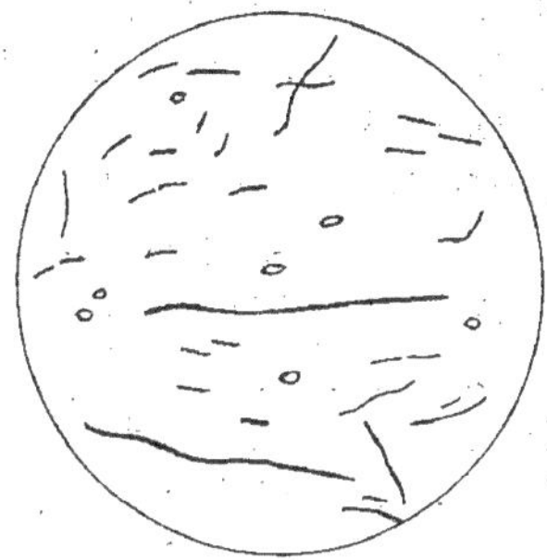

Fig. 34. — Bacillus II (Rodella).

Il y a, sans doute, une corrélation entre ce fait et l'autre que dans l'intestin il y a très peu d'azote libre.

Bacillus III (Rodella). — C'est un bâtonnet grêle décrit par Escherich et isolé ensuite par Rodella des selles de l'enfant; d'une longueur de 4-7 μ., très mince, en baguette de tambour. Il diffère à première vue du putrificus par son épaisseur moindre. Il peut se réunir en filaments serpentiformes.

Il est immobile et prend le Gram.

Il donne des spores de 1,5 μ. de diamètre, qui restent longtemps fixées au bâtonnet, d'où l'aspect en baguettes de tambour. D'après Rodella, on trouve dans le bouillon les formes les plus longues, tandis que dans les milieux solides on voit les formes les plus courtes; ces dernières parfois sont réduites à la spore avec un petit pédicule. D'après nos recherches personnelles et celles de Tissier (communication orale), nous pouvons affirmer que l'on trouve aussi dans les milieux solides des formes longues, flexueuses et même enchevêtrées en paquet de cheveux.

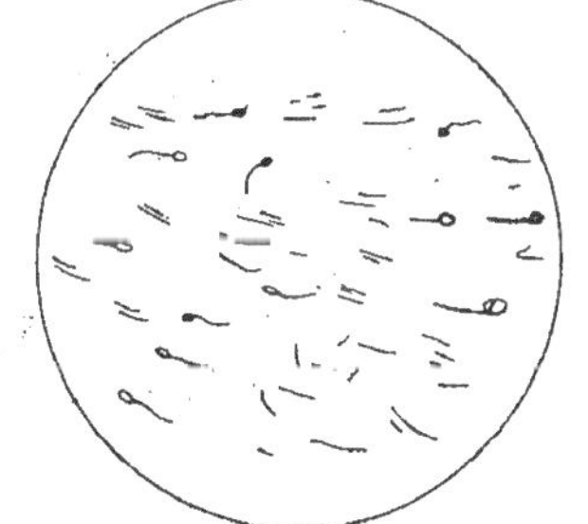

Fig. 35. — Bacillus III (Rodella).

Dans la gélatine en piqûre, le bacille donne des colonies semblables à des morceaux d'ouate, plus épais au centre.

La formation de gaz est très limitée.

Sur agar par piqûre, il pousse en produisant une arborescence.

Dans l'agar profond, les colonies sont petites, donnant une faible production de gaz. Nous avons trouvé des races qui n'en donnent nullement.

Dans l'agar par stries, les colonies ont un aspect lenticulé.

Dans le bouillon se produit d'abord un trouble, puis, après éclaircissement, un dépôt de grumeaux blanchâtres.

On constate alors une odeur très faible de fromage.

Dans ce milieu, la formation de gaz, peu intense, dure 2 jours.

Le lait n'est pas coagulé, d'après Rodella ; Tissier cependant a trouvé des races qui peuvent au bout d'un temps plus ou moins long amener à la formation d'un coagulum.

D'après ce dernier auteur, ce bacille est un ferment aussi très faible du glucose, lactose et saccharose. L'acidité d'arrêt 1,47 en H_2SO_4H. Il n'attaque que la protéose en donnant H_2S et ammoniaque. Il ne donne ni indol, ni phénol. Il n'est pas pathogène.

Bacillus sporogenes non liquefaciens anaérobie (Jungano). — Ce microbe a été isolé du contenu du gros intestin d'une roussette morte.

Il se présente en général sous la forme d'un bacille long, mince, de la taille du bacille diphtérique (variété longue) et à bouts arrondis : les formes filamenteuses sont très rares.

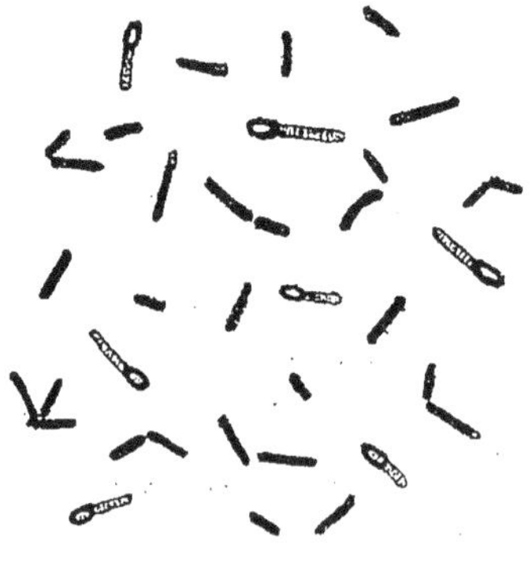

Il se colore d'une façon uniforme, par les colorants basiques ordinaires et par la méthode de Gram.

Dans la gélose sucrée en couche profonde, au bout de 24 heures, moment où commence la sporulation, le bacille perd presque complètement la propriété de se colorer par le

Fig. 36. — Bacillus sporogenes non liquefaciens anérobie (Jungano).

Gram. Il perd encore cette propriété dans les milieux liquides, puisqu'il n'y sporule pas. Il est très mobile. Il a une spore terminale, de forme ovoïde, assez grosse et débordant toujours les limites du bacille.

Il pousse soit à 37° soit à 22°. Sa vitalité dans les milieux sucrés solides est assez prononcée. Il résiste à une température de 80°.

Il donne dans la gélose en couche profonde, au bout d'une dizaine d'heures, des colonies petites, rondes, régulières. Lorsque ces colonies sont espacées, elles sont plus volumineuses. Elles donnent des gaz abondants.

Dans la gélose, le microbe sporule abondamment et rapidement, c'est-à-dire au bout de 15, 24 heures. Il pousse dans les différents milieux liquides sucrés, sans jamais donner de spores.

Il attaque les sucres en donnant une acidité de 1,96 pour la dextrose, de 3,43 pour le glucose, de 4,70 pour le saccharose, acidité évaluée au bout de 14 jours, pour 1 000 en SO_4H_2.

Il coagule le lait dans le délai d'une dizaine de jours ; n'attaque pas le blanc d'œuf cuit et donne de l'indol. Il n'est pas pathogène pour les animaux de laboratoires, cobaye, lapin, injectés dans le péritoine.

Parmi les anaérobies, il en est un qui s'en rapproche : c'est le bacille III de Rodella. Mais ce dernier est plus mince, présente une spore terminale moins volumineuse, donne des colonies d'abord rondes se ramifiant ensuite, produit des gaz, peu abondants, est immobile.

Il se rapproche morphologiquement du bacille tétanique.

E. — GROUPE DU FUSIFORMIS

Bacillus fusiformis (Plaut, Vincent, Veillon et Züber). — Ce bacille, en effet, dont le corps est légèrement renflé par rapport aux extrémités très effilées se présente sous l'aspect particulier d'un fuseau, à son épaisseur de 1 μ correspond une longueur de 5-10 μ.

Il se colore par toutes les couleurs d'aniline et par la méthode de Gram.

Il est immobile.

Dans la gélose sucrée, les colonies apparaissent au bout de 24 heures sous la forme de petits points arrondis grisâtres, opaques. Elles grossissent peu à peu dans la suite, jusqu'à atteindre 2 millimètres de diamètre.

Au maximum de leur développement, elles sont constituées par un noyau central, de couleur légèrement saumonée, entourée d'une zone grisâtre, aplatie, peu allongées, à bord tantôt réguliers et tranchants, tantôt floconneux.

Il ne pousse qu'à la température de 37°, mais une fois com-

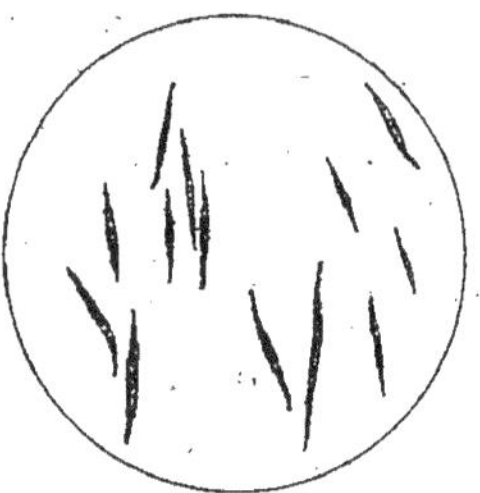

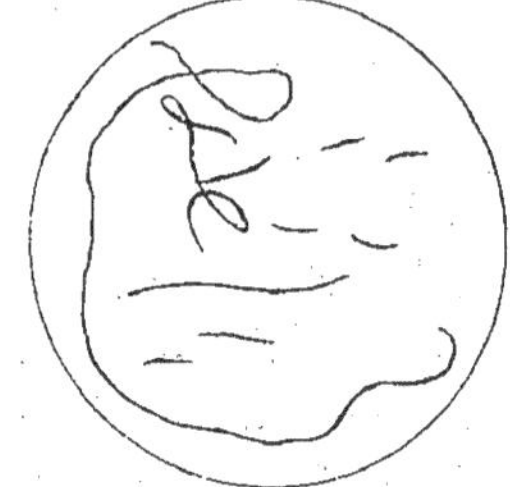

Fig. 37. — Bacillus fusiformis.　　　　Fig. 38. — Bacillus de Ghon et Mucha.

mencé le développement, il se continue aussi à la température de la chambre.

Il pousse dans la gélatine à 37° sans la peptoniser.

Il donne rarement des gaz; les milieux dégagent une odeur désagréable.

Il acidifie le lait sans le coaguler, mais on obtient la précipitation de la caséine à l'aide du $CaCo_3$.

Il n'attaque pas le blanc d'œuf cuit.

Il produit de l'indol.

Il attaque les sucres.

Il reste vivant seulement une vingtaine de jours.

Il est pathogène pour le cobaye et la souris.

Après avoir donné une description du bacille dans ses caractères morphologiques et biologiques, nous allons tâcher ici de donner une étude générale de ce bacille sur lequel existe une littérature considérable. Le premier auteur qui l'a décrit fut Plaut en 1894 dans un cas d'angine ulcéreuse. Pour pouvoir envisager avec clarté la morphologie de ce microbe, donnons d'abord un tableau où sont réunis tous les cas où il a été isolé.

Ce sont :

1° *La stomatite et l'angine ulcéreuse* (Plaut, Vincent, Bernheim).

2° *La pourriture d'hôpital* (Perthes, Fruchtwald, Repaci).

3° *Dans le noma* (Freimuth et Petruschky, Passini, Leiner, Korsch et Lerder).

4° *La diphtérie* (Bernheim, Vincent, Abel, de Stocklin, Salsmin, Gallois, Courcoux, Beitzke et Leiner).

5° *L'appendicite* (un cas signalé par Veillon et Züber) par Grigoroff et par Perrone.

6° *Les accidents syphilitiques secondaires des amygdales* (Wolff, Letulle et Simonie).

7° *La laryngite gangreneuse* (Bernheim et Pospischill).

8° *La bronchite fétide* (Silberschmidt).

9° *L'empyème de la mâchoire supérieure* (Leucour, Sabrazès et Silberschmidt).

10° *La nécrose humaine* (Ellermann).

11° *La pyémie du cerveau* (Ghon et Mucha).

12° *La flore normale de la bouche* (Lewcowitz, Repaci, Muhlens [1]).

On se rend compte par ce tableau que le fusiformis se trouve dans tous les cas cliniques et anatomo-pathologiques, dans toutes les ulcérations chroniques accompagnées de fétidité, de nécrose ou de forte inflammation. Il se rencontre également dans la bouche normale. Les premiers auteurs qui ont fait une étude du fusiformis en cultures pures dans la gélose sucrée, ont été Veillon et Züber, lesquels nous ont donné une assez complète description des caractères biologiques du microbe.

Actuellement, le travail de Veillon et Züber paraît oublié et personne n'a pensé qu'il pouvait y avoir non seulement un lien de parenté entre leurs bacilles et celui de Plaut-Vincent, mais encore une identité parfaite.

Ensuite Lewcowitz et Ellermann, indépendamment peut-être l'un de l'autre, ont cultivé le fusiformis sur gélose avec du sérum de cheval, mais n'ont pas poussé leurs investigations plus loin que les caractères de cultures. C'est grâce aux travaux de Leiner d'abord, ensuite de Repaci et de Ghon et Mucha que nous connaissons le fusiformis dans ses caractères chimiques et biologiques.

Le fait que Lewcowitz, Ellermann et d'autres n'ont pas obtenu le microbe en culture pure sur gélose sucrée, ne nous autorise pas à croire qu'on a affaire à des espèces différentes ; car on sait que les microbes s'adaptent très difficilement à nos milieux artificiels. Le cas du fusiformis est classique en ce sens. En effet, son milieu naturel est extrêmement riche en substances albuminoïdes en décomposition. De plus, le fusiformis se trouve toujours en symbiose dans la bouche avec des spirilles et on sait aussi combien la symbiose modifie les habitudes biologiques d'une espèce microbienne. On s'était tellement habitué

---

1. Le bacille de Mühlens diffère du *fusiformis*, car il ne donne pas d'odeur de putréfaction.

à trouver en symbiose le fusiformis et les spirilles que jusqu'à maintenant, on a cru avoir affaire à deux formes d'un même cycle évolutif.

Tout dernièrement, Repaci a isolé de la bouche, cette source inépuisable de tant de variétés microbiennes, des spirilles dont il a établi la personnalité distincte et fait connaître les caractères chimiques et biologiques. Chacun est d'accord sur l'immobilité du fusiformis. Graupner seul a mis en évidence des cils dans ce microbe. Mais a-t-il bien eu affaire au fusiformis? La culture était-elle pure?

Quant au pouvoir pathogène du fusiformis, il est très variable suivant les races.

Tandis que l'échantillon de Veillon et Züber est peu pathogène, celui de Leiner l'est beaucoup. Une des races de Repaci l'est très fortement ; une autre du même auteur très peu.

Ceci du reste importe peu pour établir l'identité de l'espèce, car on sait depuis longtemps que les variétés d'un même microbe peuvent passer de la virulence la plus marquée à l'état de saprophytes tout à fait inoffensifs.

Peut-on faire de ce microbe un agent spécifique? Serait-il l'agent unique d'une des affections que nous avons désignées dans le tableau général précédent?

Examinons la question :

Le fait qu'il se trouve dans plusieurs infections, qu'il est très répandu et qu'il fait partie de la flore normale de la bouche, pouvait déjà nous faire conclure à sa non-spécificité.

Mais un autre fait, selon nous, confirme davantage cette opinion : c'est que jamais on n'a réussi à donner par la bouche une des affections dont nous avons parlé.

Voyons maintenant les observations qui plaident en faveur de sa spécificité. Il en est une de Vincent et Dopter : ces auteurs ont observé, dans l'armée française, une petite épidémie de stomatite ulcéreuse, contractée vraisemblablement par passage de la pipe de bouche en bouche.

Bien que concluante en apparence, cette observation ne nous dit pas si nous avons affaire à une infection due à un phénomène de symbiose, ou exclusivement au fusiformis.

D'autres observations font croire que ce microbe est l'agent spécifique de la nécrose.

La première est celle de Perthes, qui injecta à un lapin du tissu de noma et obtint une fois une nécrose localisée.

Silberschmidt répéta l'expérience et obtint également une nécrose; mais le fusiformis ne s'y trouvait pas en cultures pures.

Ellermann, tout dernièrement, soutient la spécificité de ce microbe dans la nécrose, parce qu'il se trouve accumulé à la limite des tissus nécrotiques.

Ce dernier fait ne pourrait-il pas trouver une explication plus logique : à savoir qu'on a affaire à un phénomène purement biologique de ce microbe?

Quoi qu'il en soit, nous devons reconnaître qu'on est encore peu documenté sur la biologie du fusiformis. Il en sera de même tant qu'on n'entreprendra pas une étude comparative de ses diverses races.

Toutes les contradictions que nous avons signalées dans les diverses qualités biologiques de ce microbe prouvent qu'il possède un pouvoir remarquable d'adaptation.

Nous donnons à la page 160 un tableau des principaux caractères des races différentes, isolées jusqu'ici par divers auteurs.

Bacillus II (Rodella) (abcès gazeux, 1903). — C'est un bacille droit et svelte, à bouts arrondis. Quelquefois il présente des formes très longues, filamenteuses. Dans quelques exemplaires on voit à une extrémité une spore ovale ou ronde.

Il est mobile et prend le Gram. Mais quand on décolore beaucoup, le bacille montre alors seulement des points colorés.

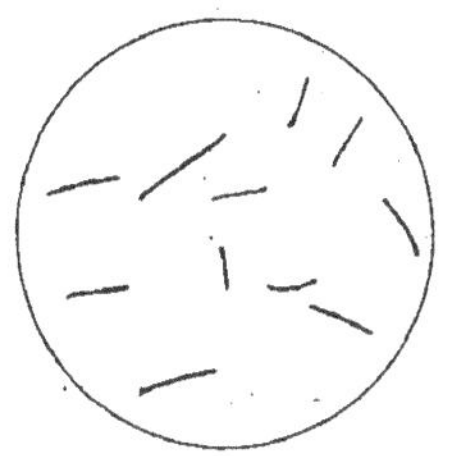

Fig. 39. — Bacillus II (Rodella) (abcès gazeux, 1903).

Sur plaques d'agar, les colonies se développent lentement et se montrent comme des points homogènes, qui en 8-11 jours atteignent la grandeur d'une tête d'épingle.

En agar, profond les colonies sont punctiformes.

Ce bacille pousse lentement en gélatine sans liquéfier le milieu.

Il ne donne jamais de gaz.

Il pousse dans le bouillon en troublant le milieu dans sa partie inférieure.

Le lait ne change pas.

Le sérum n'est pas liquéfié.

Le bacille Rodella II n'est pas pathogène.

	FORME	COLONIES EN AGAR	MOB.	BOUILLON	LAIT	GÉLATINE	SUCRES	GAZ	INDOL	POUVOIR PATHOGÈNE
Veillon.	Taille du perfringens.	Petites, blanchâtres, lenticulaires.	—	»	»	Pas peptonisée.	»	Très peu.	»	Faible.
Lewcowitz.	»	Atypiques, comme mousses, qui peuvent atteindre 2^{mm}.	—	»	»	»	»	»	»	+ donne toxine.
Ellermann.	»	Petites, d'aspect feutré, qui peuvent atteindre 1^{mm} 1/2.	—	Après 2 h. flocons blancs.	»	»	»	Exceptionellement.	»	+
Leiner.	Donne des filaments, forme de dégénérescence longue comme des spermatozoïdes avec des vacuoles.	Opaques, grisâtres, à formes de disque avec un centre brun et granuleux et à la périphérie des prolongements.	—	Flocons blancs.	Précipitation de la caséine avec $CaCO_3$.	Id.	Ne fermente pas.	»	»	+
Repaci.		Noyau central sanmoné, entouré d'une zone grisâtre, aplatie un peu, allongée à bords réguliers.	—	»	—	Id.	Fermente.	»	+	±
Roux L.	Filaments très longs, jusqu'à 100 μ.	Punctiformes après une semaine, 6-8^{mm} de diamètre avec zone homogène.	—	»	»	»	»	Très peu.	—	+
Ghon et Mucha.	Filaments très longs.	Centre brun et périphérie floconneuse.	—	»	+	—	»	»	»	—

F. — MICROBES PEPTOLYTIQUES
IMPOSSIBLES A GROUPER

Bacille cylindroïde (Rocchi). — Ce microbe a été isolé par Rocchi dans les matières fécales d'un adulte en bonne santé.

Il présente la même forme dans les fèces et dans les cultures. Il s'agit d'un gros microbe filamenteux ayant 6 à 8 µ. de long, en quelques points élargi en forme de ruban tortueux, l'aspect granuleux rappelant la forme de certains cylindres des urines. Il ne prend pas la couleur d'une façon uniforme et se décolore par le Gram. Il est immobile. Il ne pousse qu'à 18° : sa vitalité ne dépasse pas 15 jours.

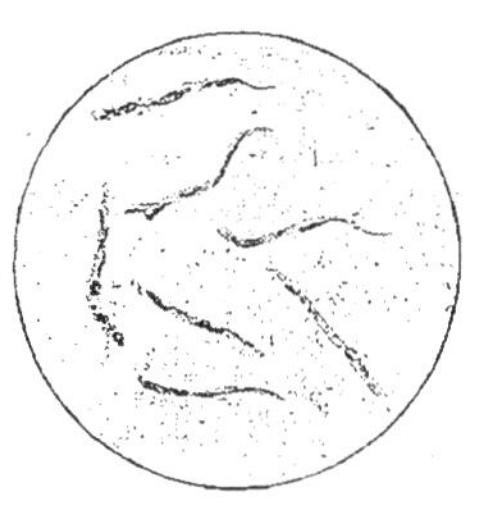

Fig. 40. — Bacillus cylindroïde (Rouchi).

Il ne pousse qu'à partir de 48 heures, en donnant dans la gélose sucrée en couche profonde des colonies petites, rondes. Il trouble le bouillon sucré avec formation de très peu de dépôt.

Il attaque très faiblement le glucose et le saccharose : il n'a aucune action sur le lactose, le galactose, la mannite, la dulcite.

Il attaque faiblement les protéoses : il est sans action sur les albumines. Il n'est pas pathogène.

Bacillus capillosus (Tissier). — Il a été isolé des selles des enfants à nourriture mixte.

C'est un gros bacille recourbé en filaments plus ou moins flexueux.

Dans les milieux solides, il présente tantôt des formes bacillaires régulières isolées ou en chaînes de 2 à 3 éléments, tantôt des filaments longs enroulés sur eux-mêmes, enchevêtrés en « peloton de cheveux ».

Il donne aussi des formes en spirale, à extrémités fines et à masse centrale épaisse, semblables à celles qu'on rencontre dans les vieilles cultures d'acidophilus.

Fig. 41. — Bacillus capillosus (Tissier).

Il se décolore par le Gram. Il est immobile. Il ne donne pas de spores.

Il conserve sa vitalité pendant 10-15 jours. Il pousse à 37°.

Dans la gélose sucrée, il donne des colonies fines, granuleuses, irrégulières au bout de 48 heures. Elles donnent des prolongements rayonnants, qui peuvent se diviser à leur tour.

Il ne donne jamais de gaz et ne liquéfie pas la gélatine.

Il produit dans le bouillon un trouble insignifiant.

Il ne coagule pas le lait.

Il attaque légèrement le glucose en donnant une acidité d'arrêt de 0,49 p. 100 en H_2SO_4; il n'attaque ni le lactose ni le saccharose.

Il ne donne pas d'indol.

Le capillosus n'est pas pathogène.

Coccobacillus præacutus (Tissier). — Isolé des selles des enfants à alimentation mixte, il se présente sous forme de coccobacilles en forme de navettes à extrémités très fines et très pointues, parfois groupés en chaînes de 8 à 10 éléments.

Il est très peu polymorphe. Seulement dans les vieilles cultures, il donne des formes renflées, possédant un point brillant à l'une des extrémités.

Il se meut avec des mouvements ondulatoires très rapides. Il ne prend pas le Gram.

Il pousse à 22° et à 37°.

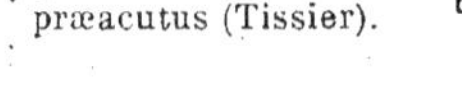

Fig. 42. — Coccobacillus præacutus (Tissier).

Sa vitalité subsiste de 8 à 10 jours.

Les colonies en gélose sucrée, qui poussent après 24-36 heures, sont de forme lenticulaire, dont la grandeur atteint 1 à 2 millimètres. La gélose est acidifiée.

Il donne beaucoup de gaz et ne dégage aucune odeur.

Il ne liquéfie pas la gélatine et se développe mal dans ce milieu.

Le bouillon n'est troublé qu'au bout de quelques jours; il s'y forme un dépôt pulvérulent.

Le præacutus ne coagule pas le lait et n'attaque pas le blanc d'œuf.

Il fait fermenter seulement le glucose, en donnant une acidité d'arrêt de 1,47 p. 1000 en H_2SO_4.

Il ne donne jamais d'indol.

Il n'est pas pathogène.

Bacillus pseudo-coli anaérobie (Jungano). — Ce microbe a été isolé chez un enfant atteint de diarrhée depuis 2 ans.

Dans les matières fécales, ce microbe prend la forme coccobacillaire à bouts arrondis, se colorant souvent moins intensivement au centre.

Dans les cultures, ce coccobacille se montre peu polymorphe. Dans les milieux solides prédominent des formes coccobacillaires, tandis que les formes bacillaires sont assez rares. Dans les milieux liquides, au contraire, les formes bacillaires sont plus abondantes.

Dans de vieilles cultures en gélose profonde et surtout en bouillon sucré, on retrouve des formes bacillaires minces, très allongées, presque filamenteuses.

Il se colore par les colorants basiques ordinaires; il se colore moins bien au centre, il se décolore par la méthode de Gram.

Il est immobile. Il donne des spores presque terminales.

Il pousse soit à 37°, soit à 22°.

Sa vitalité dans les milieux sucrés est très prononcée : elle

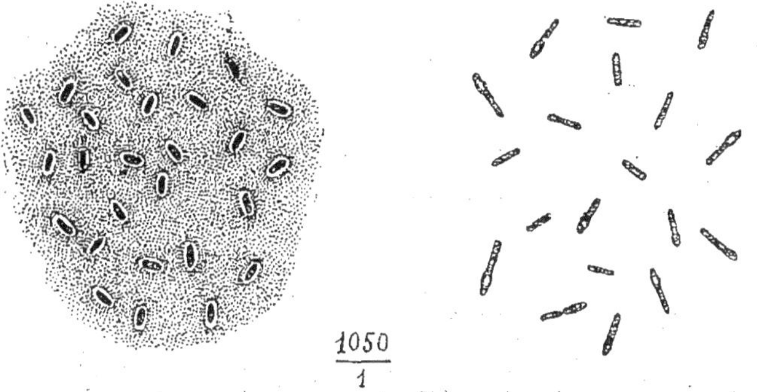

Fig. 43. — Bacillus pseudo-coli anaérobie (Jungano).

dépasse plusieurs mois. Il résiste à la température de 80°; il résiste longtemps à l'action de l'alcool absolu et du chloroforme.

Il donne dans la gélose profonde, au bout de 15 heures, des colonies petites, rondes, très régulières, presque transparentes; lorsqu'elles sont espacées, elles sont assez grosses. Elles ne donnent jamais de gaz.

Il ne pousse pas dans la gélatine.

Dans le bouillon, il produit un trouble uniforme, et après 48 heures une poussière fine commence à se déposer.

Dans le bouillon de viande, il pousse très abondamment; quelques bacilles s'entourent d'une capsule.

Si on fait une injection intrapéritonéale au cobaye, dans l'exsudat les bacilles sont presque tous encapsulés.

Il pousse dans le lait sans le coaguler.

Il n'attaque pas le blanc d'œuf cuit.

Il n'attaque ni le glucose ni le saccharose.

Il ne donne pas d'indol.

Il est très pathogène pour le cobaye, qui inoculé dans le péritoine meurt au bout de 24 heures de septicémie ; il est également pathogène pour le lapin, qui meurt au bout d'une semaine.

De nombreuses tentatives pour obtenir une toxine ont toutes échoué.

Parmi les anaérobies déjà connus, il a une lointaine ressemblance morphologique avec le coccobacillus præacutus de H. Tissier. Mais tous les autres caractères, mobilité, sporulation, pouvoir pathogène, en font un microbe bien distinct et facilement différenciable.

Coccobacillus oviformis (Jacobson, Tissier). — Il fut rencontré la première fois par Jacobson, mais il a été soigneusement décrit et isolé ensuite par Tissier.

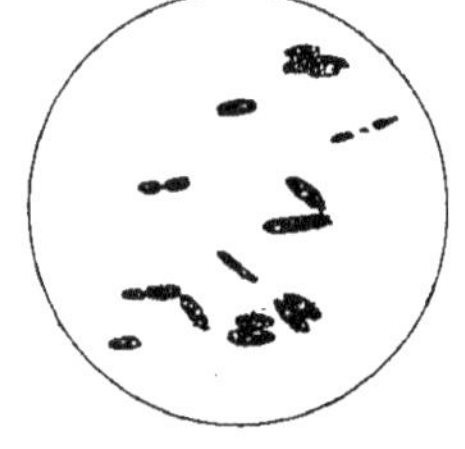

Fig. 41. — Coccobacillus oviformis.

Le coccobacille oviformis se présente sous la forme d'un court bâtonnet ou d'un coccus allongé, plus souvent sous la forme d'un diplocoque à grains ovales, rappelant la forme de l'entérocoque.

Il donne dans les milieux liquides des chaînes de 5 à 6 éléments. Il est polymorphe.

Il est immobile. Il conserve la coloration de Gram. Sa vitalité ne dépasse pas 5 à 6 jours.

Il pousse à 22° et à 37°.

Dans la gélose profonde les colonies lenticulaires, opaques, blanchâtres ont un diamètre de 2 à 3 millimètres.

Il ne donne jamais de gaz.

Il ne liquéfie pas la gélatine.

En bouillon il produit un trouble léger, suivi d'un dépôt pulvérulent.

Il ne coagule pas le lait ; n'attaque pas le blanc d'œuf.

Il transforme le glucose en donnant une acidité d'arrêt de 0,98 p. 1000 en H_2SO_4 et il est sans action sur le lactose et sur le saccharose.

Il ne donne pas d'indol, bien qu'il attaque pourtant la peptone.

Il n'est pas pathogène.

Bacillus ventriosus (Tissier). — Il a été isolé chez l'enfant, alimenté comme l'adulte et chez le chien.

C'est un petit bacille fin, rigide, à bouts carrés, isolé ou groupé par 2 ou 3 éléments.

Dans les milieux solides, il donne parfois de longues chaînes de 40 à 50 cuticules.

Placé dans de mauvaises conditions de nourriture le ventriosus se renfle à sa partie médiane en donnant l'aspect d'un « peloton de jardinier ».

Il est immobile. Il garde le Gram. Il ne donne pas de spores.

Sa vitalité est de 4 à 5 jours au maximum.

Il se développe seulement à 37°.

Il donne dans la gélose de fines colonies lenticulaires régulières à bords nets, qui peuvent atteindre 2 à 3 millimètres.

Il ne donne jamais de gaz.

Il ne peptonise pas la gélatine.

Il ne coagule pas le lait.

Il trouble légèrement le bouillon qui ensuite s'éclaircit en donnant un dépôt pulvérulent.

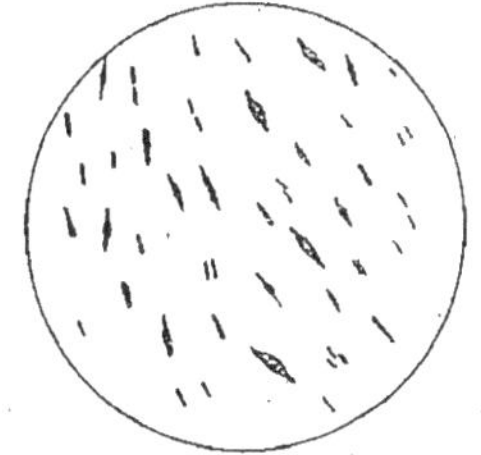

Fig. 45. — Bacillus ventriosus (Tissier).

Il attaque le glucose en donnant une acidité d'arrêt de 0,98 p. 1000 en H_2SO_4 et ne fait fermenter ni le lactose ni le saccharose.

Il ne donne pas d'indol. Il n'est pas pathogène.

Bacille granuleux (Jungano). — Ce microbe a été isolé des matières fécales du rat au régime ordinaire.

Il s'agit d'un bacille à bouts légèrement effilés.

Il se colore par toutes les couleurs d'aniline, et par le Gram, d'une façon uniforme. Au bout de quelques repiquages, il se colore par le Gram d'une façon irrégulière et caractéristique : tantôt ce sont les pôles seuls qui se colorent, tantôt tout le bacille, le centre excepté,

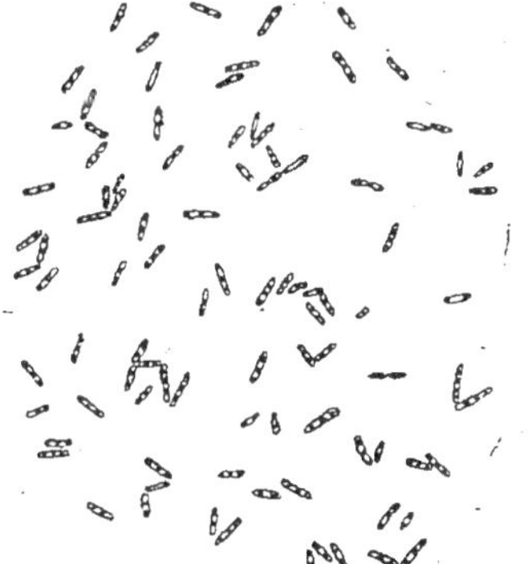

Fig. 46. — Bacille granuleux (Jungano).

tantôt la coloration se fait sous forme de granulations.

Il est immobile ; il ne donne pas de spores.

Il ne pousse qu'à 37°. Il meurt au bout d'une quinzaine de jours.

Il donne, dans la gélose en couche profonde, des colonies rondes, régulières. Il ne donne jamais de gaz.

Il pousse dans la gélatine à 37°, sans la liquéfier.

Il pousse dans les différents milieux liquides.

Sans action sur le saccharose et la dextrine; il attaque le glucose avec une acidité de 4,41 et le lactose avec une acidité de 5,88 p. 1 000 (évaluée en SO^4H^2 p. 1 000).

Il n'attaque pas le blanc d'œuf cuit.

Il pousse bien dans le lait sans le coaguler.

Il n'est pathogène ni pour le cobaye, ni pour le lapin.

Bacillus naviformis (Jungano). — Ce microbe a été isolé dans les matières fécales du rat au régime ordinaire.

Il s'agit d'un bacille polymorphe : à côté des formes cocco-bacillaires se tenant par leurs gros pôles, on voit des bacilles de la taille de la bactéridie charbonneuse et des formes filamenteuses.

Il se colore par toutes les couleurs d'aniline, quoique pas d'une façon uniforme.

Il ne se colore pas par le Gram.

Il est immobile.

Il pousse à 37° au bout de 24 heures en donnant dans la

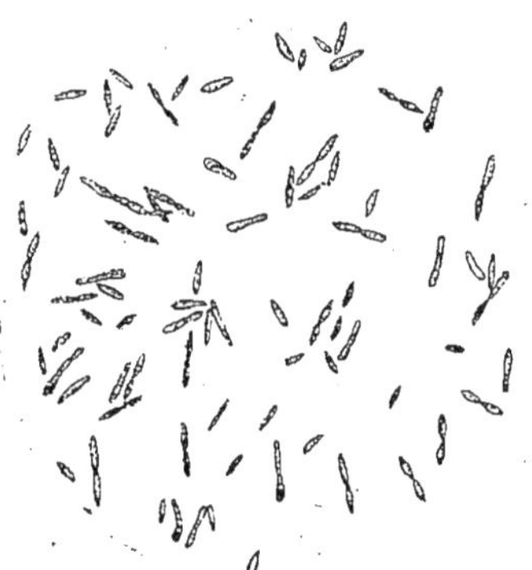

Fig. 47. — Bacillus naviformis (Jungano).

gélose profonde des colonies rondes, régulières, assez grosses.

Il ne donne jamais de gaz.

Il pousse dans la gélatine à 37° sans la liquéfier.

Il n'attaque ni la dextrine, ni le lactose ni le saccharose.

Il n'a d'action que sur le glucose en donnant une acidité de 1,43 p. 1000.

Il n'attaque pas le blanc d'œuf cuit.

Il n'est pathogène ni pour le cobaye ni pour le lapin.

Bacille diphtéroïde (Jungano). — Ce microbe a été retrouvé dans les matières fécales du rat au régime ordinaire.

Cette espèce se présente sous la forme d'un bacille allongé de la taille du b. diphtérique (forme moyenne), à bouts arrondis, tantôt droit, tantôt légèrement courbé; il présente quelquefois sur un de ses pôles un renflement. Dans les cultures jeunes, les bacilles se mettent deux par deux, tantôt parallèles, tantôt en angle, tantôt dans le prolongement l'un de l'autre.

Il se colore bien par les méthodes ordinaires, ainsi que par la méthode de Gram. Ce n'est qu'au bout de deux mois que les microbes dans les vieilles cultures ne se colorent plus par le Gram.

Il est immobile. Sa vitalité dépasse 1 mois.

Il ne pousse qu'à 37°.

Il donne dans la gélose profonde des colonies petites, rondes, de grosseur variable. Il donne beaucoup de gaz non fétides.

Il pousse dans la gélatine à 37° sans la liquéfier. Sans action sur le lactose, le sac-

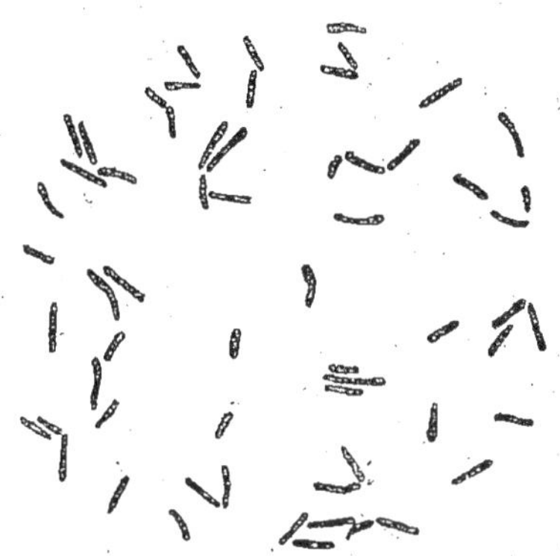

Fig. 48. — Bacille diphtéroïde.

charose et la dextrine ; il n'attaque que le glucose en déterminant une acidité de 6,17 (après 14 jours) (évaluée en SO_4H_2 p. 1 000).

Il pousse bien dans le lait sans le coaguler.

Il n'attaque pas le blanc d'œuf cuit.

Il donne de l'indol.

Il n'est pathogène ni pour le cobaye ni pour le lapin.

Gros bacille filamenteux (Jungano). — Ce microbe a été retrouvé dans les matières fécales du rat au régime ordinaire.

Il s'agit d'un bacille d'une taille un peu supérieure à celle du b. perfringens, à bouts arrondis ; il devient bientôt polymorphe ; les uns se présentent sous la forme

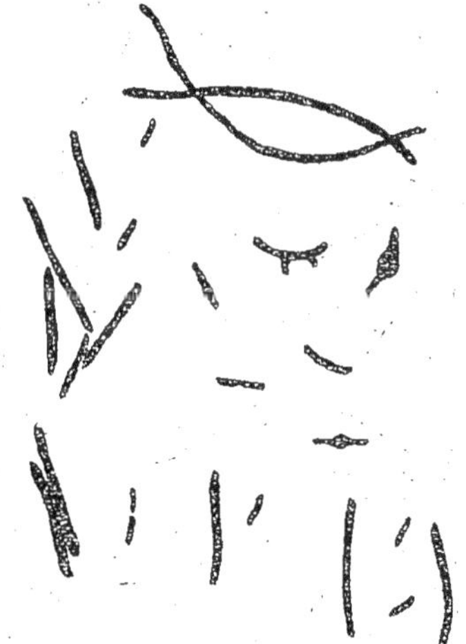

Fig. 49. — Gros bacille filamenteux (Jungano).

de gros bâtonnets avec une boule centrale, d'autres présentent de courtes branches latérales comme les streptothrix. Dans les cultures de quelques jours, le bacille, tout en gardant la même taille, prend une forme filamenteuse.

Il se colore par toutes les couleurs d'aniline, et par la méthode de Gram, mais, déjà au bout de quelques jours, ne se colore plus que par places, et finalement, vers le dixième jour, il ne résiste plus du tout au Gram.

Il est immobile, il ne donne pas de spores.

Il ne pousse qu'à 37°. Il meurt très vite, au bout d'une dizaine de jours. Il donne, dans la gélose profonde, au bout de 24 heures, des colonies rondes, très régulières, assez grosses lorsqu'elles sont espacées. Il ne donne jamais de gaz. Il pousse dans la gélatine à 37° sans l'attaquer.

Il pousse dans les différents milieux liquides sucrés sans rien de caractéristique; il n'attaque ni le lactose, ni le saccharose, ni la dextrine; il attaque seulement le glucose; il donne une acidité de 1,5 (évaluée en SO_4H_2 p. 1 000).

Il n'attaque pas le blanc d'œuf cuit.

Il ne donne pas d'indol.

Il n'est pathogène ni pour le cobaye ni pour le lapin.

Coccobacillus anaerobius perfœtens (Tissier). — C'est une petite espèce isolée chez un enfant au sein atteint de diarrhée.

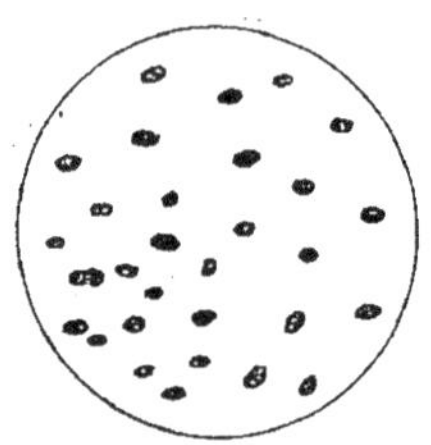

Fig. 50. — Coccobacillus anaerobius perfœtens (Tissier).

Il se présente sous la forme d'un petit coccus ovale, allongé, isolé ou groupé par paire. Il forme des chaînettes avec 3-4 éléments au maximum.

Il forme quelquefois des amas irréguliers dans lesquels chaque élément conserve sa forme propre. Dans les vieilles cultures, il ne change pas sa forme. La dimension varie entre 0,8 et 1 μ.

Il est immobile. Il se décolore par le Gram.

Il pousse dans la gélose sucrée à 37° en donnant un trouble 48 heures après l'ensemencement.

Ce trouble examiné au microscope est formé d'une quantité extraordinaire de petites colonies arrondies, à bords assez réguliers.

Il donne une grande quantité de gaz, dont l'odeur rappelle le sulfure de carbone.

Au bout de 8 jours la production du gaz cesse.

Il se résorbe et disparaît petit à petit et au bout de 15 jours la gélose reprend son aspect primitif. Le microbe cependant vit encore.

Dans la gélatine à 20° le perfœtens ne pousse pas.

Dans le bouillon sucré, il se forme en 24 heures un dépôt fin composé de particules très petites, blanc gris.

Avec le bouillon ordinaire, le développement est plus lent.

Le lait ne subit aucune modification.

Tissier, dans un travail postérieur (1905), a décrit 2 variétés de ce même microbe. L'une attaque seulement le glucose et le saccharose; l'autre variété est appelée lactique.

Celle-ci est plus longue que la première, elle pousse faiblement à 20° et donne moins de gaz fétides. Elle attaque le glucose, le lactose et le saccharose. Donne acide lactique, inactif et une faible quantité d'acides volatils. Acidité d'arrêt : 2,45. N'attaque que les protéoses; elle ne donne ni indol, ni phénol. Non pathogène.

Bacillus anaerobius minutus (Tissier). — Isolé d'une diarrhée grave chez un enfant de 3 mois, mal alimenté.

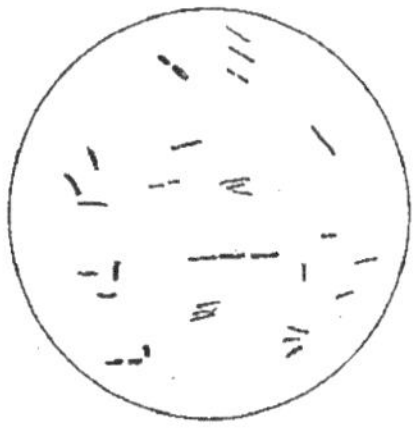

Il a la forme d'un bâtonnet droit, à extrémités arrondies, très mince, de 2 à 4 µ de long.

Dans les milieux liquides, il se présente comme un diplobacille grêle et mince.

L'anaerobius minutus s'allonge dans les vieilles cultures jusqu'à 8 µ et ne donne

Fig. 51. — Bacillus anaerobius minutus (Tissier).

jamais de chaînes, ni de formes d'involution, de là sa forme reste constante.

Il est immobile et garde le Gram.

Il ne donne jamais de spores et pourtant sa vitalité est considérable.

Il se développe seulement à 37°.

Les colonies en gélose sucrée au bout de 6 jours et à faible grossissement sont fines, régulières, rondes ou ovalaires, blanchâtres, presque transparentes.

Sans l'aide du microscope, le milieu paraît seulement légèrement troublé.

Les colonies dans les vieilles cultures deviennent grisâtres, bosselées, irrégulières.

Le bacille ne donne jamais de gaz, mais le milieu devient acide.

Il pousse en gélatine sucrée seulement à 37°, sans liquéfier pas le milieu.

Dans les milieux liquides on n'aperçoit aucun trouble, mais un dépôt au fond du tube.

Il ne coagule pas le lait.

Sur les qualités pathogènes de ce microbe, Tissier est réservé, quoiqu'une souris soit morte après ingestion.

Bacillus carnis (Klein). — C'est un microbe isolé de la viande de bœuf en putréfaction.

Il est 1,5-2,5 μ long et 0,6 μ large, avec les bouts arrondis.

Il est mobile. Il se colore avec la méthode de Gram.

Il donne des spores terminales qui sont plus larges que le bacille lui-même. Elles ont 2 μ de long et 0,8 de large.

Dans les cultures en agar les spores se forment au bout de 48 heures, à 37° et dans l'exsudat en pipettes capillaires maintenues à l'étuve elles se forment aussi très abondamment.

Le bacille pousse très bien dans tous les milieux à 37°, mais très lentement à 21°.

Sur sérum sanguin incliné il donne des colonies arrondies, qui, après plusieurs jours, ont un centre plus épais, à bords irréguliers, à zone intermédiaire plus fine.

Le sérum n'est pas liquéfié.

Dans l'agar sucré les colonies sont rondes, plates et parfois anguleuses, à bords irréguliers, avec de courts prolongements. Leur surface est mamelonnée et d'aspect granuleux.

Sur agar se forment le long de la piqûre des gouttelettes granuleuses très serrées.

Il y a formation de gaz. Le bouillon se transforme, mais il s'éclaircit peu à peu en laissant déposer un sédiment granuleux, d'aspect presque muqueux.

Le lait n'est pas coagulé, même après 14 jours, malgré un développement abondant du bacille.

La gélatine n'est pas liquéfiée.

Le bacille ne dégage aucune odeur.

Il est très pathogène pour la souris et le cobaye, qui meurent, en 10 heures après injection sous-cutanée.

Les injections intra péritonéales ne sont pas mortelles, mais il suffit d'une goutte de l'exsudat d'un animal mort pour tuer un cobaye.

Anaérobie VIII (Rodella). — C'est un bâtonnet filamenteux de longueur variable.

Il est immobile et prend le Gram.

Mais la coloration n'est pas uniforme parce qu'il y a des

places qui ne se colorent pas, d'où on pourrait croire que l'on a affaire à un streptocoque.

En agar profond les colonies sont comme des points.

Il n'y a jamais formation de gaz.

Le bouillon n'est pas troublé, mais après 4-6 jours il y a un dépôt blanc sur les parois du tube.

Le lait n'est pas coagulé.

Le sérum n'est pas liquéfié.

Le bacille ne se développe pas en gélatine.

Il n'est pas pathogène.

Bacille de Buday. — C'est un bâtonnet isolé d'un cadavre cyanotique gonflé, dont le sang contenait beaucoup de bulles de gaz, mais les organes avaient l'aspect normal.

Il mesure de 3 à 6 μ de long et 0,6 à 0,7 μ de large. Parfois il forme des chaînes de 150 articles.

Il est immobile. Il ne donne jamais de spores, mais on observe un renflement qui n'est pas une spore.

Dans les vieilles cultures en bouillon le bacille prend la forme d'un coccus.

Les colonies en gélatine sucrée après 24 à 48 heures se présentent punctiformes. Ensuite, de ces points partent des filaments, dont l'aspect est semblable à celles du rhizopodiformis. Le milieu n'est jamais liquéfié.

En agar les colonies se développent plus vite.

Le bacille donne une forte production de gaz.

En bouillon sucré, il forme des flocons qui, en tombant au fond du tube, laissent le milieu clair. Les gaz qui se développent en grande quantité se rassemblent à la surface, formant une couche écumeuse.

Le lait est coagulé, donnant un sérum jaune gris et une couche crémeuse à la surface. Au fond du tube il y a un dépôt floconneux. Dans ce milieu il se développe du gaz et on sent une forte odeur d'acide butyrique.

Le bacille de Buday pousse à la température de la chambre.

Vibrion de Repaci. — *Vibrion A.* — Il est très petit et courbé, ayant 2-3 μ de longueur sur 1/2 μ d'épaisseur. Il a été isolé d'un cas de leucoplasie syphilitique, compliquée de stomatite catarrhale. Les colonies de la première génération apparaissent dans la gélose sucrée au bout de 4-5 jours. Elles sont formées d'un point central entouré d'une série d'anneaux de transparence différente. Les colonies, selon l'expression de Repaci, ont l'apparence d'une véritable cible. A leur complet développement les colonies peuvent atteindre 1 centimètre de diamètre. Les cultures ne produisent pas de gaz et ne dégagent aucune odeur.

Le vibrion A ne prend pas le Gram, ne liquéfie pas la gélatine et acidifie le lait sans le coaguler. Il n'attaque pas le blanc d'œuf.

Il trouble le bouillon ; mais, après, la culture s'éclaircit et les microbes se précipitent au fond du tube.

Le vibrion A attaque le glucose et le lactose, mais pas le saccharose et la dextrose.

Il ne donne pas l'indol.

La vitalité est de 12 jours.

Il est pathogène. 5 centimètres cubes de culture en bouillon en injection intraveineuse tuent un lapin de 2 kilogrammes en 3 jours.

Vibrion B. — Il mesure une longueur de 4-5 μ., isolé d'un cas de leucoplasie syphilitique compliquée de stomatite catarrhale. Il se développe en gélose sucrée en 24 heures. Les colonies sont très petites et se présentent sous la forme de fins flocons de neige. Il vit plus longtemps que le vibrion A. Il ne prend pas le Gram.

Il pousse bien dans les milieux liquides ; il ne coagule pas le lait ; il ne liquéfie pas la gélatine ; il n'attaque pas le blanc d'œuf.

Il fait fermenter le glucose, le galactose et le saccharose et il n'attaque pas la dextrose.

Il ne donne pas d'indol et il n'est pas pathogène.

Vibrion C. — Il a une longueur de 8 μ. et il est immobile. Il a été isolé de la bouche d'un individu bien portant. Les colonies sur gélose atteignent en 2 jours leur maximum de développement et se présentent sous la forme de petites balles (2 à 3 millimètres de diamètre).

Il se décolore par le Gram.

Il acidifie le lait comme le A et le B sans le coaguler ; il ne liquéfie pas la gélatine ; il n'attaque pas le blanc d'œuf et ne donne pas d'indol.

Il attaque le glucose, le lactose, faiblement la dextrose et il est sans action sur le saccharose.

Les cultures dégagent une odeur de fromage pourri.

Il reste vivant longtemps à l'étuve et à la température ordinaire.

Il n'est pas pathogène.

Bacillus funduliformis ou téthoïde (Veillon et Züber). — Isolé et décrit sous le nom de b. funduliformis.

Il a été ensuite isolé par J. Hallé dans le vagin, à l'état normal, et appelé téthoïde; par Rist et Guillemot dans le pus d'une mastoïdite et dans un foyer gangreneux du poumon; par Cottet dans quelques cas d'infection périurétrales. Enfin nous-même l'avons retrouvé dans les suppurations urinaires, dans l'urètre normal et dans les selles.

Rist et Guillemot ont identifié le b. téthoïde de Hallé avec le b. funduliformis de Veillon et Züber.

Ce bacille se présente dans le pus sous la forme d'un bâtonnet fin et assez régulier.

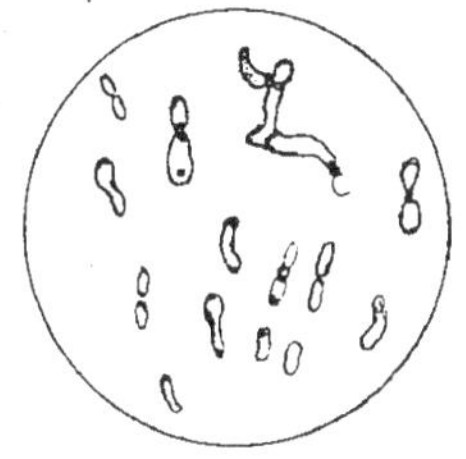

Fig. 52. — Bacillus funduliformis ou téthoïde (Veillon et Züber).

Dans les cultures il est polymorphe au plus haut degré, il forme tantôt des bâtonnets, tantôt des filaments, sur lesquels on voit des boules le plus souvent terminales. Il ne manque jamais d'éléments se colorant seulement aux pôles ou au centre.

Il est immobile.

Il se colore mal avec toutes les couleurs d'aniline; souvent c'est le centre qui prend mieux la couleur, ce qui donne au bacille l'aspect caractéristique du δ grec. Quelquefois le bacille se colore seulement aux extrémités.

Il ne prend pas le Gram.

Il pousse assez rapidement (36-38 heures) et très abondamment, surtout dans la gélose.

Les colonies dans la gélose sont assez caractéristiques, bien qu'en général elles restent plutôt petites et souvent presque punctiformes.

Elles sont rondes, ovalaires, à contours réguliers, nets, à fond homogène, très réfringent et de couleur jaune clair.

Il ne pousse pas dans la gélatine, tandis qu'il pousse dans la gélose à la température de 22°.

Nous n'avons jamais constaté de dégagement de gaz.

La vitalité de ce microbe ne dépasse pas un mois.

Il est pathogène pour le cobaye.

Bacille de Ghon et Sachs. — C'est un bacille plus long et plus épais que celui de l'influenza, qui peut prendre la forme d'un coccus et peut donner des chaînes. On trouve fréquemment des formes renflées. Il a été isolé de l'exsudat du péritoine.

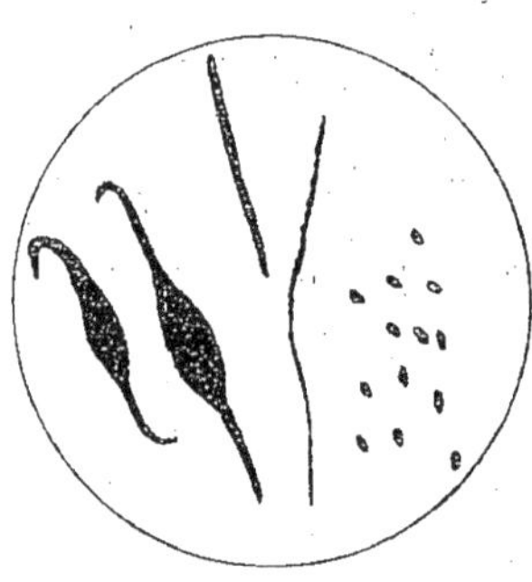

Fig. 53. — Bacille de Ghon et Sachs.

Dans les cultures il apparaît encore d'autres formes à filaments très épais, courbés ou entortillés et fréquemment aussi des formes en poire, rondes, ovales, en fuseau ou en tonneau.

Les formes géantes sont les plus difficiles à colorer et on doit les interpréter comme formes d'involution. Il ne prend pas le Gram. Il est immobile. Il ne donne jamais de spores.

Les colonies dans l'agar sucré par piqûre profonde, peuvent atteindre la grandeur d'une tête d'épingle, à forme de disque biconvexe, brunâtre au centre et clair à la périphérie. Mais habituellement il se fait une strie le long de la piqûre.

Il donne très peu de gaz.

Dans l'agar avec saccharose, la culture est très faible.

Il pousse dans la gélatine sucrée, en donnant des précipités floconneux, sans la liquéfier et en donnant quelquefois des gaz.

Dans le bouillon il y a trouble d'abord, puis éclaircissement avec dépôt floconneux.

Il pousse dans le lait sans le coaguler.

Il ne liquéfie pas le liquide coagulé de l'hydrocèle.

Il donne de l'indol, de l'hydrogène sulfuré.

Il acidifie les milieux, il donne de l'alcool éthylique, de l'acide lactique et des traces d'acide acétique. Il ne donne pas d'acide butyrique.

Il ne dégage pas une forte odeur de putréfaction.

Il pousse à 37°, comme à la température de 27-28°; sa vitalité est de 8 jours.

Il n'est pas pathogène pour la souris et le cobaye.

G. — MICROBES PEPTOLYTIQUES DONT LES CARACTÈRES CHIMIQUES N'ONT PAS ÉTÉ ÉTUDIÉS.

Bacillus d'Albarran (Jungano). — Isolé dans un cas de lithiase rénale infectée. Il s'agit d'un tout petit bacille ayant 3,4 µ de long sur 1/2 µ de large, assez mobile. Il se colore mal avec toutes les couleurs d'aniline. Les solutions colorantes doivent agir longtemps et à chaud. Malgré cela le microbe ne se colore jamais avec intensité, il prend la couleur aux pôles et reste presque incolore au centre. Il ne prend pas le Gram. C'est un bacille droit, régulier, à bouts légèrement arrondis, sans capsules ni spores.

Il trouble le bouillon et ne donne pas de dépôt. Dans la gélose, il y a développement en 10-15 heures, mais dans les réensemencements successifs, il perd vite ses qualités que l'on peut conserver en

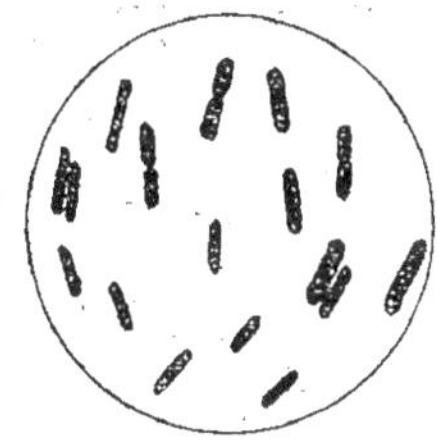

Fig. 54. — Bacillus d'Albarran (Jungano).

partie, par l'addition de quelques centimètres cubes de sérum sanguin.

Dans la gélose profonde il forme des colonies luisantes, ressemblant à celles du bacille téthoïde, rondes, à contours réguliers, de couleur jaune clair. Elles restent toujours très petites, même quand elles sont bien espacées.

Ce microbe ne produit pas de gaz.

Le bacille se développe très bien dans la gélatine, qu'il ne liquéfie pas ; au bout de 18 jours à 22° il y donne des colonies typiques en stalactites à pointe supérieure.

Il n'est pas pathogène pour le lapin ; chez le cobaye, en injection sous-cutanée, il produit un abcès volumineux.

La vitalité de ce microbe n'est pas très prononcée, et déjà au bout d'une quinzaine de jours, on ne peut le réensemencer qu'avec peine.

Bacillus caducus (Hallé). — Ce microorganisme a été isolé dans le col utérin, le vagin, l'exsudat de rétentions placentaires, un abcès périutérin. Nous n'avons pu qu'assez rarement l'obtenir en culture pure. Dans les autres cas, il était mélangé avec des espèces dont nous n'avons pu le séparer.

C'est un bacille facile à colorer, qui garde le Gram fortement et conserve sa forme dans les cultures.

Exclusivement anaérobie, il donne de fines colonies qui apparaissent comme des points blancs, dans la profondeur de l'agar sucré.

Les cultures ne sont restées vivaces que pendant 3 ou 4 jours; aussi l'étude de cet organisme a-t-elle été très incomplète.

Bacillus polypiformis (Liborius). — C'est un bacille de taille élancée, de longueur variable et d'une épaisseur de 1 μ. Il ne forme jamais de filaments.

Il est mobile, mais sa mobilité est très limitée. Ses spores sont ovales, attachées au bacille même; elles sont brillantes, allongées, occupant la moitié ou les 2/3 du bacille même.

Les colonies en gélatine sont caractéristiques. Elles sont petites, jaunâtres, en amas, à contours sinueux. Des prolongement nombreux rayonnent de tous côtés et donnent aux colonies l'aspect d'un polype. Le milieu n'est pas liquéfié.

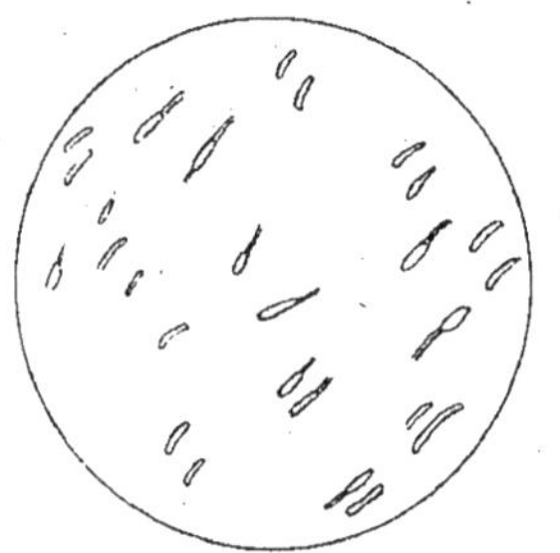

Fig. 55. — Bacillus polypiformis (Liborius).

Quand les cultures vieillissent, les colonies sont moins caractéristiques, car les prolongements deviennent plus grossiers et plus rigides.

En agar les colonies sont de la grandeur d'une tête d'épingle, blanchâtres, finement granuleuses, irrégulières, avec les bords ressemblant à des conglomérats bosselés.

Dans le sérum sanguin, on constate un trouble diffus.

Ce microbe ne produit jamais de gaz.

Sanfelice décrit un bacille qu'il nomme π qui ressemble au polypiformis.

Seulement le bacille π donne des colonies en gélatine à 20-22°, visibles au bout de 10 jours, comme de petits points blancs.

Dans la gélatine, la piqûre donne des arborescences.

Le bacille π donne des gaz.

Il se développe dans les milieux acides, neutres ou à peine alcalins.

Bacillus muscoïdes (Liborius). — C'est un bâtonnet de longueur variable, de 1 μ d'épaisseur ; ayant peu de tendance à former des filaments.

Sa mobilité est très limitée.

Il forme des spores ovales ou rondes, fortement réfringentes, presque toujours terminales.

Les colonies ressemblent à celles du clostridium fœtidum ou à celles du vibrion septique de Pasteur, mais les prolongements sont plus délicats et plus sveltes.

Leur forme est caractéristique et ressemble à celle d'une mousse délicate.

Il ne liquéfie pas la gélatine.

Bacillus solidus (Lüderitz). — Bâtonnet d'une longueur moyenne de 4 à 5 μ, d'épaisseur de 0,5 μ à 0,7 μ, mais on trouve des éléments qui peuvent atteindre 10 μ.

Il ne forme jamais de filaments. Il est très mobile.

Dans les vieilles cultures en gélatine, l'auteur a souvent trouvé des bacilles qui portent des corps réfringents à un pôle ou aux deux, mais jamais de spores libres.

Le bacillus solidus traité par l'iode ne donne jamais la coloration typique de la granulose.

Dans la gélatine sucrée il forme après 48 heures des colonies punctiformes, compactes et rondes et à bords nets.

Elles peuvent atteindre la dimension d'une tête d'épingle. Le solidus ne liquéfie pas la gélatine, mais il dégage une grande quantité de gaz qui fragmente le milieu. La culture accuse une odeur d'hyperhydrose plantaire.

En milieux non sucrés, le bacille ne se développe pas bien et les phénomènes de fermentation n'existent plus. Les colonies sur agar sont plus grandes, plus délicates et plus transparentes et ressemblent à un flocon d'ouate. En culture sur sérum sanguin, la croissance est limitée à la portion moyenne et inférieure de la piqûre. Dans ces cultures se forment de petites bulles de gaz. Le sérum sanguin coagulé n'est pas liquéfié. Le bacille se développe fort bien dans le bouillon à 37°, en le troublant. Dans ce milieu il se produit des gaz de putréfaction.

Le solidus n'est pas pathogène.

Sanfelice a isolé un bacille de la viande pourrie et de la terre, qui ressemble tout à fait au bacillus solidus, mais qui pousse en gélatine après 10 ou 15 jours seulement, en donnant des colonies blanchâtres et punctiformes.

Le bacille de Sanfelice est peu mobile et presque toujours présente des formes courtes.

Bacillus stellatus (Vincent). — C'est un petit bâtonnet, isolé des eaux, de 1 à 3 µ de longueur.

Il est immobile et ne prend pas le Gram.

Sur gélatine, il se développe lentement et ne la liquéfie pas.

Sur gélatine en piqûre, il forme long de la strie d'ensemencement un pointillé blanchâtre fin, sans production de gaz.

En gélatine ou agar glycoglycériné profonds le stellatus donne des colonies ponctuées, très petites, blanchâtres, parfois groupées autour d'une colonie centrale plus volumineuse et plus opaque. Le bacille trouble uniformément le bouillon.

Cette culture dégage une odeur désagréable et assez pénétrante.

Il n'est pas pathogène.

Bacterium clostridiiformis (Burri et Ankersmit). — C'est un bâtonnet à lancette qui peut se réunir en chaîne de 2 à 4 articles. Il mesure 2 à 3 µ de longueur. Il ressemble au type de Gunther.

Si on veut pousser la ressemblance plus loin on peut le comparer à de petits clostridiums.

Il ne donne pas de spores.

Il est immobile et ne prend pas le Gram.

Dans l'agar avec dextrose il pousse vigoureusement et donne beaucoup de gaz. Les colonies peuvent atteindre 1 millimètre de diamètre, elles ont la forme d'une lentille à bord net, de consistance plutôt molle et transparente.

Dans l'agar ordinaire il ne donne pas de gaz. Dans le bouillon il donne un trouble et développe beaucoup de gaz; le bouillon devient acide et ne dégage aucune odeur particulière.

Il ne pousse pas dans la gélatine à 20-22°. Il ne pousse pas même dans le lait, ni sur les pommes de terre.

Bacillus furcosus (Veillon). — Ce microbe a été isolé dans le pus d'appendicites.

Dans le pus, il se présente sous la forme d'un bâtonnet très petit, se terminant à une de ses extrémités par deux petites branches, qui lui donnent la forme d'un γ. En culture on voit beaucoup d'éléments allongés, qui se divisent à une de leurs extrémités en 2 ramifications se terminant par un renflement. D'autres éléments portent des branches qui elles-mêmes se subdivisent; les corps des bacilles et les ramifications ne sont jamais très longs, les renflements ronds ou plutôt piriformes sont assez nombreux.

Ce bacille est à peine plus gros que le bacille de Koch. Il est immobile, ne se colore pas par le Gram.

Il ne pousse qu'à 37° au bout de 1-4 jours en donnant dans la gélose en couches profonde des colonies petites, rondes, à bords réguliers, jaunâtres.

Il ne donne pas de gaz. Les cultures sont légèrement fétides.

Il est assez vivace.

Il est pathogène pour le cobaye.

Strepto-bacillus gracilis (Guillemot et Hallé). — Ce micro-organisme retrouvé dans les pleurésies putrides, se présente sous l'aspect de longs filaments minces et flexueux, atteignant parfois la taille de deux diamètres de leucocytes polynucléaires. Ce germe paraît une espèce très répandue dans le pus gangreneux, mais il n'y est jamais très abondant.

Il est immobile.

Il se colore assez bien par les différentes couleurs; il se décolore par le Gram.

A fort grossissement il se montre formé d'une série d'articles courts, à peu près d'égale dimension, à extrémités carrées, de nombre variable et unis entre eux par une substance qui reste à peine colorée. Il prend des formes filamenteuses, ondulées, fines et très longues. Il donne des colonies discoïdes, claires, avec une masse centrale plus opaque.

Le pouvoir pathogène n'a pas été étudié.

Bacillus fragilis (Veillon et Züber). — Ce microbe a été isolé la première fois dans le pus d'appendicites, où il a été rencontré avec une extrême fréquence par Grigoroff et par nous-même.

Il a été isolé aussi par Cottet dans les infections périurétrales, par Guillemot dans les gangrènes pulmonaires, par Jungano dans les infections plus diverses de l'appareil urinaire.

C'est un bacille plus petit que le ramosus, à bouts arrondis. Quelquefois il présente l'aspect d'un diplocoque, car les bouts se colorent mieux que le centre.

Il se colore difficilement par les couleurs d'aniline : bien qu'en faisant agir longtemps le violet de gentiane ou le Ziehl à chaud, il reste des points non colorés même si les bacilles proviennent de cultures jeunes. Il se décolore par le Gram.

Il est immobile.

Le développement est lent et tardif ; il faut attendre 3-4 jours, et dans la gélose les colonies restent très petites ; dans la zone supérieure d'anaérobiose, on voit souvent des colonies plus grandes, qui gardent, de même que les petites, une forme assez caractéristique. En général les colonies ont un aspect mûriforme.

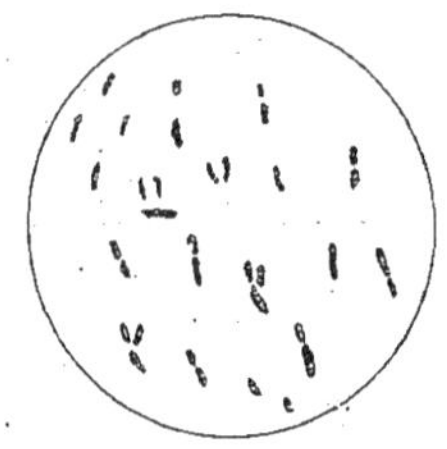

Fig. 56. — Bacillus fragilis.

Le fragilis dégage peu de gaz.

Dans la gélatine, il pousse après 10-15 jours sans la liquéfier, et il forme des colonies petites, presque punctiformes.

C'est un microbe peu vivace : après une semaine on n'arrive pas à le réensemencer.

Il est faiblement pathogène pour le lapin et encore moins pour le cobaye.

Bacillus glutinosus (Guillemot et Hallé). — Ce bacille a été retrouvé dans le pus des pleurésies putrides, où il se présente sous l'aspect de longs bâtonnets immobiles, isolés les uns des autres en général, parfois accolés et groupés en amas dont quelques-uns sont considérables.

Les solutions colorantes le teignent facilement et permettent de bien mettre en lumière certaines particularités. Tous les bâtonnets ne se colorent pas également ; beaucoup sont mal colorés ; quelques-uns, les plus longs en général, sont à peine teintés. Il est possible que cette différence de coloration tienne à ce qu'un certain nombre d'éléments sont morts.

La majorité des éléments atteint environ la grandeur de deux bacilles diphtériques longs placés bout à bout ; mais plusieurs atteignent 3 et 4 fois cette dimension ; ce sont de véritables filaments. Les formes courtes sont les moins nombreuses.

Par place, on trouve dans le pus de véritables buissons formés par des bacilles enchevêtrés. Ces amas peuvent occuper tout le champ du microscope. En général ce microorganisme est flexueux, légèrement ondulé, très rarement incurvé. Il n'a ni l'aspect d'un spirille, ni celui d'un spirochæte. L'épaisseur de ce bacille est également à peu près celle d'un bacille diphtérique ordinaire. Il n'est pas rare d'observer des renflements légers, soit médians, soit terminaux : ses extrémités sont en général plus minces que le centre. Assez fréquemment, on constate que la matière colorante ne s'est pas fixée également sur tout le corps du bacille ; certains montrent en effet des espaces clairs, n'ayant d'ailleurs pas la réfringence des spores.

On retrouve tous ces caractères dans les cultures; cependant, le bacille est, en général, plus court. Dans la gélose profonde, les colonies n'apparaissent qu'au bout de 4 jours sous forme de disques blanchâtres, pâles, atteignant jusqu'au volume d'une tête d'épingle, lorsque les colonies sont bien séparées les unes des autres.

Vues au microscope à un faible grossissement, elles se présentent sous la forme de disques lenticulaires à contours nets, à structure légèrement grenue. Lorsqu'on les aspire dans une pipette, elles pénètrent d'un bloc dans l'effilure sans se fragmenter et quand on essaie de les dilacérer, pour les repiquer, ou les examiner, on constate qu'elles résistent aux efforts de dissociation. Elles sont donc d'une consistance très particulière qui pourrait se comparer à celle d'une gouttelette de mucus très épais. C'est un microbe très peu vivace : les repiquages faits au 4ᵉ jour sont restés stériles.

Guillemot et Hallé n'ont pas pu étudier le pouvoir pathogène de ce microbe pour les animaux de laboratoire.

Bacillus anaerobius gracilis (Lewkowicz). — Ce bacille, isolé dans la bouche des nourrissons, est très mince, ayant 0,20-0,25 µ. de diamètre, d'une longueur variable de 1 à 4 µ.

Tantôt incurvé en virgule, tantôt sous la forme d'*S* italique il a des formes simulant les spirochætes. Quelques éléments se rattachant bout à bout, forment des chaînettes plus ou moins longues. Ce bacille se colore faiblement par les couleurs d'aniline et ne garde pas le Gram.

Il est immobile.

Il pousse seulement à l'étuve à 37°.

Il est tué à 60° pendant 5 minutes. Sa vitalité ne dépasse pas 10 jours.

Dans la gélose sucrée en couche profonde ce microbe donne des colonies régulièrement arrondies, transparentes, finement granuleuses, à bords nets. Quand les colonies sont bien espacées, elles sont assez grosses, se présentent légèrement bosselées en framboise et hérissées de fins prolongements filamenteux.

Dans le bouillon ordinaire ou sucré il ne pousse presque pas.

Ce microbe n'est pas pathogène pour le lapin, le cobaye et la souris.

Bacillus helminthoïdes (Lewkowicz). — Ce microbe, trouvé

dans la bouche du nourrisson, a la taille de la bactérie charbonneuse, à bouts plus ou moins arrondis et quelquefois en
enclume. Parfois on voit des bacilles incurvés ou en *S* italique
ou encore de longs filaments : ces derniers augmentent dans
les vieilles cultures.

Les bacilles se rattachent souvent bout à bout en formant des
diplobacilles ou des chaînettes. Il se colore toujours d'une façon
inégale, par les couleurs ordinaires de même que par le Gram.

Il est immobile.

Il pousse seulement à 37°.

Il est tué à 60° pendant 5 minutes.

La vitalité ne dépasse pas les 6-7 jours.

Il forme dans la gélose sucrée, au bout de 24 heures, des colonies ayant à l'œil nu l'aspect de fins flocons nuageux, grisâtres
et ressemblant au microscope à un paquet de mousse ayant des
bords déchiquetés et des prolongements ramifiés.

Il produit des gaz abondants qui en 24 heures fragmentent
entièrement la gélose. Les cultures ont une odeur désagréable
de beurre rance.

Le bouillon sucré devient trouble en 24 heures : dans les jours
suivants il se forme un dépôt et le liquide devient progressivement clair. Le milieu devient acide. Il pousse dans le lait
sans le coaguler.

Il est pathogène pour le lapin, chez qui il produit de petits
abcès.

Leptothrix anaerobia tenuis (Lewkowicz). — Isolé dans la
bouche du nourrisson, ce microorganisme se présente sous la
forme de filaments assez minces (0,25 de large), parfois très
longs, composés le plus souvent de segments bacillaires dans
les cultures jeunes. Les segments ont les bouts arrondis, ou
coniques, ce qui donne aux filaments une série d'épaississements
et d'étranglements.

Lewkowicz n'a pas vu de bifurcations ou de branches
latérales.

Dans les cultures plus âgées, dès le 4ᵉ jour, on voit apparaître
le long des filaments des renflements d'abord fusiformes, puis
sphériques. Ces renflements seraient des organes de reproduction (conidies). Ceci indiquerait que le microbe appartient aux
schizomycètes plus élevés en organisation.

Ces filaments colorés se présentent plutôt granuleux avec les
grains inégalement colorés; ils ne prennent pas le Gram.

Traités par l'iode les filaments, de même que les renflements sphériques prennent une coloration violette très nette.

Il ne pousse qu'à 37°.

Ce microbe est tué à 60° pendant 5 minutes.

Dans la gélose sucrée, au bout de 24 heures, il forme des colonies arrondies, blanc grisâtre, avec des bords effacés; au microscope ces mêmes colonies présentent un centre opaque, finement granuleux, à bords chevelus, composés de fins filaments flexueux.

Il pousse bien dans le bouillon sucré, qu'il trouble et qu'il modifie faiblement.

Il pousse bien dans le lait sans le coaguler.

Ce microbe est pathogène pour le cobaye qui meurt d'intoxication au bout de 4-7 jours.

Coccobacille de Veillon et Morax. — Ce coccobacille a été isolé dans le pus d'une péricystite gangreneuse.

Dans le pus, il se présente sous la forme d'un bâtonnet très court, ovoïde, souvent deux par deux ou en amas.

En culture, il présente les mêmes formes, mais souvent des éléments s'allongent et deviennent nettement bacillaires : quelques-uns de ces éléments longs portent vers le milieu un petit renflement, qui ressemble à une spore, mais qui n'en a pas les réactions chromophiles.

Il pousse facilement sur la gélose glucosée privée d'air, où il forme de petites colonies rondes, opaques, grisâtres.

Les cultures ne donnent pas de gaz en quantité notable, mais sont fétides.

Par inoculation sous-cutanée, on obtient des abcès chez le cobaye.

Bacillus nebulosus (Hallé). — Isolé la première fois dans le vagin et dans le pus des bartholinites. Ensuite isolé deux fois par Cottet dans le pus des abcès urineux.

Nous l'avons rencontré très rarement.

C'est un petit bacille de la taille de la septicémie des souris. Il se colore bien par toutes les couleurs d'aniline : il ne se colore pas par le Gram.

Il est immobile.

Les colonies dans la gélose sont nuageuses.

Il est faiblement pathogène.

Bacille neigeux (Jungano). — Isolé la première fois dans un cas de cystite et ultérieurement dans le pus d'un abcès de la glande de Cooper, il est, parmi les formes bacillaires, un des microbes qu'on rencontre fréquemment dans les infections urinaires.

Nous l'avons isolé encore dans le sang d'un urémique associé avec le staphylocoque doré et souvent dans l'urètre sain des adultes. Benédetti a isolé ce même bacille dans un cas de conjonctivite.

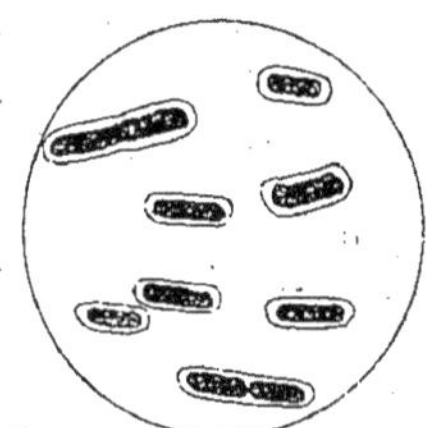

Fig. 57. — Bacille neigeux (Jungano).

Les caractères de ce microbe dans le pus sont : sa forme semblable à celle du b. perfringens et sa taille identique; ses extrémités sont légèrement arrondies; il est immobile, il se colore par toutes les couleurs d'aniline, d'une façon uniforme, et par le Gram.

Dans la gélose il commence à pousser à partir de 8 à 10 heures sous forme de petits points blanchâtres. Ceux-ci examinés au microscope à un faible grossissement donnent tout à fait l'aspect de cellules osseuses et de leurs prolongements canaliculaires. A partir de 24 heures le développement est complet dans toute la longueur du tube; jusqu'à 1 centimètre et demi de la surface libre de la gélose, formant là un anneau de plus en plus dense de colonies. L'aspect des colonies est tout à fait caractéristique : elles sont blanchâtres, irrégulières et finement arborescentes; parfois quand elles sont rares, il faut les mettre sous une incidence spéciale pour les voir : elles ressemblent tout à fait à de petits flocons de neige. Jamais il ne produit de gaz. Il se développe rapidement dans la gélose à la température de 37°, moins rapidement à 22° et dans ce cas, les colonies ne se montrent qu'après 5-6 jours et plus, exclusivement dans le tiers inférieur du tube.

Il ne se développe pas dans la gélatine.

Les propriétés chimiques de ce microbe restent inconnues, les cultures en milieu liquide n'ayant pas été obtenues.

Le bacille neigeux est assez vivace. Il ne donne pas de spores.

Il est pathogène pour le cobaye et pour le rat blanc.

CHAPITRE VI

SPIRILLES

Spirillum de Roux. — Il est en forme de virgules de 0,3 à 0,5 μ de large et de 1 à 10 μ de long.

Il est mobile et prend le Gram.

Son optimum de température est à 37°.

Il pousse très bien en agar-sérum, où il donne des colonies punctiformes au bout de 2 ou 3 jours.

Dans le bouillon avec sérum, le spirille de Roux donne un petit trouble d'abord et ensuite un dépôt.

Le lait est coagulé après 30 heures. Au 10ᵉ jour il reste seulement un petit grumeau de caséine et, au-dessus, le sérum clair qui donne la réaction du biuret.

Spirillum nigrum (Rist). — Ces microbes se présentent sous forme de petits éléments minces, à bouts arrondis, incurvés, à forme de parenthèse ou d'*S* italique. Les formes rectilignes sont rares. Examinés sans coloration, ils portent, pour la plupart, à une de leurs extrémités ou en leur milieu, parfois à l'union des deux tiers avec le tiers, un petit grain noir, qui augmente en ce point l'épaisseur apparente du microbe. La présence de ces grains paraît diminuer après un grand nombre de réensemencements successifs.

Ces spirilles sont d'une mobilité extrême. Les microbes dans leurs mouvements s'arrêtent au voisinage d'une boule d'air et laissent détacher les grains noirs. Chaque grain conservé au cours des mouvements paraît occuper une place fixe dans le corps bacillaire.

La coloration au violet de gentiane s'arrête au pourtour du bacille, à certaine distance de lui et on ne voit qu'une sorte de petit boyau pâle dans une masse de gélose colorée. D'autres fois le spirille est coloré au centre d'une gangue pâle; il apparaît alors comme un bâtonnet très mince, quelquefois droit, le plus souvent incurvé en S; il est coloré d'une manière uniforme; à une de ses extrémités on voit parfois un petit renflement (grain noir). Il est probable que la difficulté de la coloration tient à la présence des cils vibratiles.

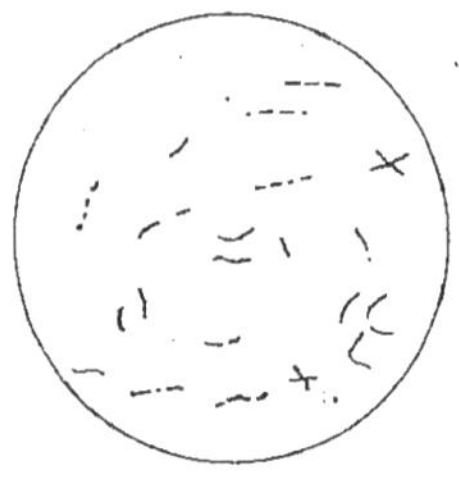

Fig. 58. — Spirillum nigrum.

Le Ziehl à froid réussit beaucoup mieux : les spirilles colorés en rouge vif ont un aspect granuleux et ressemblent beaucoup au vibrion cholérique.

La méthode de Gram les décolore entièrement.

En agar sucré en profondeur, les colonies, lorsque l'ensemencement a été abondant, commencent à apparaître au bout de 24 heures d'étuve. Elles forment un nuage grisâtre, plus développé et plus foncé au niveau de la zone limite. Au sein du nuage inférieur on voit généralement quelques amas plus denses, qui ont alors une coloration nettement noire. Les colonies bien séparées peuvent se présenter sous divers aspects... Les plus caractéristiques sont d'un noir de charbon, opaques, bien limitées, de forme ronde, ou plutôt discoïde. Elles atteignent un diamètre de 2-3 millimètres et leur développement se fait du fond vers la surface. Examinées à un faible grossissement, elles n'offrent aucun détail de structure : leur coloration reste d'un noir opaque; leurs bords sont nettement tranchés.

En gélatine sucrée en profondeur, le spirille donne, après 4-5 jours d'étuve, à 23°, des colonies généralement bien séparées, d'un noir intense, opaque, et qui ne liquéfient pas le milieu. Il y a quelquefois autour de la colonie un très fin nuage blanchâtre transparent.

Les cultures dégagent une odeur extrêmement fétide, rappelant celle de l'œuf pourri.

La vitalité de cet organisme est grande. Les colonies bien isolées ont pu être réensemencées au bout d'un mois.

Il développe très peu de gaz.

Il est pathogène pour le cobaye.

Spirillum desulfuricans (Beijerinck M. V.). — C'est un spirille court, avec peu de spirales. Il mesure 4 µ de longueur et 1 μ d'épaisseur. Le nombre des tours est 1/2 μ. — Très rarement on trouve plus d'un tour.

Il est très mobile.

Il pousse en présence d'une petite quantité de substance organique soluble, c'est pourquoi des phénomènes de réduction sont à noter dans les vieilles cultures.

Dans les colonies qui poussent en présence de sels de fer, on trouve entre les spirilles des précipités de sulfate de fer en forme de microcoques.

Beijerinck émet l'hypothèse que les spirilles morts sont comme des centres d'attraction pour le sulfure de fer, ils deviennent noirs en se renflant.

Dans les milieux liquides les spirilles deviennent toujours plus petits.

Le microbe, mal étudié, laisse ouverte une série de questions. Il serait de grande importance de savoir, si ce spirille fait fermenter seulement les sulfates, aussi bien que l'indocarmin, le lacmus, les sels de fer, les nitrates; ou bien si c'est le même ferment qui produit le dégagement d'hydrogène sulfuré ou de sulfure de fer.

Spirillum sputigenum (Miller). — Ce microbe a été cultivé pour la première fois par Mühlens qui nous donne, quoique très insuffisante, la description suivante.

Le microbe a la forme d'une demi-lune de la grandeur du vibrion cholérique.

Quelquefois on voit les spirilles réunis en forme d'*S*.

Il est mobile et ne prend pas le Gram.

Les colonies sont très délicates et ressemblent beaucoup à celles du spirochæta dentium.

Avoir en culture le spirillum sputigenum est de grand intérêt, parce qu'on a soutenu jusqu'à maintenant qu'il était une forme d'évolution du fusiformis de Vincent.

Mühlens décrit ensuite un *vibrion anaérobique de la cavité buccale*, mais le peu de caractères qu'il donne, fait très vraisemblablement croire qu'il a eu affaire au même microbe que le sputigenum.

Spirochæta buccalis (Mülhens et Hartmann). — C'est la forme la plus grosse entre les spirochætes. Il donne des spires irrégulières, grosses et plates et se présente avec les bouts effilés ou arrondis. Il a une longueur de 12 à 20 μ, une épaisseur de 1/2 à 1 μ. Il présente une membrane ondulante très bordante. Quelques auteurs croient à la présence de fibres élastiques.

Les changements de formes sont propres au sp. buccalis.

Les formes de dégénérescence sont à angle.

Il possède un cil expliqué par Hoffmann et Prowazeck comme appendice périplastique.

Spirochæta dentium (Mülhens et Hartmann)[1]. — C'est la forme la plus petite et la plus délicate de tous les spirochætes. La taille en moyenne est de 4-6 μ., mais parfois il peut atteindre une longueur de 20 μ. Il donne des formes de dégénérescence grossière qui rappellent beaucoup celles du spirochæta buccalis Il se présente parfois en chaînes de 3-5 individus.

D'autres fois il y a dans les préparations des formes courtes, qui présentent à une extrémité un renflement sphérique.

Sa longueur est de 4-10 μ.; sa largeur de 2/3 de μ.; la longueur de la spire dans le milieu de 1-2 μ. L'angle des 2 spires consécutives est de 90°; le prolongement à forme de flagelle est très fin.

Sa mobilité n'est pas sûrement établie. Les auteurs ont observé seulement des mouvements de rotation.

Le spirochæte dentium a été cultivé pendant 5 ou 6 mois dans le sérum agar, mais on peut même le cultiver dans l'ascite et agar. Son optimum de température est 37°.

Il ne donne jamais de gaz.

Les colonies apparaissent après 8 ou 10 jours, mais dans les repiquages successifs plus tôt, comme un petit trouble homogène. Alors que les colonies deviennent plus grandes, elles montrent un centre jaune obscur, mais ne sont pas granuleuses. Elles ont une certaine ressemblance avec celles de la septicémie des souris.

Les colonies en donnant des prolongements dans toutes les directions, prennent l'aspect d'une étoile de mer.

---

1. M. Repaci (travail encore inédit) a cultivé un spirochæte de la bouche, qui mérite par ses caractères d'être rapproché du treponema de Schaudinn. Ce spirochæte, anaérobie strict, d'une taille un peu plus grande que sp. dentium pousse dans la gélose sucrée profonde, en donnant des colonies petites, discoïdes, luisantes.

Il ne pousse pas dans la gélatine.

Il attaque le lactose.

Il ne donne pas de gaz; les cultures dégagent une faible odeur acétique.

Il est très mobile et ses mouvements ressemblent à ceux du spir. pallida.

Il n'est pas pathogène.

Après 2 ou 3 semaines d'étuve, les colonies ont 2 ou 3 milli-mètres de dimension. Le milieu est souvent troublé.

Dans le bouillon avec sérum, il donne un précipité qui s'attache d'abord à la paroi du verre et ensuite le milieu s'éclaircit.

Il dégage une odeur fétide comparable à celle de la sueur des pieds.

Il ne pousse jamais dans le lait, ni dans les milieux sans albumine.

Les sucres ne sont pas fermentés.

Il n'est pas pathogène même en symbiose avec le fusiformis.

CHAPITRE VII

COCCI

A. — GROUPE DES PROTÉOLYTIQUES

Streptocoque Schwarzenbeck (Graf et Wittneben). — Isolé pour la première fois dans le pus d'un abcès du cou.

Il pousse bien dans le bouillon neutre avec production de longues chaînes de 30 à 50 éléments. Chaque élément est plus petit qu'un grain du streptocoque pyogène aérobie.

Il pousse bien dans le lait en le coagulant au bout de 4 jours. Il pousse mieux dans le bouillon alcalin avec production de chaînettes de 7 à 8 éléments.

Dans la gélose il donne au bout de 4 jours des colonies blanchâtres, à bords dentelés.

Il ne se développe qu'à 37°. Dans la gélatine à 37° il pousse et la liquéfie.

Il ne donne pas d'indol.

Il produit de petits abcès chez le cobaye, le lapin, le rat par injection sous-cutanée.

B. — GROUPE DES PEPTOLYTIQUES

Micrococcus A (Grigoroff). — Grigoroff a rencontré dans les appendices malades de petits cocci isolés ou réunis en amas qui se colorent bien par les couleurs d'aniline basiques et qui prennent la coloration de Gram. Dans la gélose glucosée, des colonies apparaissent vers le troisième jour; elles sont rondes, jaunâtres, à contours réguliers.

Dans le bouillon glucosé il se développe à partir du deuxième jour, trouble le milieu, forme un dépôt blanchâtre au fond du tube.

Le bouillon devient acide. Le coccus fait fermenter le glucose, la maltose, le lactose, la lévulose, la sorbite. Il se développe bien dans le lait, qu'il coagule par acidification.

Sur gélatine sucrée il donne des colonies qui apparaissent vers le troisième ou le quatrième jour; il ne liquéfie pas le milieu.

Les cultures ne sont pas fétides.

Ce microbe n'est pas pathogène pour les animaux.

Diplococcus orbiculus (Tissier). — Cette espèce se rencontre fréquemment dans les selles de jeunes enfants. C'est un très gros diplocoque à grains réguliers bien arrondis accolés par une surface plane, deux à trois fois plus gros que le gonocoque. Dans les cultures on voit parfois un de ses grains s'allonger ou même se subdiviser en grains plus petits.

Il se colore bien par les colorants ordinaires, mais se décolore par le Gram.

Il ne pousse qu'à 37°. Sa vitalité ne dépasse guère 6 à 8 jours. Dans la gélose profonde il donne en 36 ou 48 heures de grosses colonies lenticulaires très régulières, peu épaisses, d'une coloration blanchâtre, presque transparentes.

Il ne donne jamais de gaz.

Il trouble légèrement les milieux liquides et donne au bout d'un certain temps, un dépôt grumeleux.

Il ne coagule pas le lait et n'attaque pas le blanc d'œuf cuit. Il attaque le glucose en donnant une acidité d'arrêt de 1,47 à 1,96. Son action est plus faible sur le lactose (0,49). Il n'attaque pas le saccharose. Il attaque les protéoses sans jamais donner d'indol. Il ne s'est jamais montré pathogène.

Cette espèce se rapproche beaucoup du diplococcus reniformis de Cottet. La bactérie isolée par ce dernier auteur est beaucoup plus petite, pathogène et donne des cultures dégageant une odeur désagréable.

Diploccocus magnus (Tissier). — Ce diplocoque a été isolé dans la viande de boucherie en cours de putréfaction. Il est difficile de le distinguer, dans la viande, des autres cocci. Il se présente dans le bouillon sous forme d'un gros coccus isolé ou disposé le plus souvent par paires; dans ce dernier cas, les grains sont opposés par une face aplatie. On voit aussi, disséminés dans la préparation, des amas ou de courtes chaînettes. Dans les cultures vieilles il n'est pas rare de noter des grains déformés, vésiculeux, pyriformes.

Il se colore bien par les colorants ordinaires et par la méthode de Gram.

C'est un anaérobie strict, poussant à 22° et à 37°. Sa vitalité est assez considérable. On peut le réensemencer en partant de cultures de 3 semaines.

Dans la gélose sucrée profonde, au bout de 24 heures à 37°, on voit de fines colonies s'arrêtant à 2 centimètres de la surface. Quand ces colonies sont bien séparées et bien développées, c'est-à-dire au bout de 4 à 5 jours, elles atteignent parfois un diamètre de 1 à 2 millimètres. Vues à la loupe, elles semblent formées de cercles concentriques. Le centre est épais, blanc, les zones successives sont de plus en plus claires, les bords finement découpés, la surface granuleuse. Il ne se forme pas de gaz.

Dans la gélatine, les colonies apparaissent très lentement dans le fond du tube. Elles sont plus granuleuses et comme floconneuses.

Le lait n'est pas modifié.

Le bouillon se trouble peu à peu ; au bout de 4 à 5 jours, il devient clair et laisse déposer une masse visqueuse.

L'urine se trouble au bout de 3 à 4 jours.

Les milieux contenant de la fibrine ne présentent aucune modification appréciable.

Il est sans action sur le glucose, le lactose.

Il ne donne pas d'indol.

Il dédouble l'urée en carbonate d'ammoniaque. Une urine ayant 17 gr. 93 de ce corps n'en possède plus au bout de 8 jours que 14,50.

Diploccoccus reniformis (Cottet). — Isolé la première fois dans le pus d'un abcès urineux, il a été ensuite retrouvé par Veillon et J. Hallé dans un phlegmon gangreneux à point de départ vulvaire, chez un enfant.

Ce coccus se présente sous forme de diplocoques nettement en grain de café. Il se colore assez bien par les couleurs d'aniline et se décolore par la méthode de Gram.

Par son aspect morphologique et par ses réactions colorantes, il ressemble beaucoup au gonocoque. Il se développe lentement (36-48 heures), et discrètement dans la profondeur de la gélose sucrée. Les colonies restent très fines. Vues au microscope à un faible grossissement, elles se présentent comme de petites masses lenticulaires, transparentes, limitées par des bords nets.

Les cultures en gélose sucrée restent très longtemps vivantes ; elles ont pu être repiquées avec succès après plus de 3 mois.

Il trouble le bouillon avec formation d'un dépôt floconneux ; ensuite le milieu de culture s'éclaircit.

Sur la gélose inclinée après 48 heures, il donne des colonies arrondies, fines, blanchâtres, avec un reflet légèrement bleuté, qui rappellent celles du streptocoque.

Inoculé sous la peau du cobaye, il y détermine un abcès ; on retrouve le microbe dans le pus le plus souvent libre, parfois à l'intérieur des leucocytes.

Distaso a étudié les propriétés chimiques et biologiques de ce microbe. Il n'attaque pas la gélatine, ni le blanc d'œuf cuit, et ne coagule pas le lait quoique acidifié. Il est aussi sans action sur les sucres.

Staphylococcus parvulus (Veillon et Züber). — Le staphylococus parvulus a été isolé la première fois dans les appendicites.

Le microbe isolé par Lewkowicz dans la bouche des nourrissons et décrit sous le nom de micrococcus gazogenes alcalescens anaerobius, n'a pas de caractères différentiels avec le staphylococcus parvulus. Nous concluons à leur identité.

Guillemot l'a rencontré quelquefois dans les gangrènes pulmonaires. Cottet aussi dans un nombre très restreint de cas de périurétrites.

Lippmann ne l'a retrouvé que dans un cas ; il s'agissait d'un kyste hydatique gazeux suppuré du foie.

De même Grigoroff ne l'a rencontré que rarement dans les appendices normaux et pathologiques.

Nous-mêmes ne l'avons isolé que dans de rares cas d'infection de l'appareil urinaire.

Dernièrement nous l'avons isolé associé au staphylocoque Jungano, dans les matières fécales du rat blanc.

Il s'agit d'un coccus fin, plus petit que le staphylocoque doré, en diplocoque ou en amas.

Il se colore d'une façon peu intense avec le bleu de méthylène ; il se colore mieux par le Ziehl à chaud et par le violet de gentiane. Il se décolore par le Gram.

Il pousse bien à 37° et à 22° et dans tous les milieux. Il trouble le bouillon en y formant un dépôt poussiéreux.

Il pousse dans la gélatine au bout de 8 à 10 jours sans la liquéfier ; les colonies n'ont rien de caractéristique. Il pousse rapidement dans la gélose; les colonies bien isolées les unes des autres ont une forme cuboïde.

La production de gaz est très faible et souvent nulle. Les différents échantillons isolés chez le rat blanc donnaient lieu à une production très abondante de gaz fragmentant la gélose.

Il est sans action sur les sucres suivants : dextrine, lactose. Il pousse bien dans le lait sans le modifier. D'après Tissier il attaque le glucose et faiblement le saccharose.

Il n'attaque pas le blanc d'œuf.

Il est faiblement pathogène pour le cobaye et pour le lapin, mais donne des abcès sous-cutanés.

Coccus anaerobius (Gioelli). — Isolé dans un abcès péri-utérin.

Il s'agit d'un coccus fin, plus petit que le staphylocoque doré en diplocoques ou en petits amas.

Il se colore faiblement même en faisant agir quelque temps les colorants.

Il se décolore par la méthode de Gram.

Dans la gélose sucrée en couche profonde, il donne, au bout de 2-3 jours, de petites colonies blanchâtres, rondes, à surface granuleuse, avec production abondante de gaz fétides.

Il attaque fortement le glucose, le lactose, la maltose, moins énergiquement les saccharoses et la mannite.

Il pousse dans le lait sans le coaguler.

Il ne donne pas d'indol.

Il est faiblement pathogène pour le cobaye, pour le lapin et le rat.

Staphylocoque de Jungano. — Isolé pour la première fois dans un cas de cystite, puis dans un cas d'infiltration gangreneuse du périnée. Nous l'avons retrouvé plusieurs fois dans différentes affections de l'appareil urinaire. Nous l'avons rencontré quelquefois dans l'urètre normal de l'homme et on peut dire qu'il est l'hôte presque constant de l'urètre des petites filles et des petits garçons.

Benedetti l'a isolé fréquemment dans différentes infections oculaires. Tout récemment et à plusieurs reprises Distaso l'a rencontré dans les matières fécales.

Il s'agit d'un staphylocoque à tout petits cocci, qui se colore bien par les couleurs d'aniline et par le Gram.

Ce microbe se développe bien dans la gélose glucosée; des colonies apparaissent entre 48 et 60 heures. Il pousse beaucoup plus rapidement (24-36 heures) dans les réensemencements successifs.

Au début dans la gélose, les colonies sont petites et luisantes. A complet développement il forme des colonies rondes, biconvexes, foncées au centre, plus claires à la périphérie.

Il trouble le bouillon, après 36 heures. Le bouillon s'éclaircit ensuite peu à peu, jusqu'à redevenir complètement limpide au bout d'une quinzaine de jours.

Il pousse à 22° moins abondamment. Il pousse bien au bout de 5-6 jours dans la gélatine où il donne aussi de petites colonies rondes, régulières, transparentes, luisantes. Il n'attaque pas la gélatine.

Il ne donne jamais de gaz.

Il est sans action sur les différents sucres; glucose, saccharose, dextrine, lactose.

Il pousse bien dans le lait.

Il n'attaque pas le blanc d'œuf cuit.

Sa vitalité est très prononcée. Nous avons pu, même après deux mois, faire des repiquages positifs de culture en gélose sucrée. Il est pathogène pour le cobaye et pour le lapin.

De nombreuses tentatives pour obtenir une toxine ont toutes échoué.

Streptocoque anaérobie (Sternberg). — Ce microbe a été isolé pour la première fois dans l'expectoration d'un malade atteint d'actinomycose pulmonaire.

Il s'agit de cocci ronds ou ovalaires, 2-3 fois plus gros que les éléments des streptocoques aérobies, se réunissant en chaînettes. Ce parasite se colore par les couleurs basiques d'aniline et par la méthode de Gram. Sur la gélose inclinée il donne des colonies petites, bien nettes. Dans la gélose sucrée en couche profonde, les colonies atteignent les dimensions d'une tête d'épingle. Vues au microscope elles sont rondes et à surface irrégulière. Le bouillon ordinaire reste clair avec un faible dépôt.

Dans le bouillon sucré le dépôt est très abondant.

Dans la gélatine à 22° on voit de petites colonies grosses comme têtes d'épingle; pas de liquéfation.

Dans le sérum de Lœffler on voit de petites colonies humides. Sur pommes de terre ce sont des colonies comme des petits points blanchâtres.

Inoculé au lapin par la voie sous-cutanée, il produit un petit abcès avec zones nécrotiques.

Streptococcus anaerobius micros (Lewkowicz). — Ce microbe a été retrouvé dans la bouche des nourrissons. Successivement Lippmann, l'a isolé dans plusieurs cas d'infections des voies biliaires. Jeannin l'a rencontré assez fréquemment dans les infections puerpérales. Il s'agit d'un coccus extrêmement fin, ayant 0,25 à 0,4 µ de diamètre mais de taille assez irrégulière, avec des grains parfois un peu allongés ou lancéolés.

Les grains dans les préparations provenant de la profondeur de la gélose, sont disposés surtout en diplocoques ou en courtes chaînettes.

Dans le bouillon sucré on peut obtenir des chaînettes plus longues contenant parfois plusieurs dizaines d'éléments.

Il garde le Gram.

Sa vitalité est de 2-3 semaines.

Il ne pousse qu'à 37°.

Dans la gélose sucrée en couche profonde, il donne au bout de 2-3 jours des petites colonies de 0,05-0,07 millimètres de diamètre; elles sont plus grandes vers la limite supérieure de la zone d'anaérobiose.

Ces colonies se présentent plus ou moins régulièrement arrondies, finement granuleuses, assez transparentes, lisses.

Les colonies en surface dans le vide ont, quand elles sont bien séparées, un diamètre de 0,25-0,30 millimètre au bout de 48 heures et peuvent atteindre dans les jours suivants 9,80 millimètre de diamètre.

Elles sont arrondies, transparentes, grisâtres, presque lisses, ou très finement granuleuses.

Dans le bouillon sucré se forme un dépôt pulvérulent, assez abondant, dissociable.

Le lait ne se modifie pas.

Cet espèce n'est pas pathogène.

Micrococcus fœtidus (Veillon). — Isolé dans trois cas de suppuration fétide (angine de Ludwig, bartholinite, phlegmon périnéphritique) et ensuite rencontré par J. Hallé dans le vagin à l'état sain, dans l'exsudat des rétentions placentaires, dans le pus des bartholinites, et par Rist dans les suppurations otiques.

Tandis que Guillemot ne l'a rencontré que rarement dans les gangrènes pulmonaires, Collet, au contraire, l'a isolé assez fré-quemment.

Jeannin l'a reconnu dans plusieurs cas d'infection puerpérale putride.

Lippmann l'a retrouvé dans un cas de cholécystite et ne l'a jamais isolé des voies biliaires normales.

Grigoroff ne l'a jamais constaté, ni dans les appendices normaux, ni dans les appendices pathologiques.

Jungano l'a rencontré très souvent dans l'urètre normal chez l'enfant des deux sexes et l'a même isolé dans de nombreux cas d'infection des différentes parties de l'arbre génito-urinaire.

Ce microbe si répandu se présente sous la forme de cocci isolés ou plus fréquemment de diplocoque, moins souvent en petits amas. Chaque amas ne comprend pas plus de 4 à 5 éléments; chaque élément est un peu plus gros qu'un élément du staphylocoque aérobie.

Il se colore bien par les colorants basiques ordinaires et par la méthode de Gram.

Il pousse facilement et abondamment dans le bouillon qu'il trouble.

Il pousse dans la gélatine; il donne au bout de 3 ou 4 jours des colonies petites, rondes, à contours réguliers jaunâtres, légèrement granuleuses. La gélatine n'est pas liquéfiée ; elle est fendue par de nombreuses bulles de gaz.

En gélose sucrée en couche profonde il forme des colonies rondes à contours réguliers qui n'ont rien de caractéristique.

Il pousse bien à la température de 37°, moins rapidement à la température de 22°. Il est gazogène et les gaz sont très fétides.

Il est pathogène pour le cobaye et pour le lapin; néanmoins d'autres fois les inoculations donnent des résultats négatifs.

Les élèves de Veillon, de même Lippmann auraient tendance à identifier ce microbe avec le streptocoque anaérobie rencontré dans le vagin par Menge et Krönig.

Nous sommes convaincu que ce sont des microorganismes différents. Le micrococcus fœtidus de Veillon est et reste essentiellement un diplocoque, même lorsque par hasard les cocci forment une chaînette, au maximum, de 3 à 4 éléments. Du reste, même dans ce dernier cas, les chaînettes ne ressemblent pas du tout à celles que donnent les streptocoques, soit aérobies, soit anaérobies.

BIBLIOGRAPHIE

Abel et Dracher. *Zeitschr. f. Hyg.*, 1895, Bd XIX, S. 61,

Achalme. Observations à propos du mémoire de Tissier et Martelly. *Ann. Inst. Pasteur*, 1903.

— Examen bactériologique d'un cas de rhumatisme articulaire aigu avec rhumatisme cérébral terminé par la mort. *Soc. de biol.*, juillet 1891.

— Pathogénie du rhumatisme articulaire aigu : examen bactériologique d'un cas terminé par la mort. *Soc. de biol.*, mai 1897.

— Recherches bactériologiques sur le rhumatisme articulaire aigu. *Ann. Inst. Pasteur*, 1897, 25 nov.

— Recherches sur quelques anaérobies et leur différenciation. *Ann. Inst. Pasteur*, 1902, p. 641.

Achalme et Rosenthal. Le bacillus gracilis ethylicus anaérobie strict. *Soc. de biol.*, 1906.

Adametz. *Landwirtsch. Jahrbuch.*, 1889, Bd XVIII.

Albarran et Cottet. Note sur le rôle des microbes anaérobies dans les infections urinaires. *Congr. français d'Urologie*, 1898.

— Infections urinaires anaérobies. *Congr. intern. de méd.*, Paris, 1900.

Albrecht. Ueber Infection mit gasbildenden Bakterien, *Arch. f. Klin. Chir.*, Bd LXVII, 1902.

Anischow. Zur Frage über d. Rölle der termophilen Bakterien im Darmkanal des Menschen. *Centralbl. f. Bakt.*, Bd IV.

Ankersmith. Untersuchungen über die Bakterien im Verdauungskanal des Rindes. *Centralbl. f. Bakt.*, 1905.

— Untersuchungen über d. Bakterien im Verdauungskanal des Rindes. *Centralbl. f. Bakt.*, Bd XL.

Aperlo. Contrib. allo studio sviluppo degli anaerobi nel brodo tenuto a contatto dell'aria. *Riv. l'Igiene e Sanità pubblica*, octobre 1907.

Appert. Bactériologie de la chorée rhumatismale. *Soc. de biol.*, 1898.

Areus. Eine Methode zur Plattenkultur der Anaëroben. *Centr. f. Bakt.*, vol. XXI, 1894.

Arkovi. Exper. Untersuchungen über Gangrän an der Zahnpulpa u. Wandgangrän. *Centralbl. f. Chirurg.*, 1898.

— Ueber B. gangrenae pulpae. *Centralbl. f. Bakt.*, vol. XIX, 1901.

Arloing. De l'immunité contre le charbon symptomatique. *C. R. de l'Acad. des Sciences*, 1900.

— *Arch. de méd. expér.*, vol. V.

— Étude sur la sérothérapie du charbon symptomatique. *C. R. de l'Acad. des Sciences*, 1900.

Babès. Sur la pathogénie des gangrènes pulmonaires. *Semaine médicale*, 1900, n. 5.

BACHMANN. Beitrag zur Kenntnis des B. des malignen OEdems, *Centralbl. f. Bakt.*, 1904, 1905.
— Beiträge zur Kenntnis des malignen OEdems. *Centralbl. f. Bakt.*, Bd XXXVII.
BAIER. Ueber Buttersauregährung. *Centralbl. f. Bakt.*, 2e Abth., Bd I, 1895.
BANDINI. Ricerche sulla cultivazione degli anaërobi. *Giorn. Rª Acad. di medicina di Torino*, t. XII, f. 6-7, 1906.
BANDISCH. *Berl. Illustr. Woch.*, 1898.
BANG. Ann. tarsagen til lokal Nekrose. *Maanedskrifft for Byrlaeger*, Bd II, 1890-1891.
BARTH et RIST. Pleurésie putride à microbes anaérobies d'origine biliaire. *Soc. méd. des hôpitaux de Paris*, 1899, vol. XIV.
BARTH (JOH. AMBROSIUS). *Allgemeine Pathologie*, II, Aufl. 1900.
BAUP et STANCULÉANU. La bactériologie des empyèmes des sinus de la face. *Arch. roumaines des sciences médicales*, 1900.
BECK. Zur Zuchtung anaerober Kulturen. *Centralbl. f. Anat.*, XXII, 1897.
BEHRENS J. Die Arbeit d. Bakterien im Boden u. im Dünger. *Arb. d. deutsch. Landw. Gesellsch.*, 1901, Heft LXIV.
— Untersuchungen über d. Gewinnung der Hanffaser durch natürliche Rostmethoden. *Centralbl. f. Bakt.*, Abth. II, Bd VIII, 1902.
— Die Peptingährung, in *Lafars Handbuch d. Acc. Mykologie*, Bd III, 1904, p. 269-295.
BEIJERINCK et VAN DELDEN. Ueber d. Assimilation d. freien Stickstoffes durch Bakt. *Centralbl. f. Bakt.*, Abth. II, Bd IX, 1902.
— Ueber die Bakt. di bei d. Mazeration des Leinen tâtig sind. *Arch. Neerland.*, sér. II, t. IX, 1902, p. 3.
— Over de bacterien welke by het roten van olas werkzaam ziju. *Kon Ak. van Wette Amsterdam.* — Verlag van de Gewone Vergodering der Wiener, *Natuk. Afd. v. déc.* 1903, 12.
BEIJERINCK M. W. Ueber die Butylalcolgührung u. d. Butylfermen, Amsterdam 1893.
— Les bactéries lumineuses dans leurs rapports avec l'oxygène. *Arch. Néerland.*, t. XXIII, 1889, p. 416-28.
— Sur la fermentation et le ferment butylique. *Arch. Néerland.*, t. XXIX, 1896, p. 1-69.
— Ueber die Einrichtung einer normalen Buttersauregährung. *Centralbl. f. Bakt.*, Abth. II, Bd II, 1896, p. 699.
— Les organismes anaérobies obligatoires ont-ils besoin d'oxygène libre? *Arch. Néerland.*, sér. II, t. II, 1899, p. 397-412.
— Phénomènes de réduction produits par les microbes. *Arch. Néerland.*, sér. II, t. IX, 1904, p. 130-158.
— Ueber oligonitrophile Bakter. *Centralbl. f. Bakt.*, Abth. II, Bd VII, 1901, p. 561-582.
— Ueber Atmungsfiguren beweglicher Bacterien. *Centr. f. Bakt.*, Bd XIV, 1893.
— Photobacteria asa reactive in the investigation of the chlorophyllfunction. *Ref. in Centr. f. Bakt.*, Abt. II, Bd VIII, 1902.
BEITZKE. Ueber die fusiformen Bacillen. *Sammelareferat. Centralb. f. Bakt. Ref.*, 1904.
BELENOWSKI. Zur Frage der Wirkung steriler Nahrung auf d. Darmflora. *Centralbl. f. Bakt.*, Bd XLIV, p. 322.
BENECKE W. Ueber stickstoffbindende Bakter. aus d. Golf v. Neapel. *Berl. d. Deutsch. Gesellsch.*, Bd XXV, 1907, p. 1-8.
BENECKE u. KEUTNER. Ueber stickstoffbindende Bakter. aus d. Ostsee. *Berl. d. Deutsch. Bot. Ges.*, Bd XXI, 1903, p. 333.

Benedetti. Nota preventiva sugli anaerobi dell' occhio. *Congr. oftalmologico di Parma*, 1907.

Bernhardt. Ein Fall v. Pneumathämie u. Schaumorgane, *Deutsche Med. Woch.*, 1900.

Bernheim. Ueber einen bacteriologischen Befund bei Stomatitis ulcerosa. *Centralbl. f. Bakt.*, Bd XXIII.

— Ueber die Pathogenese u. Fermentherapie der schweren Rachendiphterie, 1898.

— et Pospischill. Zur Klinik der Bakteriologie der Stomatitis ulcerosa, *Jahrb. f. Kinderheil.* Bd XLVI, 1898.

Berthelot. Recherches nouvelles sur les micro-organismes fixateurs de l'azote libre. *Comptes rendus*, t. CXVI, 1893.

Berthelot et André. Sur les matières organiques constitutives du sol végétal. *Comptes rendus*, t. CXVI, 1893, p. 667.

— Étude biochimique de deux microbes anaérobies du contenu intestinal. *Ann. Inst. Pasteur*, t. XXIII, 1909.

Besredka. De la fixation de la toxine tétanique par le cerveau. *Ann. Inst. Pasteur*, 1903.

Besson. Contrib. à l'étude du vibrion septique. *Ann. Inst. Pasteur*, 1895.

Bienstock. Anaérobies et symbiose. *Ann. Inst. Pasteur*, vol. XVI.

— Recherches sur le Putrificus. *Ann. Inst. Pasteur*, vol. XIII.

— Bacillus putrificus. *Strassburger med. Ztg.*, Bd III, 1906, Heft IV, p. 107-112.

— *Id.*, *Ann. Inst. Pasteur*, t. XX, 1906, p. 407-415.

— Ueber die Bacter. der faeces. *Zeitschr. f. Hyg.*, vol. VIII, 1885.

— Untersuchungen über die Aetiologie der Eiweissfaülnis., *Archiv f. Hyg.*, vol. XXXVI-XXXIX.

— Recherches sur la putréfaction, *Ann. Inst. Pasteur*, vol. XIII.

Biffi. Semina e cultura degli anaerobi obligati nel vuoto. *Soc. Med. Chirurgica di Bologna*, 1907.

— Aussaat u. Zuchtung der obligaten Anaeroben in luftleeren Raum. *Centralbl. f. Bakt.*, Bd XLIV, p. 280.

Blau. Ueber die T. maxime der Sporenkeimung. *Centralbl. f. Bakt.*, 1905, s. 97.

Blücher. Methode zur Plattenkultur anaerober Bäkt.. *Deutsche Zeitschr. f. Hyg.*, Bd VIII, 1890.

Bolognesi. Die Anaërobien der Fränkelschen Diplococcus in Beziehung zu seinen neuen pathogenen Eigenschaften, *Centralbl. f. Bakt.*, Bd XLIII, p. 113.

Bombicci. Nuova fiala per culture anaërobiche in piastra. *Ref. in Centr. f. Batk.*, Bd IV, 1898.

Boni J. Sopra un caso di setticemia dell'uòmo di origine probabilmente tonsillare. *Clin. Med. Ital.*, 1902.

Bordet. Une méthode de culture des microbes anaérobies. *Ann. Inst. Pasteur*, t. XVIII, 1904.

Botkin. Ueber einen Bacillus butyricus. *Zeitschr. f. Hyg.*, Bd II, 1891.

— *Id.*. Bd XI, 1892, p. 421-435.

— Eine einfache Methode zur Isolierung anaerober Bakt. *Zeitsch. f. Hyg.*, Bd XIX, 1891.

Braatz E. Einiges über Anaërobiose. *Centr. f. Bakt.*, Bd XVII, 1895.

Bredemann G. Regeneration der Fahigkeit zur Assimilation von freiem Stickstoff des bac. amylobacter A. M. et Bredemann und der zu dieser Species gehorenden bisher als Granulobacter, Clostridium us. w. bezeichneten anaëroben Bakterien. V. M., *Berl. d. Deutsch. Bot. Gesellsch.*, Bd XXVI, 1900, p. 362.

— Untersuchungen über die Variation und d. Stickstoffverbindungsvermögen des Bac. asterosporus A. M., ausgeführt au 27 Stammen verschiedener Herkunft. Ein Beitrag zur speciesfrage des Bakterien. *Centralbl. f. Bakt.* Abth. II, Bd XXII, 1908, p. 44.

BREDEMANN (G.). Bemerkungen zu Hans Pringsheim : zur Regeneration des Stickstoffbindungs vermögens von Clostridien. *Berl. d. Deutsch. Bot. Gesellsch.*, Bd XXVI, 1909, p. 795.

— Die Regeneration des Stickstoffbindungs vermögens der Bakterien. *Centralbl. f. Bakt.*, Abth. II, Bd XXIII, 1909, p. 41.

— Bacillus amylobacter A. M. et Bredemann. *Centr. f. Bakt.*, Abth. II. Vol. 23.

BRIEGER et KEMPNER. *Deutsche med. Woch.*, 1897, 33.

BRINDEAU et MACÉ. Sur les anaérobies dans l'infection puerpérale. *Congr. intern. de méd.*; Paris, 1900.

BRUM (M.-V.). Ueber Peritonitis. Zusammenfassendes Referat über Peritoneum Litteratur d. Jahres 1885-1900, *Centralbl. f. Bakt.*, 1905.

BRUNNER C. Weitere klin. Beobachtungen über Aetiologie u. Klin. Therapie der Magenperforation u. Magenperitonitiden. *Bull. Klin. Chir.*, vol. XL, 1903.

BUCHNER HANS. Eine neue Methode zur Kultur anaerober Mikroorganismen. *Centralbl. f. Bakt.*, vol. IV.

— Untersuchungen über d. niederen Pilze. *A. A. pflanzen-physiol. Inst. in München*, v. prof. Nägeli, 1881, p. 140.

— *Zeitschr. f. phis. Chem.*, 1885.

BUDAY K. Zur Pathogenese der gangränosen Mund u. Rachenentzundungen. *Zieglers Beitrag zur path. Anat.*, 1905, Bd XXXVIII.

— Zur Kenntnis der abnormen postmortalen Gasbildung, *Centralbl. f. Bakt.*, Bd XXVI, p. 369.

BUENCHMANN. Études expér. sur le charbon symptomatique et ses relations avec l'œdème malin. *Ann. Inst. Pasteur*, 1894.

BULLOCH W. A simple gyaratus for obtaining plateo cultures or surface growths of obligat anaérobes. *Centr. f. Bakt.*, Abt. I, Bd XXVII, 1900.

BURRI. Zur Isolierung von Anaëroben, *Centralbl. f. Bakt.*, Abt. II, vol. VIII, 1902.

— Zur Isolierung des malignen Œdems. *Centralbl. f. Bakt.*, Abth. II, Bd VIII, 1903.

— Intramolekuläre Atmung, Anaërobiose und Mikroaërophilie. *Centr. f. Bakt.*, Abt. II, Bd VIII, 1902.

BURRI et KURSTEINER. Ein experimenteller Beitrag zur Kenntnis der Bedeutung des Sauerstoffentzuges für d. Entwickelung obligat anaerober Bakterien. *Centralbl. f. Bakt.*, t. XXI, p. 10-12, 1908.

CARRIÈRE. *Soc. de biol.*, 1898.

CASSACT. Un cas de symbiose pleurale. *4e Congrès franç. de méd.*, Montpellier, 1896.

CERRITO. Nuovo metodo per la colorazione delle ciglia dei batteri. *Annali d'Igiene sperimentale di Roma*, 1903.

CHABERT. Traité du charbon ou anthrax des animaux. Th. de Paris, 1790.

CHAILLONS. Deux cas d'infection traumatique du globe oculaire par un microbe anaérobie (B. perfringens). *Annales d'oculistique*, août 1905.

CHIARI. Zur Bakteriologie des peptischen Emphysem. *Prag. med. Woch.*, 1903, t. 1.

CHUDIAKOCO. Zur Lehre von der Anaërobiose. *Bef. in Centr. f. Bakt.* Abt. II, Bd IV, 1898.

COHENDY. Bouillon intestinal pour l'isolement et l'étude des anaérobies stricts et facultatifs de l'intestin. *Soc. de biol.*, 1907, p. 649.

CONRADI. *Munch. mediz. Woch.*, 1905, vol. XLV-XLVI.

COOK. Bacteriological investigations on pulp. gangrene. *The Dent. Review*, 1899.

Cottet. Recherches bactériologiques sur les suppurations périurétrales, Th. de Paris, 1899.

— Le micrococcus reniformis. *Soc. de biol.*, 1900.

— Note sur un micrococcus strictement anaérobie, trouvé dans les suppurations de l'appareil urinaire. *Soc. de biol.*, p. 421, 1900.

— Recherches sur les suppurations péri-urétrales. Thèse de Paris, 1899.

Cottet et Duval. Note sur un cas de suppuration prostatique et périnéale avec présence dans le pus d'un microcoque strict anaérobie. *Ann. org. génito-urin.*, 1900.

Courmont. Rôle des associations microbiennes dans les pleurites putrides gazeuses. *4° Congrès franç. de méd.*, Montpellier, 1898.

Courmont et Cade. Sur une septico-pyoémie de l'homme simulant la peste et causée par un strepto-bacille anaérobie. *Arch. méd. expér.*, vol. II, p. 393.

Creite. Zum Nachweis von Tetanus bacillen der Organe des Menschen. *Centralbl. f. Bakt.*, 1904.

Crithari. De la culture du bacille butyrique. *C. r. Soc. biol.*, 1908, 2 mai.

Czapek. Untersuch. über d. Stickstoffgewinnung u. Eiweifsbildung der Schimmelpilze. *Hofmeisters Beitr.*, Bd II, 1902, p. 557.

Dansauer. Beitrag zur Kenntniss der Gasgangrän. *Munch. med. Woch.*, 1903, n° 3.

Davenport. Statistical methods with special reference to biological variation, New-York, 1899.

De Gaetano. Due casi di gangrena gassosa determinati da due aerobi. *Il Tommasi*, 1906.

De Grandi. Beobachtungen über die Geisseln des tetanus bacillus. *Centralbl. f. Bakt.*, 1903.

Demagistris. Sulla ricerca del bacillo del tetano nelle ferite infette. *Bollettino della Soc. tra cultori delle Scienze Mediche e Naturali*, Cagliari, 1907.

Detre et Sellei. Die hämolytische Wirkung des Tetanusgiftes. *Wien. klin. Woch.*, 1909.

Dieulafoy. Sur un cas de gangrène foudroyante de la verge. *Clinique médicale de l'Hôtel-Dieu*, 1906.

Dineur. Une épidémie de botulisme au fortin 6 à Anvers. *Travail du laboratoire du bactériologie de l'hôpital militaire d'Anvers*, Bruxelles, 1897.

Dmitriewsky. Recherches sur les propriétés antitétaniques des centres nerveux de l'animal immunisé. *Ann. Inst. Pasteur*, 1903.

— Sulla ricerca del bacillo del tetano nelle ferite infette. *Bolletino della Soc. tra cultori delle Scienze Mediche e Naturali*, Cagliari, 1907.

Doleris. Étiol. et nature des infections puerpérales. *Congr. intern. de Méd.*, Paris, 1900.

Dremo. Vereinfachtes anaërobes Plattenverfahren. *Centr. f. Bakt.*, Bd 341, 904.

Drossbach. Methode der bakteriologischen Wasseruntersuchung. *Ref. im Centr. f. Bakt.*, Bd XV, 1894.

Du Buchet. Recherches bact. sur quelques cas d'affections utérines. Th. de Paris, 1897.

Duclaux E. *Le lait*, Paris, 1887.

— Sur la nutrition intracellulaire, *Ann. de l'Inst. Pasteur*, t. IX, 1895, p. 811.

— Sur le dosage des alcools et des acides volatils. *Ann. Inst. Pasteur*, t. IX, 1895, p. 265-281.

Dujon. Études sur la glande vulvo-vaginale et ses abcès, Th. de Paris, 1897.

Eisenberg. Sur les leucocidines des anaérobies. *Soc. de biol.*, 1907, 16 mars.

— Sur la toxine du charbon symptomatique. *Soc. de biol.*, 13 avril 1904.

— Sur les hémolysines des anaérobies. *Soc. de biol.*, 1907, 23 mars.

ELLERMANN V. Ueber die Cultur der fusiformen Bacillus. *Centra.bl. f. Bakt.*,
    Bd XXXVII, S. 729.
— Einige Fälle von bacterieller Nekrose beim Menschen. *Centralbl. f.
    Bakt.*, Bd XXXVIII, 1905.
EMMERLING O. Butylalkoholischen Gährung. *Ber. d. Deutsche chem. Ges.*
    1897, n° 4.
— Id., 1896, Bd XXV.
— Ein einfacher und zuverlassiger Anaërobenapparat. *Hyg. Rundschau*
    Jahrg., XIV, 1904.
EPSTEIN. Ein einfacher Verfahren zur züchtung anaërober Bakter. in Dop-
    pellschalen. *Centr. f. Bakt,*, Bd 28, 1900.
ERMENGEM (VAN). Untersuchungen über einen Falle von Fleischvergiftung
    mit Symptomen von Botulismus. *Centralbl. f. Bakt.*, Bd XIX, S. 442.
— Ueber einen neuen anaeroben Bacillus u. seine Beziehung zum Botu-
    lismus. *Zeit. f. Hyg.*, Bd XXVI, 1897.
ERNST. Ueber Nekrosen u. Nekrose-bacterien. *Inaug. Diss.*, Bern, 1902.
— Ueber einen gasbildenden anaeroben in menschlichen Körper u. seine
    Beziehung zu Schaumorganen. *Virch. Arch.*, vol. CXIII, p. 308.
ESCHERICH. Ueber Darmbakterien im allgemeinen u. derj. der Saüglinge im
    besonderen sowie die Beziehungen der letzteren zur Aetiologie der
    Darmerkrankungen. *Centralbl. f. Bakt.*, Bd I, 1887, S. 703.
ESMARCH V. Ueber eine modification des Kochschen Plattenverfahrens, etc.
    Zeitschr. f. Hyg., Bd I, 1886.
EWELL. A form of apparatus and method of manipulation for the prepa-
    ration of roll cultures of anaerobic organisms. *Centralbl. f. Bakt.*, II
    Abt., vol. III, 1897.

FARLAND J. M. Eine einfache Methode zur Bereitung von Tetanos Toxinen.
    Centr. f. Bakt., Bd XIX.
FAVA. Recherches sur la microbiologie et la parasitologie des cils. *Ann.
    d'oculistique*, août 1908.
FEHRS, SACHS et MUCKE. Beitrag zur Dichtung u. Isolierung v. Anaerobien.
    Centralbl. f. Bakt., 1908.
FERMI CL. et BASSU. Untersuchungen über Anaerobien. *Centralbl. f. Bakt.*,
    Bd XXXV, S. 563, 712.
— Weitere Untersuchungen über Anaërobiose. *Centr. f. Bakt.*, Bd 38,
    1905.
FERRAU. Ueber d. Verwendung d. Acetylens bei d. Kultur anaërober Bakte-
    rien. *Centr. f. Bakt.*, Abt. I, Bd 24.
FIELD. Period of the greatest accumulation of tetanus toxine and broth
    culture. *Proceed. of the New-York path. Society*, 1904.
FISCHER A. Vorlesungen über Bakterien, *Jena*, 1903.
FISCHER HUGO. Ueber Stickstoffbacterien. *Verhandl. d. naturhist. Verenis d.
    preus. Rheinhana, Westphalens ect. Jahrg.*, LXVII, 1905, p. 135.
— Ein Beitrag zur Kenntnis der Lebensbedingungen von stickstoffsamm-
    lungen Bakter. *Centralbl. f. Bakt.*, Abth. II, Bd XIV, 1905, p. 33.
— Ebenda, Bd XV, 1906, p. 325.
FITZ. Ueber Spaltpilzgährungen. *Deutsche chem. G.*, 1882, Bd XV, S. 867.
FLEXNER. Pneumotorax from gaz producing Bacteria. *Montreal med. Journ.*,
    1899.
FLEXNER et NOGUCHI. The effect of eosin upon tetanus toxin and upon
    tetanus on, etc., etc. *Journ. of exper. med.*, t. VIII, f. 1, 1906.
FLUEGGE. Die Mikroorganismen, 1896.
— Die Aufgaben u. Leistugen der Milchsterilisierung gegenuber den
    Darmkankreiten der Säuglinge. *Zeitschr. f. Hyg.*, Bd XVII, 1894.

Foa G. Alcune osservazione sull' anaerobiosi. *Annali d'Igiene sperimentale*, 1908.

Forssmann. Studien über die Antitoxinbildung bei aktiver Immunisierung gegen Botulismus. *Centralbl. f. Bakt.*, 1905, p. 463; *Ann. Inst. Pasteur*, 1908, p. 477.

Franchini et Lotti. Alcune considerazioni sull' azione antiputrida del Gioddu. *Riforma medica*, 1908.

Franke. Der Nekrobac. als Krankheitserreger bei unseren Haustieren. *Berl. Tierart. Woch.*, 1899.

Frankland. Ueber d. Einfluss d. Kohlensaure u. anderer Gase auf. d. Entwikelungsfähigkeit d. Mikroorganismen. *Zeitschr. f. Hyg.*, Bd VI, 1889.

— Die Bakteriologie in einigen ihrer Beziehungen zur chem. Wissenschaft. *Centr. f. Bakt.*, Bd 15, 1894.

— Die Eniwirkung der Kohlensäure auf die Lebenstätigkeit der microorganismen. *Zeitschr. f. Hyg.*, Bd V, 1889.

Fränkel A. Ueber einen Fall von Gastritis acutae emphysematosae wahrscheinlich mykotischen Ursprungs. *Virchows Arch.*, 1888.

— Ueber putride Pleuritis. *Charité Annalen*, 1877; *Berl. klin. Woch.*, 1879.

— Ueber d. Kultur anaerober Mikroorganismen. *Centralbl. f. Bakt.*, Bd III, 1888.

Fränkel E. Ueber den Erreger der Gasphlegmone. *Münch. med. Woch.*, 1890.

— Ueber Gasphlegmone. Hamburg, 1893.

— Ueber Aetiologie der Gasphlegmone. *Centralbl. f. Bakt.*, vol. XIII.

— Ueber Gasphlegmon. *Zeitschr. f. Hyg.*, vol. XL, 1902.

Freudenreich. Sur la présence du b. butyrique et d'autres anaérobies morts dans les fromages à pâte ferme. *Centralbl. f. Bakt.*, 1903; *Ann. Inst. Pasteur*, 1904, p. 207.

— Ueber d. Vorkommen der streng anaëroben Buttersäurebacilleu u. über andere Anaërobenarten bei Hartkäsen. *Centr. f. Bakt.*, Abt. II, Bd II, 1904.

Freudenreich (v.) u. Jensen. Ueber die in Schabzieger käse stattfindende Buttersäuregährung. *Centralbl. f. Bakt.*, Abth. II, Bd XVII, 1906.

— Id., *Landwirtsch. Jahrbuch der Schweiz. Jahrgang*, XX, 1906, p. 312.

Friedemann J.-C. On the anaërobie bacteria of the intestines. *Transactions of the Chicago path. Society*, vol. LXVIII, p. 524.

Friedrich. Zur bacteriellen Aetiologie u. zur Behandlung der diffusen Peritonitis. *Arch. klin. Chir.*, vol. LXVIII, p. 524.

Frosch. *Zeitschr. f. Hyg.*, Bd XIII.

Fuchs. Ein anareober Eiterungserreger. *Journ. zur Ninert. Greifswald*, 1890.

Fusco. Sulla colorazione delle ciglia batteriche. *Nuova Rivista Clinico-terapeutica di Napoli*, Anno X, n° 3, 1907.

Gabritschewskz G. Zur Technik der bakteriologischen Untersuchungen. *Centr. f. Bakt.*, Bd X, 1891.

Galvagno e Calderini. Una modificazione dell' apparecchio di Bordet per la cultura degli anaerobi. *R^a Accad. di Medicina di Torino*, 15 febbraio 1907.

Garnier et Simon. L'infection du sang par les bactéries de l'intestin. *Presse méd.*, n° 53, 1909.

— Sur la septicémie chez les lapins soumis au régime carné. *Soc. de biol.*, p. 666, 1908.

— Septicémies à microbes anaérobies au cours de divers états défectueux. *Soc. méd. des hôpitaux*, 18 oct. 1907.

Gasching. La putréfaction du lait. Th. de Paris, 1903.

Gaudiani. Ricerche dei germi anaerobi nelle suppurazioni. *Ann. d'Igiene sperim.*, 1907.

GAUDIANI. Dell' importanza etiologica del bacillo di Welch-Fränkel nei flemmoni ed ascessi gassosi. *Ann. d'Igiene sperim.*, 1908.

GERSTNER. Beiträge zur kenntnis obligat. anaerober Bakterienarten. *Arbeiten aus d. bakt. Institut der technischen Hochschulé zu Karlsruhe*, Bd I, 1894.

GHON u. MUCHA. Beiträge zur Kenntnis der anaeroben Bakterien des Menschen. *Centralbl. f. Bakt.*, Bd XXXIX, S. 497, 641; Bd XL, S. 37.

— Beiträge zur Kenntniss des anaeroben Bact. des Menschen. Zur Etiologie des perinephritischen Absesses. *Centralbl. f. Bakt.*, Bd XLII, S. 406, 495.

GHON, MUCHA u. MUELLER. Zur Aetiologie der Acuten Meningitis. *Centralbl. f. Bakt.*, vol. XLI.

— Zur Aetiologie der perinefritischen Abscesses. *Centralbl. f. Bakt.*, vol. XLII.

— Beiträge zur Kenntnis der anaeroben Bakterien des Menschen. *Centralbl. f. Bakt.*, Bd XLI.

GHON u. SACHS. Zur Aetiologie des Gasbrandes. *Centralbl. f. Bakt.*, S. 6-7, 1903.

— Beiträge zur Kenntnis der anaeroben Bakterien d. Menschen. *Centralbl. f. Bakt.*, Bd XXXIV, XXXV.

GILBERT et LIPPMANN. Note sur la bactériologie des ascites. *Soc. de biol.*, 1906.

— Le microbisme pancréatique normal. *Soc. de biol.*, 1904.

— Le microbisme normal de l'appendice. *Soc. de biol.*, 24 mars 1906.

— Le microbisme biliaire normal. *Idem*, 1903.

— Bactériologie des cholécystites. *Soc. biol.*, 1902, n° 30.

— Septicémie anaérobique au cours de la gangrène sénile. *Soc. de biol.*, 15 décembre 1906.

— Le microbisme salivaire normal. *Soc. de biol.*, 1904.

— Note sur la bactériologie des abcès tropicaux du foie. *Soc. de biol.*, 30 nov. 1907.

— Contrib. à l'étude bactér. des calculs biliaires. Rôle des micr. anaér. *Soc. de biol.*, p. 405, 1907.

— Le microbisme salivaire. *Soc. de biol.*, 1904, 27 février.

— Sur un cas de néphrite à microbes anaérobies. *Soc. de biol.*, 6 juillet 1907.

GIOELLI. Di un particolare bastoncello anaerobio obligato riscontrato in una raccolta purolenta di pelio cellulare. *Boll. Accad. med. di Genova*, 1907.

— Infezioni puerperali : studio bacteriologico chimico in rapporto all eziologia e. terapia. *Arch. italiano di Ginecologia*, n°ˢ 9, 10, 12, 1908.

— Studio sulla flora batterica patogena della cavità uterina nelle cerviciti, endometriti escluse le infe. puerp. acute. *Arch. it. di Ginec.*, 1907.

GIRARDI. Ricerche del meccanismo per cui si ottengono culture di batteri anaerobi col miscuglio di brodi di succo di organi parenchimali in presenza dell' aria. *Riforma Medica Napoli*, 1907.

— Ricerche sul metodo di Tarozzi. *Rif. med.*, 1907, n° 38.

GOADHY. Microorganisme in dental caries. *Transact. of Dental Society*, 1899.

GOBIET. Ein schwerer Fall von traumatischem Tetanus, geheilt durch Dural-infusion von Behringschem Tetanusserum. *Wien. klin. Woch.*, 1904.

GOEBEL. Ueber den Bacillus der Schaumorgane. *Centralbl. f. path. Anatomie*, Bd VI.

GOMÈS DE FARIA. Carbunculo symptomatico. *Dissertaçao inaugural*. Rio de Janeiro, 1908.

GOULD. A case of malignate œdema. *Ann. of Surgery*, oct. 1903. *A. Inst. Pasteur*, 1904, p. 256.

Gourand. Infection puerpérale, gangrène pulmonaire par microbes stricte-
ment anaérobies. *Soc. de biol.*, 1903.
— Gangrène pulmonaire puerpérale par microbes strictement anaérobies.
Presse méd., 1905, p. 748.
Graf et Wittneben. Streptokokken anaër. *Centralbl. f. Bakt.*, 26-6, 1907,
p. 97.
Grassberger. Ueber Anpassung u. Vererbung der Bakterien. *Arch. f. Hyg.*,
vol. LIII, 1905.
Grassberger u. Passini. Ueber d. Bedeutung der Jodreaktion für d.
bakteriologische Diagnose. *Wiener klin. Woch.*, 1902, n° 1.
Grassberger u. Schattenfroh. Morphologie des Rauschbrand bacillus
und des OEdem bacillus. *Arch. f. Hyg.*, 1909.
— Ueber Buttersäuregährung. I Abhandl. *Arch. f. Hyg.*, Bd XXXVII, S. 42,
48, 1900.
— Ueber Buttersäuregährung. II Abhandl. *Arch. f. Hyg.*, Bd XLII, 1902,
p. 219-65.
— Ueber Buttersäuregährung. III Abhandl. *Arch. f. Hyg.*, Bd XLVIII, 1904,
p. 1-106.
— Ueber Battersäuregährung. IV Abhandl. *Arch. f. Hyg.*, Bd XL, 1907,
p. 40-78.
Grimbert. Fermentation anaérobie produite par le bacillus orthobutylicus,
ses variations sous certaines influences biologiques. *Ann. Inst. Pasteur*,
1893, p. 353.
Grigoroff. Contrib. à la pathogénie de l'appendicite. Th. de Paris, 1905.
Grixoni. Tetano ed iniezioni ipodermiche di chinino. *Gazetta degli ospedali
e delle cliniche*, 1905.
Gruber Max. Eine Methode der kulturen anerobischer Bakt. *Centralbl. f.
Bakt.*, Bd I, 1887.
— Eine methode zur morphologie der Buttersäuregährung. *Centralbl. f.
Bakt.*, Bd I, 1897.
Grunert. Mittelhor Wazenfortsatz u. intracranielle Komplicationen der
otitis. *Ergeb. d. allgem. Pat. u. pat. Anat. v. Lutarsch u. Ostergat.*,
vol. VIII, 1902.
Guillemard. *Ann. Inst. Pasteur*, 1906.
Guillemot. Recherches sur la gangrène pulmonaire. Th. de Paris, 1898.
Guillemot, Hallé et Rist. Recherches bactériologiques et expérimentales
sur les pleurésies putrides. *Arch. de méd. expér.*, 1904.
Guillemot et Szchawinska. Rôle des substances réductrices dans la
culture des anaérobies en présence de l'air. *Soc. de biol.*, 1er février
1908.
— *Soc. de biol.*, Paris, 1906, 28 avril.
Gunning J. W. Ueber d. Lebensfahigkeit der Spalfpilzebei fehlendem Sauer-
stoff. *Journ. für prakt. Chemie N. F.*, Bd XX, 1879.

Habrel J. Zur Frage der Züchtung anaerober Bakterien. *Centralbl. f. Bakt.*,
Bd XXV, 1899.
Hallé. Recherches sur la flore du canal génital de la femme. Th. de Paris,
1898.
Hallé J. Phlegmon gazeux développé au cours de la varicelle. *Bull. de la
Soc. de Pédiatrie de Paris*, mai 1909.
Hallé et Bacaloglu. Sur la présence des microbes strictement anaérobies
dans un kyste hydatique du foie. *Arch. de Méd. expér. et d'Anat.
pathol.*, 1900.
— Sur la présence de microbes strictement anaérobies dans un kyste
suppuré du foie. *Arch. de Méd. expér.*, 1900.

Hallé et Guillemot. Un cas de pleurésie putride monomicrobienne. *Bull. de la Soc. de Pédiatrie de Paris*, 1902.

Hamilton. Pnemothorax, its etiology, symptoms and signs. *Montreal med. Journ.*, 1898.

Hammerl. Ein Beitrag zur Züchtung der Anaeroben. *Centralbl. f. Bakt.*, 1901, 1902, vol. XXX, XXXI.

— Zur Züchtung der Anaëroben. *Centr. f. Bakt.*, Abt. I, Orig. Bd 31. 1902.

Harras P. Zur Frage der anaëroben Züchtung sogen. oblig. anaërob. Bakterien. *Münch. Med. Woch.*, n° 46, 1900.

Harris N. A preliminary report upon a hitherto undescribed bacillus. *Journ. of Boston Soc. of med. Science*, vol. V, p. 376.

— A preliminar report upon a hitherto undiscribed bacille. *Journ. of the Boston Society of Med. Science*, vol. V, p. 376.

Harrisson F. C. Note on a method of cultivating anaërobie bacteria. *Ref. in Kochs Jahresber. Jahrg.*, XIII, 1902.

Hartmann et Roger. Contrib. à l'étude bactériologique des cystites. *Presse médicale*, 1902.

Hartmann et Mignot. Note sur la suppuration gangreneuse des fibromes indépendants de la cavité utérine. *Ann. de Gynécologie*, 1896.

Haselhoff E. Die Stickstoffenreichung des Bodens durch freilebende Bakterien. *Journ. f. Landw.*, 1908.

— Versuche über die Eniwirkung schwefliger Säure auf kupferhaltigen Boden. *Mitteilungen der landwirtschaftlichen Versuchsstation in Marburg : Intern. phitopatholog. Dienst. Jahrg.*, I, 1908, p. 73.

Haselhoff und Bredemann. Untersuchungen über anaerobe stickstoffsammellnde Bakterien. *Landwirtsch. Jahrb.*, Bd XXXV, 1906, p. 381, 414.

— Untersuchungen über Konservenverderber. *Ebenda*, Bd XXXV, 1906, p. 414-444.

Hasemann. Der Fränkelsche Gasbacillus als Erreger lokaler Hautnekrose ohne Gasbildung in Vieversuch. *Centralbl. f. Bakt.*, I, 1907.

Heinick. Beitrag zur Kenntnis der Bakterien flora des Schweinedarmes. *Berl. Tierarztl. Woch.*, n° 9, 1903.

Heiwricius. Exp. Untersuch. über d. Einwirkung des B. arogenes capsulatus (B. perfringens) auf d. Schleimhaut d. Gebärmutter u. d. Schere. *Arch. f. Gynäkologie*, 1908, t. I.

Hesse. Ein neues Verfahren zur Züchtung anaerober Mikroorganismen. *Zeitschr. f. Hyg*, Bd XI, 1892.

— Ueber Züchtung der Bacillen des malignen OEdems. *Deutsche med. Woch.*, 1885.

Hewlett. Notes on the cultivation of the tetanus bacillus and other bacteriological methods. *Centr. f. Bakt.*, Bd XVI, 1894.

Heyde. Contrib. à l'étude de la gangrène gazeuse : un cas d'abcès du cerveau produit uniquement par des microbes anaérobies. *Beitrage zur klin. Chir.*, 1908, t. LXI.

— Ueber die Bedeutung anaerober Bakterien bei der Appendicitis. *Med. klinik.*, 1908, t. IV, n° 44.

Hibler (E. von). Zur kenntnis der durch anaerobe Spaltpilze erzeugten Infektionskrankheiten, etc. *Centralbl. f. Bakt.*, Bd XXV, 1899.

— Untersuchungen über d. pathogenen Anaeroben, gr. in-8°, 436 p., G. Fischer. Iena, 1908.

Hoffmann E. et Prowaseck S. Untersuchungen über die Balanitis u. Mundspirochäten. *Centralbl. f. Bakt.*, 1906, Bd XLI.

Hohlbeck. Ein Beitrag zum Vorkommen des Tetanus bacillus ausserhalb des Bereiches der Infektionstelle beim Menschen. *Deutsche med. Woch.*, 1903.

Holmsen F. Ein Fall von bösartiger Puerperalinfection auf einem

gasentwickelungen anaeroben Bacillus beruhend : « Gasgangrän ».
Baumgartens Jahresb., LXIV, p. 410.

HOLLINGER W. Bakter. Untersuchungen über Mehlteiggährung. *Centr. f. Bakt.*, Bd I, IX, 1902.

HOPPE-SEYLER. *Ber. Ch.* Gessel, vol. XVI.

HOWARD W. T. Acute fibrino-purulenta Cerebrospinal Meningitis. *Bull. of the Johns Hopkins Hospital*, vol. X, 1899.

— A contribution to the knowledge of the B. aërogenes capsulatus. *John Hopkins Hospital reports*, vol. IX.

HÜFNER. Ueber die Möglichkeit der Auscheidung von freiem Stichgas bei der Verwesung stickstoffhaltiger organischer Materie. *Journ. f. prakt. Chemie*, N. S., vol. XIII.

— Ueber eine neue einfache Versuchsform zur Entscheidung der Frage ob sich niedere Organismen bei Abwesenheit von gasförmigem Sauerstoff entwickeln können. *Journ. f. prakt. Chemie*, Bd XIII, 1876.

HUNZIKER O. F. Revicro of escisting methods for cultivating anaërobic bacteria. *Journ. of applied microskopy and laboratory methods*, vol. V, Nr. 3, 1856.

HUTSCHMANN J. et LINDENTHAL O. TH. Ueber die Gangrène foudroyante. *Dtr. der Kais. Acad. d. Wissensch. in Wien*, 1899.

IGNATORRSKY. Zur Frage vom Verhalten verschiedener Gewebe des tierischen Organismus gegen das Tetanusgift. *Centralbl. f. Bakt.*, I, orig., t. XXXV, 1903.

IKONNIKOFF. Passage des microbes à travers la paroi intestinale dans l'étranglement expérimental. *Soc. de biol.*, 30 janv. 1909.

JACOBITZ. Die Sporenbildung des Milzbrandes bei Anaërobiose bei Züchtung in reiner Stickstottatmosphäre. *Centr. f. Bakt.*, Bd XXX, 1901.

JACQUÉ. Démonstration des plaques de Stüler pour la culture d'anaérobies. *Congrès intern. d'Hyg. et de Démogr.*, Bruxelles, 1903, A. Inst. Pasteur, 642.

— A propos de l'agent de la fermentation butyrique décrit par Schattenfroh. *Centr. f. Bakt.*, Bd 36, 1907.

JAKOBSON. Contribution à l'étude de la flore normale des selles du nourrisson. *Ann. Inst. Pasteur*, 1908.

JAKOWSKI. Zur Aetiologie der Brustfellentzündung. *Zeitschr. f. klin. Mediz.*, vol. XX.

JEANNIN. Recherches bactériologiques de l'utérus dans ses rapports avec le traitement local de l'infection puerpérale. *Bull. de la Soc. d'obst. de Paris*, 1907.

— Infection utérine des lochies et gangrène pleuro-pulmonaire consécutive; *Bull. Soc. d'obst. de Paris*, 1904.

— De la flore microbienne de la bouche du nourrisson. *Soc. d'obst. de France*, 1904.

— Des infections amniotiques du nouveau-né. *Rapport à la Soc. obst. de France*, 1905.

JENSEN. Die von Nekrosenbac. hervorgerufen Krankheiten. *Kolle u. Wassermann*, Bd II.

— Studien über die flüchtigen Fettsäuren im Käse nebst Beiträgen zur Biologie der Käsefermente. *Centralbl. f. Bakt.*, Abth. II, Bd XIII, 1904, p. 293.

JENSEN C. O. u. SAND. Ueber maligne Oedem beim Pferde. *Orig. in Deutsche Zeitschrift f. Vie arzt.* Bd XIII, 1887.

JOSSMANN et LANDSTROM. *Ann. Inst. Pasteur*, 1902, p. 294.

JUNGANO. Ricerche batteriologiche nelle infezioni urinarie. *Assoc. italiana d'Urologia*, 1908.
— La flore bactérienne de l'urètre normal et pathologique de l'homme. *Ann. maladies génito-urinaires*, nov. 18, 1908.
— Un caso di uretrite acuta non gonococcica. *Assoc. italiana d'Urologia*, 1908.
— Sur la flore anaérobie du rat. *Soc. de biol.*, 16 et 23 janvier 1909.
— Sur la flore intestinale de la roussette : bacillus sporogenes non lique-faciens anaérobie. *Soc. de biol.*, 26 déc. 1908.
— Étude bactériologique des infections urinaires. *Assoc. française d'Urologie*, 1907.
— Pseudo-coli anaerobie. *Soc. de biol.*, 21 nov. 1908.
— Contributo alla biologia del bacillo nevoso. *Il Tommasi*, 1907.
— Infezioni dell' apparato urinario con speciale riguardo alla presenza degli anaerobi. Stabil. Tip. F. Sangioranni, Napoli, 1907.
— La flore de l'appareil urinaire normal et pathologique, Jacques, Paris.
— Caratteri biologici e culturali dei più frequenti anaerobii delle affezioni urinarie. *Il Tommasi*, 1907.
— Sur un cas d'infection rénale d'origine sanguine due à certains microbes dont un anaérobie strict. *Soc. de biol.*, 1907.
— Su di un caso di batteriuria renovescicale. *Assoc. italiana d'Urologia*, 1908.
— Le bacille neigeux. *Soc. de biol.*, 1907.
— Sur un staphylocoque anaérobie. *Soc. de biol.*, 1907.

KABRHEL G. Zur Frage der Zuchtung anaërober Bakterien. *Centralbl. f. Bakt.* Bd XXV, 1899.
KAMEN. Eine einfache Kulturschale fur Anaerobien. *Centralbl. f. Bakt.*, Bd XII, 1892.
— Zur Aetiologie des Gasphlegmon. *Centralbl. f. Bakt.*, Bd XXXV, 686.
KASPARECK. Ein einfacher Luftabschluss flussiger Nahrboden beim Kulti-vieren anaerober Bakter. *Centr. f. Bakt.*, Bd XX, 1895.
KEDROWSKI. Ueber d. Buttersäure erzeugenden anaeroben Bakter. *Wratsch.*, 1894, p. 958 (en russe).
— Ueber zwei buttersäure produzierende Bakterienarten. *Zeitschr. f. Hyg.*, Bd XVI, 1894.
KEMP. Ueber Versuche am Gährungstühlen den Bacillus saccharrobutyricus zur zuchten. *Centralbl. f. Bakt.*, vol. XLVIII, 1908.
KEMPNER. *Zeitschr. f. Hyg.*, vol. XXVI.
KEMPNER et POLLACK. — Die Wirkung des Botulismus-toxius (Fleischgiftes) u. seines spezifischen Antitoxius auf die Nervenzellen. *Deustch. med. Woch.*, 1897, n° 32.
KERRY. Ueber einen neuen pathologischen anaeroben Bacillus. *Oester. Zeitschr. f. wiss. Veterinarkunde*, 1894.
KERRY et FRÄNKEL. Bemerkungen zur Arbeit von Botkin : Ueber einen Bac. butyricus. *Zeitschr. f. Hyg.*, Bd XII, 1892, p. 204.
KIRSTEN. Die Varietäten des B. oedema maligni. *Th. de l'Univers. de Berne*, 1904.
KITASATO. Ueber d. Ranschbrandbacillus u. sein Kultuverfahren. *Zeitschr. f. Hyg.*, Bd VI, 1889.
— Ueber das Wachstum des Rauschbrandbacillus in festen Nährsubstraten. *Zeitschr. f. Hyg.*, 1890, Bd VIII.
— Ueber d. Tetanusbacillus, *Zeitschr. f. Hyg.*, 1889.
— Experimentelle Untersuchungen über d. Tetanusgift. *Zeitschr. f. Hyg.*, 1891.

Kitasato et Weyl. Zur Kenntnis d. Anaeroben. *Zeitschr. f. Hyg.*, Bd VIII.
Kitt. Serumimpfung gegen Rauschbrand. *Mon. f. prakt. Vieheil.*, 1893.
— Zur Züchtung des Rauschbrandtbacilles bei Luftzutritt. *Centr. f. Bakt.*. Bd XVII, 1895.
Kladakis. Ueber d. Einwirkung des Leuchtgases auf die Lebenstätigkeit der Mikroorganismen. *Centr. f. Bakt.*, Bd 8, 1890.
Klecki et Valerian. Ein neuer Buttersäurerreger (Bac. saccharobutyricus) u. dessen Beziehung zur Reifung u. Lochung d. Spargelkäses. *Centralbl. f. Bakt.*, Abth. II, Bd II, 1896.
Klecki et Wrzosek. Zur Frage der Ausscheidung von Bakterien durch die normale Niere. *Arch. f. expér. Path. méd.* t. LIX, p. 145, 1908.
Klein. Ein neuer Tierpathogener Microbe : Bacillus carni. *Centralbl. f. Bakt.*, Bd XXXV.
— Beitrag zur Bakt. u. Leichenverwesung. *Centralbl. f. Bakt.*, Bd XXV.
— Ueber einen pathologischen anaeroben Darmbacillus : Bacillus enteritidis sporogenes. *Centralbl. f. Bakt.*, XVIII.
— Ein weiterer Beitrag über d. anaeroben pathogenen Bac. enteritis sporogenes. *Ebenda*, Bd XXII, 1897.
— Ein ferner Beitrag zur Kenntnis d. Verbreitung u. Biologie des Bac. enter. sporogenes. *Ebenda*, Bd XXII, 1897.
— Neuer Bacillus des malignen OEdems. *Ebenda*, Bd X, 1891.
— Zur Kenntnis u. Differenzialdiagnose einiger Anaerobier. *Ebenda*, Bd XXIX, 1901.
— Ein Apparat zur bequem Herstellung von anaëroben Plattenkulturen. *Ebenda*, Abt. I, Bd XIV, 1898.
Koninsky K. Ein Beitrag zur Biologie der Anaëroben. *Centr. f. Bakt.*, Bd XXXII, 1902.
Korentchewsky. Contrib. à l'étude biologique du b. perfringens. *Ann. Inst. Pasteur*, 1909.
Kostytshew S. Ueber anaerobe Atmung ohne Alcoholbildung. *Centralbl. f. Bakt.*, Abth. II, Bd XX, 1908.
Kramer E. Bakteriologische Untersuchungen über d. Nassfäule der Kartoffeln. *Oesterr. Landw. Centralbl. Jahrg.*, I, 1891, Heft I, p. 11-26. Ref. in Biedermanns. *Centralbl. f. Agrik.*, Bd XX, 1891, p. 269.
— Ueber d. Rauchbrandbacillus u. sein Kulturverfahren. *Zeitsch. f. Hyg.*, Bd VI, 1889, p. 107.
Krönig. Ueber die Natur des Scheidenkeimes speziell über d. Vorkommen anaerober Streptokokken im Scheidensecrete Schwangerer. *Centralbl. f. Gynekol.*, 1895.
Kröpae. Ein Beitrag zur weiteren Differenzierung des Gangrène foudroyante. *Arch. klin. Centralbl.*, vol. LXII, 1903.
Kujon. Étude sur la glande vulvo-vaginale et ses abcès. Th. de Paris, 1897.
Kursteiner. Beiträge zur Untersuchungstechnik obligat anaëroben Bakterien, sowie zur Lehre von der Anaërobiose überhaupt. *Centr. f. Bakt.* Abt. II, Bd XIX.
Kveh. Zur Aetiologie des Milzbrandes. *Mitteil. r. d. Kaiserl. Gesundheitsamtes*, Bd I, 1881.

Lachowicz B. und Nencki. Die Anaërobiosefrage. *Arch. ges. Physiologie des Menschen u. der Tiere. Pflüger Arch.*, Bd XXXIII, 1884.
Lafar. Handbuch d. technischen Mikologie. Iena, Gust. Fischer.
Landmann. *Hyg. Rundschau*, 1904, p. 449.
Leclainche. La sérothérapie de la gangrène gazeuse. *Arch. méd. de Toulouse*, 1898.

LECLAINCHÉ et MOREL. La sérothérapie de la septicémie gangreneuse. *Ann. Inst. Pasteur*, 1901.

LECLAINCHÉ et VALLÉE. Recherches expér. sur les charbons sympt. *Ann. Inst. Pasteur*, 1900, p. 931.

LEGRAND et ASCISA. Ueber Anaerobien im Eiter dysenterischer Leber u. Gehirnabscesse in Aegypten. *Deutsch. med. Woch.*, 1905.

LEGROS. Recherches bactériologiques sur les gangrènes gazeuses aiguës. Th. de Paris, 1901.

LEHMANN et NEUMANN. Atlas u. Grundriss d. Bakteriologie, IV, Aufl. München, 1907.

LEINER. Beiträge zur Kenntnis der anaeroben Bakterien des Menschen. *Centralbl. f. Bakt.*, 1906, Bd XLIII.

— Ueber anaerob. Bakter. bei Dyphterie. *Centralbl. f. Bakt.*, Bd XLIII, 1907.

LERAY. A case of aerogenes cupsulatus infection of the neck. *Journ. of the Americ. Ass.*, 1903.

LEVRY. Ein Fall von Gasabscess. *Deutsch. Zeitschr. f. Chir.*, XXXII, 1891.

LEWKOWICZ. Die Reinculturen des bacillus fusiformis. *Extrait du Bulletin acad. Scienc. Cracovie*, Cracovie, 1906.

— Recherches sur la flore microbienne de la bouche du nourrisson. *Arch. méd. Chir.*, 1901.

— Ueber d. Reinculturen des fusiformen Bacillus. *Centralbl. f. Bakt.*, 1906, Bd XLI.

LIBORIUS PAUL. Beiträge zur Kenntnis der Sauerstaffbedurfniss der Bakt. *Zeitschr. f. Hyg.*, Bd I, 1886.

LIEFMANN. Ein einfaches Verfahren zur Züchtung u. Isolierung anaeroben keime. *Centralbl. f. Bakt.*, vol. XLVI, 1908, p. 377.

— Ueber das scheinbar aerobe Wachstum anareober Bakterien. *Munch. med. Woch.*, n° 17, 23 avril 1907.

LIPPMANN et FOISY. De l'ostéomyélite à microbes anaréobies. *Gaz. hebdom. de méd. et de chir.*, août 1902.

LÖHNIS F. Ein Beiträg zur Methodik der bakteriologischen Bodennutersuchung. *Centr. f. Bakt.*, Abt. II, Bd XII. 1904.

LOEFFLER. *Mitteilungen aus dem kaiserlichen Gesundheitsamt.*, Bd II, 1884.

— *Berl. klin. Woch.*, 1887, Bd XXIV.

LORRAIN M. Étude bactériologique d'un cas de pleurésie putride. *Arch. méd. chir.*, 1902, n° 6.

LOTTI. Qualche considerazione sulla flora intestinale. *Rivista critica di clinica medica*, 1908.

— Sull' importanza degli anaerobi in patologia. *Rivista critica di clinica medica*, 1909.

— Contributo alla conoscenza dei germi anaerobi dell' intestino in condizioni patologiche. Unione Tip. Ed. Torinese, 1909.

LOWE W.-I. and CARY C.-A. Infection of gunshot wound of the ley with the B. aerogenes capsulatus. *New-York med. Record*, LV, 1889.

LÖWENTHAL W. Zur Kenntnis der Mundspirochäten. *Mediz. klin.*, 1906, n° 11.

— Beitrag zur Kenntnis der Spirochäten. *Berl. klin. Woch.*, 1906, n° 10.

LUBINSKY. Ueber d. Anaerob. bei d. Eiterung. *Centralbl. f. Bakt.*, Bd XVI, 1894.

— Zur metodik der kultur anaerober Bakterien. *Centralbl. f. Bakt.*, Bd XVI, 1894.

LUCATELLO V. *Congresso della Società Italiana di medicina interna*, 1892.

LÜDERITZ. Zur Kenntniss der anaerob. Bakterien. *Zeitschr. f. Hyg.*, Bd V, 1889.

MACÉ. Microbes des nodosités des légumineuses. *Ann. Inst. Pasteur*, 1898.

Marie. L'absorption de la tox. tétan. chez les mammifères. *Bull. Inst. Pasteur*, p. 633, 1903.

Marinesco. Lésions des centres nerveux produites par la toxine du bac. botulinus. *Comptes rendus Soc. biologique*, 1896, n° 31.

Marino. Méthode pour isoler les anaérobies. *Ann. Inst. Pasteur*, 1904.

Marpmann. Eine neue Methode zur Herstellung von anaëroben Rollglaskulturen mit Gelatine u. Agar, *Centr. f. Bakt.*, Abt. I, Bd XXIII, 1898.

Marquezy et Cocagne. Note sur un cas de tétanos guéri par les injections de sérum antitétanique. *La Normandie médicale*, 1908, n° 21.

Matzuschita. Zur phisiologie der Sporenbildung der Bacillen nebst Bemerkungen zum wachstum einiger Anaeroben. *Arch. f. Hyg.*, Bd XLIII.

— Bakteriologische Diagnostik (G. Fischer, Iena).

May u. Gebhard. Pneumothorax durch gasbildende Bacterien. *Arch. klin. Med.*, 1898.

Menge. Ètiologie et nature des infections puerpérales. *Congr. intern. de méd. de Paris*, 1900.

Menge et Krönig. Bakteriologie des weibl. Genitalorgans (Leipzig, 1897).

Mereschowsky. Zur Frage über die Rolle der Mikroorganismen im Darmkanal. *Centralbl. f. Bakt.*, Bd XXXIX, p. 380, 584, 696.

— *Id.*, Bd XL, p. 148.

— Ein Apparat für Anaerobenkultur. *Centralbl. f. Bakt.*, Bd XXXIII.

Metschnikoff. Les microbes intestinaux. *Bull. Inst. Pasteur*.

— Sur les microbes de la putréfaction intestinale. *Acad. des Sciences*, octobre 1908.

— Ètudes sur la flore intestinale. *Ann. Inst. Pasteur*, déc. 1908.

Meyer. Apparat für d. kultur von anaëroben Bakterien u. für d. Bestimmung der Sauerstoffumsatz für Keimung, Wachstum u. Sporenbildung der Bakterienspecies. *Centralbl. f. Bakt.*, 1905.

— Bemerkung über Aërobiose und Anaerobiose. *Centralbl. f. Bakt.*, vol. XLIX.

Migula W. Ueber einen neuen Apparat zur Plattenkultur von Anaeroben. *Centralbl. f. Bakt.*, Bd XIX, 1896.

— System der Bakterien (Iena, Gustav Fischer), 1900.

Monier. Contribution à l'étude pathogénique des infections dentaires. Th. de Paris, 1904.

Monod J. Association bactérienne d'aérobies et d'anaérobies : gangrène du foie. *Soc. biol.*, 1895.

Morax et Marie. Note sur les prop. fixat. de la subst. céréb. desséchée. *Comptes r. soc. biol.*, 1902, p. 15-35.

— Recherches sur l'absorption de la tox. tétan. *Ann. Inst. Pasteur*, 1903.

Morin Charles. Formation d'alcool amylique normal dans la fermentation de la glycérine par le bacillus butylicus. *Compt. rend.*, t. CV, 1887.

Moro Ersnt. Morphologische und biologische Untersuchungen über die Darmbakterien des Säuglings. *Jahrb. f. Kinderkrankh. u. phys.* etc., Bd LXI, 1905, III, Folge.

Muehlens P. Ueber Züchtung von Zahnspirochäten u. fusiformen Bacillen auf künstlichen (festen) Nährböden (Vorlaufige Mitteil). *Deutsch. med. Woch.*, 1906, n° 20.

Muehlens P. et Hartmann M. Kultur des Bacillus fusiformis u. der Spirochæta dentium sowie Tierversuchen mit diesen. *Zeitschr. f. Hyg.*, Bd LIII, 1906.

Mueller R. Ueber eine scheinbar pathogene Wirkung der Spirochætæ dentium. *Deutsch. med. Woch.*, 1906, n° 9.

Mueller R. et Scherber G. Zur Aetiologie u. Klinik der Balanitis erosiva circinate und Balanitis gangrenosa. *Arch. f. Dermatologie u. Syphilis*, 1905, Bd LXVII.

Muscatello. Sulla gangrena gassosa. *Rif. Med.*, 1898 et 1900.

Muscatello et Gantitano. Ricerche sulla gangrena gassosa. *Rif. Med.*, 1898, vol. III, p. 471.

Nencki. Beitrage zur Biologie der Spaltpilze, 1880.
— Ueber Mischkultur. *Centr. f. Bakt.*, Bd XI, 1892.
— Ueber die Lebensfähigkeit der Spaltpilze bei fehlendem Sauerstoff. *Journ. of prakt. Chemie N. F.*, Bd XIX, 1879.

Nicolle Ch. Sur un procédé simple de culture des microbes anaérobies. *Soc. de biol.*, 15 nov. 1902.

Nikitoroff. Ein Beitrag zu den Kulturmethoden der Anaeroben. *Zeitschr. f. Hyg.*, Bd VIII, 1890.

Nocard et Moulé. Les viandes à odeur de beurre rance. *Bull. de la Soc. Centr. de méd.*, 1889.

Nocard et Roux. Sur la récupération et l'augmentation de la virulence de la bactérie du charbon symptomatique. *Ann. Inst. Pasteur*, 1887.

Novy J.-G. Ein neuer anaerober Bac. des malignen OEdems. *Zeitschr. f. Hyg.*, Bd XVII, 1904.
— Die kultur anaerober Bakterien. *Centralbl. f. Bakt.*, Bd XIV, 1893.
— Die Plattenkultur anaërober Bakterien. *Cent. f. Bakt.*, Bd XVI, 1894.

Nowiss. A report on sise cases in which the b. aerogenes capsulatus was isolated. *Centralbl. f. Bakt.*, vol. XXX, p. 434.

Oettingen von M. Anaërobie u. Symbiose. *Zeitschr. f. Hyg.*, Bd 43, 1903.

Ogata M. Einfache Bakterienkultur mit verschiedenen Gasen, *Centr. f. Bakt.*, Bd XI, 1892.

Okada. Ueber einen roten Farbstoff erzeugenden Bacillus aus Fussbodenstaub. *Centralbl. f. Bakt.*, Bd XI, 1892.

Ollier. Lésions produites par la toxine tétanique dans les nerfs et dans les terminaisons motrices. *Arch. méd. expér.*, 1904.

Omeliansky V. Sur la fermentation de la cellulose. *Comptes rendus Acad. Sc.*, 1895, vol. 121; *Centralbl. f. Bakt.*, 1904, Bd XII, p. 33.
— Die Züchtung anaërober Kleinlebewesen. Lafars Handbuch der technischen Mykologie, 1907, Bd I.
— Ein einfacher Apparat zur kultur von Anaëroben im Reagensglase. *Centr. f. Bakt.*, Abt. II, Bd VIII, 1902.
Ueber Gärung der Zellulose. *Contr. f. Bakt.*, Abt. II, Bd VIII, 1902.

Oprescu. Zur Technik des Anaëroben kultur. *Hyg. Rundschau Jahrg.* VIII, 1898.

Ori. Sulla coltura degli anaerobi. *Atti Acc. dei fisiocritici*, vol. XVII, 1905.

Park. The use of paraffin to esclude oxygen in growing anaerobis bacteria. *Centr. f. Bakt.*, Bd 29, 1901.

Paroue. Contribution à l'étude bactériologique de l'appendicite. *Ann. Inst. Pasteur*, 1905.

Passini. Ueber granulosebildende Darmbakterien. *Wien. klin. Wochenschr.*, 1902, n° 1.
— Ueber das regelmässige Vorkommen der verschiedenen Typen der streng anaerobischen Buttersäurebakt. im normalen Stuhle. *Jahrb. f. Kinderheilk. N. F.*, Bd XLIX, 1905.
— Die bakteriellen Hemmstoffe Conradis u. ihr Einfluss auf das Wachstum der Anaerober des Darmes. *Wiener klin. Wochenschr.*, Bd XIX, 1906, p. 627.
— Studien uber faulniserregende anaerobe Bakterien des normalen menschlichen Darmes u. ihre Bedeutung. *Zeitschr. f. Hyg.*, 1903.
— *Jahrbuch. für Kinderheilkunde*, 1903.

Passini. *Zeitschr. f. Hyg.*, 1905.
— *Zeitschr. f. Hyg.*, Bd XLIX, 1906.
Passow. Ein Fall v. Gasphlegmone einer rechten Schultergelenke. *Charité Annalen*, vol. XX, p. 275.
Pasteur. Expér. et vues nouvelles sur la nature des fermentations. *C. R. Ac. d. Sciences*, 1861, t. LII.
— Mémoire sur la fermentation appelée lactique. *Compt. rendus*, t. XLV, 1857.
— Animalcules infusoires vivant sans gaz oxygène libre et déterminant des fermentations. *Compt. rendus*, t. LII, 1861, p. 344.
— Recherches sur la putréfaction, *C. R. Ac. d. Sciences*, 1863, t. LVI.
— Études sur la bière.
— Animalcules infusoires vivant sans gaz oxygène libre et déterminant des fermentations. *C. R. Ac. d. Sciences*, 1861, t. LII.
— Nouvel exemple de fermentation déterminée par des animalcules infusoires pouvant vivre sans gaz oxygène libre et en dehors de tout contact avec l'air de l'atmosphère. *C. R. Ac. des Sciences*, 1863, t. LVI.
Pasteur, Joubert et Chamberland. La théorie des germes et des applications à la médecine et à la chirurgie. *Bull. de l'Ac. de Méd.*, 1878.
Pelouze. *Compt. rendus de l'Académie*, 1861, Bd LII.
Pende, La piopneumocolécistite. *Bollettino della Società Laucisiana*, anno 21, fascicolo 2°.
— Contributo allo studio delle infezioni da Gasbacillus di Fränkel-Welch. *Bol. della Soc. Laucisiana*, anno 28, fasciculo 2°.
Pende u. Viviani. Eine neue prakt. Methode fur anaerobe Bouillonkulturen. *Centralbl. f. Bakt.*, Bd LXIV, S. 282.
— Un nuovo metodo pratico per culture anaerobiche. *R. Accad. medica di Roma*, 1907.
Penzo. Contrib. alla studio della biologia del bacillo dell' edema maligno. *Atti. Accad. di Scienza Roma*, 1891.
— Beitrage zum Studium der biolog. Verhältnisse des Bacillus des malignen Oedems. *Centr. f Bakt.*, Bd X, 1894.
Perdrix. Sur les fermentations produites par un microbe anaérobie de l'eau. *Ann. Inst. Pasteur*, 1891, Vol. V.
Perrone. Contrib. à l'étude de la bactériologie de l'appendicite. *Ann. Inst. Pasteur*, 1908.
Perthes. Ueber Noma u. ihren Erreger. *Arch. f. klin. Chir.*, Bd LIX.
Petri. Neue anaërobe Gelatine-Schälchenkultur. *Centr. f. Batk.*, Bd 28, 1900.
Petri R. J. u. Masseu A. Ein bequemes Verfahren für die anaërobe Züchtung in Plussio-Reiten. *Arb. aus d. Kaiserl. Geslout.* Bd VIII, 1893.
Petruschky. Ein plattes Kölbchen zur Anlegung von Flächenkulturen. *Centr. f. Bakt.*, Bd VIII, 1890.
Pfuhl. Die Züchtung anaerober Bakterien in Leber bouillon, sowie in Zucher bouillon u. in gewohnlicher Bouillon mit einem Zusatz von Platinschwamm oder Lepin unter Luftzutritt. *Centralbl. f. Bakt.*, 1907.
Phipson L. Ueber die Lebensfähigkeit von Pflanzen in einer sauerstofffrein Atmosphäre. *Kochs Jarhesber. Jahrg.*, IV, 1890.
Piana et Galli-Valerio. Sur une variété des bactérium chauvœi. *Ann. Inst. Pasteur*, 1895.
Pic et Lerieur. Contrôle à la bactériologie du rhumatisme articulaire aigu. *Journ. de physiologie*, 1899.
Plaut. Studien zur bakteriologischen Diagnose der Diphterie u. der Anginien. *Deutsche med. Woch.*, 1894.

Plaut. Ueber die Geisseln bei fusiformen Bacillen. *Centralbl. f. Bakt.*, 27 Aug. 1907.

Politzer. Ueber Pathologie, Diagnose u. operationen Behandlungen der Labyrintheiterungen. *Sitz. der d. Gesellsch. der Aerzte in Wien. v.*, 25 nov. 1904. *Wiener klin. Woch.*, 1904.

Pratt u. Fulton. Report of cases in which the B. aërogenes capsulatus was found. *Boston med. Journ.*, 1900.

Prazmowsky. Zur Entwickelung u. Fermentwirkung einiger Bakterien arten. *Bot. Ztg.* Bd XXXVII, 1879, p. 409.

— Untersuchungen über die Entwicklungsgesch. u. Fermentwick einiger Bakterienarten, Leipzig, Hugo Voigt, 1880.

— Zur Entwickelunggeschichte und Fermentenwirkung einiger Bakterien arten. *Botan. Zeitung.*, n° 26, 27 juin 1879.

Pringsheim Hans. Ueber das Sauerstoffbedurfnis anaerober Bakterien. *Centralbl. f. Bakt.*, Abth. II, 1908, Bd XXI.

— Ueber den Ursprung des Fusoloels und eine Alcoholbildende Bakterienform. *Centralbl. f. Bakt.*, Abth. II, Bd XV, 1906.

— Ueber ein stickstoffassimilierend Clostridium, *Ebenda*, Bd XVI, 1906, p. 795.

— Ueber die Verwendbarkeit verschiedener Energiequellen zur Assimilation der Luftstickstoffes und die Verbreitung stickstoffbindender Bakterien auf der Erde. *Ebenda*, Bd XX, 1908, p. 248.

— Zur Regeneration des Stickstoff bindunggsvermögens von Clostridiens, *Ber. d. Deutsch. Bot. Ges.*, Bd XXVI a, 1908, p. 547.

Proca. Sur l'emploi de milieux bactériens stérilisés pour la culture des anaérobies. *Soc. de biol.*, 1907.

Quenschmann. Étude expérimentale sur le charbon symptomatique. *Ann. Inst. Pasteur*, 1904.

Rath. Zur Bakteriologie d. Gangrän. *Centralbl. f. Bakt.*, 1899.

Reinbach. Zur Aetiologie der Lungengangrän. *Centralbl. f. Allg. patholog.*, 1894.

Reinke et Berthold. Zersetzung der Kartoffel durch Pilz. Berlin, 1879.

Rendu et Rist. Étude clinique et bactériologique de 3 cas de pleurésie putride. *Soc. méd. des hôpitaux de Paris*, 1898.

Renvers. Casuistik u. Behandlung der Empyeme. *Charité Ann.*, vol. XVI, 1889.

Repaci. Contrib. à l'étude de la flore microbienne anaérobie de la bouche de l'homme à l'état normal et pathologique. *Compt. rendus Soc. biol.*, 1909, t. LXVI.

— Contrib. à l'étude de la flore microbienne anaérobie de la bouche de l'homme. *Soc. de biol.*, 1909.

Reuschel F. Die einfachste methode der Anaërobenzüchtung in flüssigen Nährboden. *Münchener med. Wochenschr. Jahrg.*, 53, 1906.

Reyn. Der Bakteriengehalt der von Rauschbrand befallenen Muskelgewebes und der Bauschbrandimpfstoffe. *Th. de l'Univ. de Berne*, 1904.

Richards R. K. A simple methode of cultiving anaerobies bakt. *Centralbl. f. Bakt.*, Bd XXXVI.

Ricketti. The effect of tetanolysine on semitigede rytrocytes. *Trans. of the Chicago path. Society*, 1905.

Rist. Anaérobies pathogènes et suppurations gangreneuses. *Bull. Inst. Pasteur*, 1905, n° 1.

— Thèse de Paris.

— Neue Methoden u. neue Ergebnise im Gebiete der Bakteriologischen

Untersuchung gangränoser u. fötider Eiterungen. *Centralbl. f. Bakt.*, 1901.

RIST. Sur quelques cas de balanite à microorganismes strict. anaérobies. *Soc. franç. de dermatologie et de syphiligraphie*, 1904.

— Étude bactériologique de 7 cas de salpingite suppurée. *Soc. de biol.*, 1902.

— Études bactériologiques sur les infections d'origine otique. Thèse de Paris, 1898.

RIST et MOUCHETTE. Étude bactériologique de quelques cas d'infections puerpérales post-abortives. *Soc. de biol.*, 1902.

RIST et RIBADEAU-DUMAS. Abcès du foie et angiocholite au cours de septicémies expérimentales à microbes anaérobies. *Soc. de biol.*, 1907.

RIVAS D. Ein Beitrag zur Anaërobenzüchtung. *Centr. f. Bakt.*, Bd 32, 1902.

ROCCHI. Technica per la ricerca di germi anaerobi nel sangue. *Bull. Sc. Med. Bol.*, 1907.

— La stato attuale delle nostre cognizioni sui germi anaërobi. Gamberini e Parmeggiani. Bologna, 1908.

RODELLA A. Einiges zur Technik der bakter. Untersuchung der Mundhöhle. *Centralbl f. Bakt.*, 1904, Bd XXXVII.

— Ueber die Bedeutung der streng anaëroben Fäulnisbacillen fur die Käsereifung. *Centralbl. f. Bakt.*, Abth. II, Bd XVI, 1906.

— Beitrage zur Frage der Bedeutung anaërober Bakter. bei Darmkrankheit. *Centralbl. f. Bakt.*, Bd XXXIV, 1903.

— Ueber das regelmässige Vorkommen der strengen anaëroben Buttersaurebacillen u. andern anaëroben Arten in Hartkäsen. *Centralbl. f. Bakt.*, Abth. II, Bd X.

— Ueber die in der normalen Milch vorkommanden Anaëroben u. die Beziehungen zum Käsereifungsprozess. *Centralbl. f. Bakt.*, II, Abth., 13 Bd, 1904.

— Ueber die Bedeutung der im Saüglingsstuhle vorkommanden Microorganismen mit besonderer Berücksichtigung der anaëroben Bakterien. *Z. f. Hg.*, vol. XLI.

— Bakteriologischer Befund im Eiter eines gashaltigen Absesses. *Centralbl. f. Bakt.*, Bd XXXIII, 1903.

— Ueber anaerobe Mundbacterien u. ihre Bedeutung. *Arch. f. Hyg.*, vol. LIII.

— Beitrage zur Bedeutung anaërober Bakterien bei der Krankheit. *Centr. f. Bakt.*, Bd XXXIV.

— Die Knollchenbakterien der Leguminosen. *Centralbl. f. Bakt.*, Abth. II, Bd XVIII, 1907, p. 455.

— Ueber anaërob. Bakter. im normalen Saüglingsstuhl. *Zeitschr. f. Hyg.*, Bd XXXIX, 1902.

— Les microbes du pus d'un abcès gazeux. *Centralbl. f. Bakt.*, 1903, n° 2.

— I batterii radicicoli delle leguminose. Studio critico-sperimentale d'alcuni problemi di batteriologica agraria e di fisiopatologia umana Padova. *R. Stab. Prosperini*, 1907.

— I batterii radicicoli dell leguminose. *Ebenda*, 1906.

— Sur la différenciation du bac. putrificus coli Bienstock et des bac. anaérobies tryptobutyriques. *Ann. Inst. Pasteur*, 1905.

ROGER. Étude expérim. du charbon symptomatique. *Revue de Méd.*, 1891.

— Quelques effets des associations microbiennes. *Soc. de biol.*, 19 janvier 1889.

— Sur l'inoculation du charbon symptomatique au lapin. *Soc. de biol.*, 1889.

ROGER et GARNIER. Infection anaérobie du sang dans l'occlusion exp. de l'intestin. *Soc. de biol.*, 1903.

Roger et Garnier. L'infection du sang dans l'occlusion intestinale. *Soc. méd. des hôpitaux*, 20 juillet 1906.

Rohner. *Centralbl. f. Bakt.*, 1902.

— Ueber die Pathogenität der Bakterien bei eitrigen Processus des Ohres. *Deutsche med. Woch.*, 1884, n° 44.

Römer P. *Centralbl. f. Bakt.*, vol. XXVII.

Rosenbác. Ueber einige fundamentale Fragen in der Lehre von den chirurgischen Wund infectioser krankheiten. *Deutsche Zeitschr. f. Chir.* Bd XVI.

Rosenthal. Sporulation du bacille d'Achalme. *Soc. de biol.*, 30 novembre 1907.

— Symbiose satellique du streptobacille fusiforme et d'un microbe anaérobie. *Soc. biol.*, 1901, Paris.

— L'aérobisation des microbes anaérobies, Paris, F. Alcan, 1908.

Roth. Ueber ein einfaches Verfahren der Anaërobien Züchtung. *Centralbl. f. Bakt.*, XIII, 1893.

Roux. Anaerobe Bakter. als Ursache von Nekrose, etc. *Centralbl. f. Bakt.*, 1905.

— E. Sur la culture des microbes anaérob. *Ann. Inst. Pasteur*, 1887 et 1888.

— Immunité contre le charbon symptomatique conférée par des substances solubles. *Ann. Inst. Pasteur*, 1888.

Roux et Chamberland. Immunité contre la septicémie gangreneuse conférée par des substances solubles. *Ann. Inst. Pasteur*, 1881.

Ruata. Metodo di cultura dei microb. anaer. *Boll. sci. med. Bol.*, mars 1908.

Russ. Ueber ein Influenzabac. ahnliches anaërobes Stäbchen. *Centralbl. f. Bakt.*, vol. XXXIX, 1905.

Ruzicka. Eine neue einfache Methode zur Herstellung sauerstofffrerier Luft als Methode zur einfachen verlässlichen Züchtung von strengen Anaeroben. *Arch. f. Hyg.*, 1906.

— Ein Beitrag zur Anaërobenzüchtung. *Centr. f Bakt.*, Bd 29, 1901.

Salus G. Zur biologie d. Fäulnis. *Arch. f. Hyg.*, Bd LI, 1904.

Sanchez-Toledo et Veillon. De la présence du bac. du tétanos dans les excréments du cheval et du bœuf à l'état sain. *Centralbl. f. Bakt.* 1895.

Sanconi et Fornaca. Su di un particolare bacillo gassogeno isolato del contenuto gastrico. *La Clinica Medica Italiana*, 1899.

Sandler A. Ueber Gasgangrän u. Schaumorgano. *Contralbl. f. allgm. Path.*, 1894.

Sanfelice. Untersuchungen über anaerobe Mikroorganismen. *Zeitschr. f. Hyg.*, 1893, Bd XVII.

— Contrib. alla morfologia e biologia dei batteri saprogeni aerobi ed anaerobi. *Ann. Inst. d'igiene di Roma*, 1890.

— Contrib. alla studio dei batteri patogeni aerobi ed anaerobi che si trovano correntemente nel terreno. *Ann. Inst. d'igiene di Roma*, 1891.

Saski. Ueber anaerobe Mikroben in normalen Körpergeweben. *Bull. Acad. Sciences de Cracovie*, avril 1907; *Analyse du Bull. Inst. Pasteur*, 1907.

Sawtschenko. Sur le rhumatisme aigu et la bactérie d'Achalme. *Arch. russes de path.*, 1898.

Scanzoni. Ueber die Resorption des Traubenzuckers in Dünndarm und deren Becinflussung durch Arzneimittel. *Zeitschr. f. Biol.*, 1896, p. 462.

Schattenfroh et Grassberger. Ueber neue Buttersäuregarungserreger in d. Marktmilch. *Centralbl. f. Bakt.*, Bd V, 1899.

— Weitere Mitteilungen über Buttersäuregahrung. *Ebenda*, Bd V, 1899, p. 697.

— Neue Beitrage zur Kenntniss d. Buttersäuregahrungserreger und ihre

Berechungen zum Rauschbrand. *Münch. med. Woch.*, 1901, Jahrg. 48, p. 50.

SCHEIDEMÜHL. Ueber Botulismus beim Menschen u. die sog. Geburtsparalyse bei den Kindern. *Centralbl. f. Bakt..*, Bd XXVI.

SCHOLZ. Ueber das Wachstum anaërober Bakterien bei ungehindertem Luft zutritt. *Zeitschr. f. Hyg.*, Bd 27, 1898.

SCHULTZE. Zur Kenntnis. der path. Bedeutung des bac. phlegmones emphys. *Virch. Arch. f. Path. Anat. u. Phys.*, 1908, t. CXCIII.

SCHUPFER. Sopra un nuovo Bacillo anaerobio patogeno per l'uomo. *Policlinico Scz. medica*, 1905.

SELLARDS. Some searches on anaerobis cultures with phosphorous *Centralbl. f. Bakt.*, 1904, p. 632.

SEMELLI. Eine neue Fürbemethode der Bacteriengesseln. *Centralbl. f. Bakt.*, n° 4, 1903.

SENUS (VAN). — Zur Kenntnis der Kultur anaërober Bakterien. *Centr. f. Bakt.*, Bd XII, 1892.

SEVERIN S.-A. Die im Miste vorkommenden Bakter. und deren physiologische Rolle bei der Zersetzung derselben. *Centralbl. f. Bakt.*, II Abth., n° 1, 1895.

— Ebenda. *Centralbl. f. Bakt.*, vol. III, II Abth.. 1897.

SILBERSCHMIDT W. Bakteriologisches über einige Fälle v. Gangrène foudroyante, von Phlegmone u. v. Tetanus beim Menschen. *Zeits. f. Hyg.*, vol. XLVII.

SITTLER. Beitrage zur Bacteriologie des Säuglingsdarmes. *Centr. f. Bakt.*, 1908.

SLUPSKI R. Bildet der Milzbrandbacillus unter streng anaëroben Verhältnissen Sporen? *Centr. f. Bakt.*, Bd XXX, 1901.

SMITH, BRORRU, WALKER. The fermentation tube in the study of anaerobis bacteria with special reference to gas production and the use of milk as a cultur medium. *Journ. of med. research.*, t. XIV, n° 1, 1905.

SOUPAULT et GUILLEMOT. *Note sur deux cas d'abcès gazeux consécutifs à des injections.*

STERN. Contrib. to the bacteriology of otitis media purulenta. *Arch. of Aetiologie*, 1896.

STERNBERG. Ein anaerober Streptococcus. *Wiener klin. Wochenschr.*, 1900, p. 881.

STILLER. Die wichtigsten Bakterien typen d. Darmflora beim Säuegling. *Habitationsschrift. Marburg.*, 1909.

STOLZ. Die Gasphlegmone des Menschen. *Rich. zur klin. Chir.*, vol. XXXIII.

STÖRMER. *Mitteilung. der deutsch. Landwirtsch. Gesellsch.*, 1903, Bd XVIII.

— Ueber Wasserroste des Flachses. *Leipziger. Diss. Iena*, 1904.

STREUG. Zur Züchtung der anaëroben Bakterien. *Centr. f. Bakt.*, Abt. I, Bd 34, 1903.

STÜLER. Neue Methoden zur Anaerobencultur u. Aerobencultur. *Centralbl. f. Bakt.*, 1901, p. 298, Bd XVII.

TAPPEINER. *Berl. Ch.*, vol. XVI et *Inst. f. Biol.*, vol. XX.

TAROZZI. Un caso di cosidetto tetano reumatico a localizzazione temillere. Siena, Tipografia Bernardino, 1906.

— Sulla latenza delle spore di tetano nell' organismo animale e sulla possibilità che esse risveglino un processo tetanico sotto l'influenza di cause traumatiche e necrotizzanti. *R. Accademia dei Fisiocratici di Siena*, 1905.

— Ueber ein leicht in anaerober Weise ausführbares Kulturmittel von einigen bis jetzt für strenge Anaeroben gehaltenen Keimen. *Centralbl. f. Bakt.*, 1905.

TAROZZI. Appunti di tecnica per la culture e l'isolamento in piastra dei germi anaerobi. *R. Accademia dei Fisiocratici Siena*, n° 7, 1906.

— Ancora sulla cultura aerobica dei germi anaerobi, sulla opportunità di alcune semplificazioni di tecnica. *Boll. della Soc. frai cultori delle Scienze mediche e naturali di Cagliari*, n° 5, 1907.

— Osservazioni sulla natura dei fenomeni che determinano la esigenza anaerobica nelle culture dei germi anaerobici. *R. Accademia dei Fisiocratici di Siena*, n° 4, 1906.

— Sulla possibilità di coltivare facilmente all' aria in cultura pura i germi anaerobi. *R. Accademia dei Fisiocratici di Siena*, vol. XV, 1905.

— Sulla biologia di alcuni germi anaerobi. *Riforma medica*, anno XXI, n°s 6, 7, 8, 1905.

— Ulteriori osservazioni sulla cultura aerobica dei germi anaerobici. *R. Accademia dei Fisiocritici*, vol. XVIII, 1909.

TAVEL. Ueber den Pseudotetanusbacillus des Darmes. *Centralbl. f. Bakt.*, Bd XXIII.

TAVEL et LANZ. Ueber d. Aetiologie des Peritonitis. *Mitth. aus klin. u. med. Instit. der Schweiz*, 1893.

TCHITCHIKINE. Essai d'immunisation par la voie gastro-intestinale contre la toxine botulinique. *Ann. Inst. Pasteur*, 1905, p. 335.

THAOU. Septicémie à microbes anaérobies, conséc. à une chute dans une fosse d'aisance. *Soc. de biol.*, 1908.

THIROLOIX. Exp. bactér. du sang de deux malades atteints de rhumatisme articulaire aigu. *Soc. de biol.*, 1897.

THIROLOIX et ROSENTHAL. Biosepticémie à bacille d'Achalme au cours d'une attaque de rhumatisme articulaire aigu. *Soc. de biol.*, 19 juillet 1907.

— Constatation directe par simple coloration du bacille d'Achalme dans le sang d'une rhumatisante. *Soc. de biol.*, 26 juillet 1907.

TISSIER. Trait. des infections intestinales par la méthode de transformation de la flore bactérienne de l'intestin. *Trib. médicale*, 24 février 1906.

— Recherches sur la flore intestinale normale des enfants âgés de un à 5 ans. *Ann. Inst. Pasteur*, 1909.

— Étude sur une variété de l'infection intestinale chez les nourrissons. *Ann. Inst. Pasteur.*

— Répartition des microbes dans l'intestin des nourrissons. *Ann. Inst. Pasteur*, 1905.

— Recherches sur la flore intestinale normale et pathologique du nourrisson. *Thèse de Paris*, 1900.

TISSIER et MARTELLY. Recherches sur la putréfaction de la viande de boucherie. *Ann. Inst. Pasteur*, t. XVI, 1902, p. 865.

TISSIER et GASCHING. Recherches sur la fermentation du lait. *Ann. Inst. Pasteur*, 1903.

TIZZONI et CATTANI. Sull' attenuazione del B. del tetano. *La Riforma medica*, 1891, p. 89.

TRAMBUSTI. Ueber einen Apparat der Kultur der anaeroben Bakterien du durnitigen Nährboden. *Centralbl. f. Bakt.*, 1892.

TRÉCUL. Matière amylacée et cryptogames amylifères dans les vaisseaux du latex de plusieurs Apocynées. *Compt. rendus*, t. II, 1865.

— Production de plantules amylifères dans les cellules végétales pendant la putréfaction. *Ebenda*, t. LXI, 1865, p. 432.

— Réponse à trois notes de M. Nylander concernant la nature des Amylobacter. *Ebenda*, t. LXV, 1867, p. 513.

TRENKMANN. Das Wachstum der anaëroben Bakterien. *Centr. f. Bakt.*, Bd 23, 1898.

TRIBOULET et COYON. Bactérie du rhumatisme articulaire aigu. *Soc. de biol.*, 1898.

— Note sur la bactériologie du rhumatisme articulaire aigu. *Soc. méd. Hôpitaux*, 1897.

TRINCAS. Nuovo metodo per la colorazione dei granuli metacromatici e delle spore dei batteri. *Giornale della R. Soc. Italiana d'Igiene*, 1907, p. 11.

TSIKLINSKI (MLLE). Sur la flore microb. thermophile du canal intestinal de l'homme. *Ann. Inst. Pasteur*, 1903.

TUNNIELIFF RUTH. Identity of fusiform. bacilli and spirilla. *The Journal of infections des cases*, 1906, vol. III, n° 1.

TURRO R. Zur Anaërobenkultur. *Centr. f. Bakt.*, Bd 31, 1902.

UCKE. Ein Beitrag zur Kenntnis der Anaëroben. *Centr. f. Bakt.*, Abt. I, Bd 23, 1898.

UFFENHEIMER. Ein neuer gaserzeugender Bacillus. *Ziegler's Beiträge*, 1902, vol. XXXI, p. 383.

ULRICH. Ueber den Bakteriengehalt des Fischfleisches. *Zeitschr. f. Hyg.*, 1906.

VAILLARD. Sérothérapie antitétanique. *Bibliothèque de thérapeutique*, 1909.

VANDERVELD. *Zeitschr. f. physiol. Chem.*, 1884.

VAN TIEGHEM PH. Identité du bac. Amylobacter et du vibrion butyrique de M. Pasteur. *Comptes rendus de l'Acad. des Sciences*, vol. LXXXIII, 1879.

— Sur la fermentation de la cellulose. *Comptes rendus hebdomadaires des séances de l'Acad. des Sciences*, vol. LXXXVIII, 1879.

— *Bull. de la Soc. bot. de France*, 1877, Bd XXIV; id., 1879, Bd XXV.

— Sur le bacillus amylobacter et son rôle dans la putréfaction des sinus végétaux. *Bull. de la Soc. de bot.*, t. XXIV, p. 128, 1877.

— Spirillum anglifeicum. *Soc. de bot.*, 28 février 1878.

— Enveloppement de l'amylobacter dans les plants. *Bull. Soc. bot. de France*, 1884.

— Sur le ferment butyrique (bac. amylobacter) à l'époque de la houille. *Comptes rendus de l'Acad. des Sciences*, 89, 1879.

VECCHI. Sul cosidetto microbismo latente. *Archiv. per le scienze med.*, n°⁵ 5-6, 1908.

VEILLON. Les microbes anaérobies en pathologie, *XIII° Congrès intern. de médecine de Paris*, 1900.

— Sur un microcoque strictement anaérobie dans les suppurations fétides. *Comptes rendus Soc. Biol.*, 1893.

VEILLON et HALLÉ. Gangrène disséminée de la peau chez les enfants. *Ann. de Dermatologie et Syphil.*, 1901.

— Id., *Ann. de Dermatologie et de Syphiligraphie*, mai 1901.

— Étude bactér. des vulvovaginites chez les petites filles et du conduit vulvo-vaginal à l'état sain. *Arch. méd. expérim.*, 1896.

VEILLON et MORAX. Péridacryocistite gangréneuse. *Ann. d'oculistique*, 1900.

VEILLON et ZUBER. Recherches sur quelques microbes strictement anaérobies et leur rôle en pathologie. *Arch. méd. expérim.*, 1897, n° 4, 1898.

VESZPRENI D. Züchtung und Tierversuche mit. B. fusiformis. *Centralbl. f. Bakt.*, 1905.

VIGNAL. Sur un moyen d'isolation et de culture des microbes anaérobies. *Ann. Inst. Pasteur*, t. I, 1887.

VINCENT. Tétanos et quinine. *Ann. Inst. Pasteur*, 1904.

— Recherches bactériologiques sur l'angine à bacilles fusiformes. *Ann. Inst. Pasteur*, 1899.

— *Ann. Inst. Pasteur*, 1898.

— *Comptes rendus Soc. Biol.*, 1905.

VINCENT. Microbes anaérobies des eaux. *Ann. Inst. Past.*, 1907.

VOTTELER W. Ueber die Differenzialdiagnose der pathogenen Anaëroben. *Zeitsch. f. Hyg.*, Bd 27, 1898.

WALLGREEN A. Ueber anaerobe Bakterien u. ihr Vorkommen bei fötiden Eiterungen. *Centr. f. Gynäk.*, n° 42, p. 42.

WEICHSELBAUM. Beiträg zur Kenntniss der anaeroben Bakt. des Menschen. *Centralbl. f. Bakt.*, Bd 32, n° 6.

WEIGMANN H. Die Buttersäuregährung. *Centralbl. f. Bakt.*, II, Abt. 1898, S. 820.

WELCH. Morbid conditions caused by B. aer-capsulatus. *John Hopkin's Hospital Bulletin*, vol. XI.

WELCH et FLEXNER. Observations concerning the Bac. aerogenes capsulatus. *Journ. of experimentale medicine*, vol. I, 1896, p. 5.

WERNER. Zur Kasuistik der Gasphlegmone u. Schaumorgane. *Arch. f. Hyg.*, 1904.

WERNER et TUNNICLIFF. The occurence of fusiform bacilli and spirilla in connection with morbid processes. *The Journal of infection diseases*, Chicago, vol. II, n° 3.

WESENBERG. Beiträg zur Bakteriologie der Fleischvergiftung. *Zeitschr. f. Hyg.*, Bd XXVIII, 1898.

WESTERHOFFER. Ueber Schaumorgane. *Virch. Arch.*, vol. CLXVIII, p. 185.
— Weitere Beiträge zur Frage d. Schaumorgane. *Virch. Arch.*, vol. CLXX, p. 517.

WICKLEIN. Drei Fälle von Gasgangrän. *Virch. Arch.*, vol. CXXV, p. 75.

WIDAL et NOBÉCOURT. Pleurite putride sans gangrène du poumon ni de la plèvre. *Bull. et Mém. Soc. méd. Hôpit.*, Paris, 1897.

WILD OSCAR. Beiträge zur Kenntnis des bacillus enteritidis sporogenes. *Centralbl. f. Bakt.*, I Abt., Bd XXIII, 1898.

WILLIAMS. The bacillus aerogenes capsulatus in a case of suppurative pyelitis. *John Hopk. Hosp. Bulletin*, 1896, p. 66.

WINOGRADSKY. Clostridium Pastorianum, seine Morphologie u. seine Eigensch. als Buttersaureferment. *Centralbl. f. Bakt.*, 2 Abth., 1902.
— Sur le rouissage du lin et son agent microbien. *Comptes rendus Acad. Sc.*, 1895.
— Sur l'assimilation de l'azote gazeux de l'atmosphère par les microbes, *Comptes rendus*, t. XLVI, 1803; t. CXVIII, 1804.
— Recherches sur l'assimilation de l'azote libre de l'atmosphère par les microbes. *Arch. des sciences biologiques*, t. III, 1895.

WRSZAG. Ein enifaches Verfahren zur Züchtung der Sporen. *Centralbl. f. Bakt.*, 1906.

WRZOSEK ADAM. Ueber das Wachstum obblig. anaer. auf Kulturmitteln aerober Weise. *Wien. klin. Woch.*, XVIII, n° 58, 1905.
— Exper. Beiträge zur Lehre vom dem latentem Mikrobimus. *Virch. Arch.*, 1904, p. 82.
— Beobacht. über d. Bedingung des Wachstums d. obblig. Anaer. in aerober Weise. *Centralbl. f. Bakt.*, Bd XXXXIII, H 1, 1906, S. 17.
— *Centralbl. f. Bakt.*, Bd. XLIV, N. 6.
— Weitere Untersuchungen über Die Züchtung von oblig. Anaeroben in aerober Weise. *Centralbl. f. Bakt.*, 1907.

WURTY et FOUREUR, Note sur un procédé facile de culture des micro-organismes anaérobies, *Archives de méd. expér.* 1889.

ZETTNOW. Ein Apparat zur kultur anaerober Bacillen. *Centr. f. Bakt.*, Bd XV, 1894.

ZIERLER. Bakteriologische Untersuchungen über Gangrän u. Zahnpulpa. *Centralbl. f. Bakt.*, vol. XXVI, 1899.

ZUBER et LEREBOULLET. Cholécystites calculeuses. *Gaz. hebdomadaire de médecine et chirurgie*, 1898.

ZUPNIK, LEW. Ueber eine neue Methode anaërober Züchtung. *Centr. f. Bakt.*, Abt. I, Bd XXIV, 1898.

TABLE DES MATIÈRES

CHAPITRE III

ROLE DES ANAÉROBIES

CHAPITRE IV

BACILLES PROTÉOLYTIQUES

CHAPITRE V

BACILLES PEPTOLYTIQUES

CHAPITRE VI

SPIRILLES (Distaso).

CHAPITRE VII

COCCI (Jungano).

BIBLIOTHÈQUE NATIONALE — R.F — IMPRIMÉS

1352-09. — Coulommiers. Imp. PAUL BRODARD. — 2-10.

MASSON ET Cie, ÉDITEURS

LIBRAIRES DE L'ACADÉMIE DE MÉDECINE

120, BOULEVARD SAINT-GERMAIN, PARIS — VIe ARR.

N° 625.   Février 1910.

RÉCENTES PUBLICATIONS MÉDICALES

COLLECTION DE PRÉCIS MÉDICAUX

Introduction à l'Étude de la Médecine
Par G.-H. ROGER
Professeur à la Faculté de Paris, Médecin de l'hôpital de la Charité
QUATRIÈME ÉDITION, REVUE ET CORRIGÉE
1 *vol. de* XIV-780 *pages avec un lexique des termes techniques* **10** *fr.*

Vient de paraître :

Précis de Physique Biologique
Par G. WEISS
Agrégé à la Faculté de Paris, Ingénieur des Ponts et Chaussées
DEUXIÈME ÉDITION, REVUE ET AUGMENTÉE
1 *vol. de* 556 *pages, avec* 570 *figures* . . . . **7** *fr.*

Précis de Chimie Physiologique
Par Maurice ARTHUS
Professeur de Physiologie à l'Université de Lausanne.
SIXIÈME ÉDITION, REVUE ET AUGMENTÉE
1 *vol. de* VI-403 *pages, avec* 118 *figures et* 2 *planches en couleurs.* **6** *fr.*

Précis de Physiologie
Par Maurice ARTHUS
TROISIÈME ÉDITION, REVUE ET CORRIGÉE
1 *vol. de* XVI-840 *pages, avec* 236 *figures en noir et en couleurs.* **10** *fr.*

Précis des Examens de Laboratoire
Employés en Clinique
Par L. BARD
Professeur à l'Université de Genève.
AVEC LA COLLABORATION DE G. HUMBERT ET H. MALLET
1 *vol. de* XX-627 *pages, avec* 138 *figures en noir et en couleurs.* **9** *fr.*

Précis de Dissection
PAR

Paul POIRIER	A. BAUMGARTNER
Professeur d'anatomie	Ancien Prosecteur à la Faculté de Paris.
à la Faculté de médecine de Paris.	Chirurgien des hôpitaux.

DEUXIÈME ÉDITION ENTIÈREMENT REVUE ET AUGMENTÉE
1 *vol. de* XXIV-360 *pages, avec* 241 *figures toutes originales.* **8** *fr.*

COLLECTION DE PRÉCIS MÉDICAUX (Suite)

Précis de Médecine infantile
Par P. NOBÉCOURT
Professeur agrégé à la Faculté de Paris, Médecin des hôpitaux.

1 *vol. de 744 pages, avec 77 fig. et 1 planche en couleurs.* **9** *fr.*

Précis de Chirurgie infantile
Par E. KIRMISSON
Professeur à la Faculté de Paris, Chirurgien de l'hôpital des Enfants-Malades.

1 *vol. de XII-800 pages, avec 462 figures.* **12** *fr.*

Précis de Microbiologie clinique
Par Fernand BEZANÇON
Professeur agrégé à la Faculté de Paris, Médecin des hôpitaux.

DEUXIÈME ÉDITION, ENTIÈREMENT REVUE (*Sous presse*).

Précis de Diagnostic médical ❧ ❧ ❧
❧ ❧ ❧ ❧ ❧ ❧ et d'exploration clinique
Par P. SPILLMANN et P. HAUSHALTER
Professeurs à la Faculté de Nancy.
et L. SPILLMANN
Professeur agrégé à la Faculté de Nancy

1 *vol. de 532 pages, avec 153 figures en noir et en couleurs.* **7** *fr.*

Précis de Thérapeutique ❧ ❧ ❧ ❧ ❧ ❧
❧ ❧ ❧ ❧ ❧ ❧ ❧ et de Pharmacologie
Par A. RICHAUD
Professeur agrégé à la Faculté de Paris, Docteur ès Sciences.

1 *vol. de VIII-930 pages, avec figures.* **12** *fr.*

Précis d'Ophtalmologie
Par V. MORAX
Ophtalmologiste à l'hôpital Lariboisière.

1 *vol. de XX-640 pages, avec 339 fig. et 3 planches en couleurs.* **12** *fr.*

Précis de Médecine légale
Par A. LACASSAGNE
Professeur à la Faculté de Lyon.
DEUXIÈME ÉDITION, ENTIÈREMENT REVUE

1 *vol. de XXIV-866 pages, avec 112 fig. et 2 planches en couleurs.* **10** *fr.*

COLLECTION DE PRÉCIS MÉDICAUX (Suite et fin).

Précis de Dermatologie

PAR J. DARIER
Médecin de l'Hôpital Broca

1 *vol. de* XVI-708 *pages, avec* 122 *figures* . . . . **12** *fr.*

Précis de Pathologie exotique

PAR

E. JEANSELME
Professeur agrégé à la Faculté de Paris
Médecin des hôpitaux

Ed. RIST
Médecin des hôpitaux
de Paris

1 *vol. de* VIII-810 *pages, avec* 160 *fig. et* 2 *planches en couleurs.* **12** *fr.*

Précis de
Pathologie Chirurgicale

PAR MM.
**BÉGOUIN, BOURGEOIS, PIERRE DUVAL, GOSSET,
JEANBRAU, LECÈNE, LENORMANT, R. PROUST, TIXIER**
4 *volumes in-8°, cartonnés toile anglaise.*

Vient de paraître :

TOME I.— PATHOLOGIE CHIRURGICALE GÉNÉRALE, MALADIES GÉNÉRALES DES TISSUS, CRANE ET RACHIS

Par MM. **P. Lecène, R. Proust**, Professeurs agrégés à la Faculté de Paris, chirurgiens des Hôpitaux, et **L. Tixier**, Professeur agrégé à la Faculté de Lyon, chirurgien des Hôpitaux.

1 *volume in-8° de* XVI-1028 *pages, avec* 349 *figures.* **10** *fr.*

TOME II.— TÊTE, COU, THORAX

Par MM. **H. Bourgeois**, Oto-rhino-laryngologiste des Hôpitaux de Paris et **Ch. Lenormant**, Professeur agrégé à la Faculté de Paris, chirurgien des Hôpitaux.

1 *volume in-8° de* XII-984 *pages, avec* 312 *figures.* . . . . . **10** *fr.*

Pour paraître en Mars 1910 :

TOME III. — **GLANDES MAMMAIRES, ABDOMEN**, par MM. Pierre Duval, A. Gosset, P. Lecène, Ch. Lenormant.

Pour paraître en 1910 :

TOME IV. — **ORGANES GÉNITO-URINAIRES, MEMBRES**, par MM. P. Bégouin, E. Jeanbrau, R. Proust, L. Tixier.

Précis de Parasitologie

Par E. BRUMPT
Professeur agrégé à la Faculté de Paris.

1 *volume avec de très nombreuses figures* (Sous presse).

========= THÉRAPEUTIQUE — CLINIQUE =========

BIBLIOTHÈQUE DE THÉRAPEUTIQUE CLINIQUE
à l'usage des Médecins praticiens

Vient de paraître :

Les
Régimes usuels

PAR LES DOCTEURS

P. LE GENDRE | **A. MARTINET**
Médecin de l'Hôpital Lariboisière | Ancien interne des Hôpitaux de Paris

1 vol. in-8° de IV-434 *pages, broché* . . . . **5** *fr.*

I. **Régimes à l'état normal.** — Régime normal mixte de l'homme
adulte. — Régime normal de la femme adulte. — Régime normal du
vieillard. — Régime normal des enfants.

II. **Régimes systématiques.** — Régimes systématiques anor-
maux. — Régimes systématiques usuels.

III. **Régimes dans les Maladies.** — Maladies du tube digestif et
de ses annexes. — Affections de l'estomac. — Affections de l'intestin.
— Maladies de l'appareil urinaire. — Maladies de l'appareil respiratoire. — Maladies de l'appareil circulatoire et du sang. — Maladies du
système nerveux. — Maladies infectieuses aiguës. — Maladies de la
nutrition — Maladies de la peau. — Régime à l'occasion des interventions chirurgicales.

IV. **Alimentation artificielle.** — Alimentation sous-cutanée.
— Alimentation rectale.

V. **Annexes.** — Tableaux approximatifs pour l'évaluation rapide d'un
régime. — Equivalents calorimétriques approximatifs pour le calcul
rapide d'un régime. – Coût et valeur nutritive des aliments.— Tables
de digestibilité des aliments, etc.

Les Médicaments usuels

Par le D' Alfred MARTINET

TROISIÈME ÉDITION, REVUE ET AUGMENTÉE
Conforme à la nouvelle édition du Codex (1908)

1 volume in-8° de XVI-516 *pages* . . . . **5** *fr.*

THÉRAPEUTIQUE CLINIQUE

BIBLIOTHÈQUE DE THÉRAPEUTIQUE CLINIQUE
à l'usage des Médecins praticiens *(suite)*

Les Aliments usuels
Composition — Préparation
Par le Dr Alfred MARTINET
DEUXIÈME ÉDITION ENTIÈREMENT REVUE

1 *volume in-8° de* VIII-352 *pages avec figures.* . . . . **4** *fr.*

Préface. — **Des aliments en général.** — *Aliments minéraux* :
Chlorure de sodium. Phosphates. — *Aliments organiques* : Graisses.
Hydrates de carbone. Albuminoïdes. — **Des aliments en particulier** :
Aliments animaux : Viande de boucherie. Animaux de basse-cour.
Gibier. Poissons. Crustacés. Œufs. Lait et dérivés. — *Aliments
végétaux* : Féculents. Céréales. Légumineuses. Légumes aqueux.
Fruits. Végétaux huileux. Régime végétarien. — *Boissons* : Eau.
Café. Thé. Cacao, etc. L'alcool en thérapeutique. Vins. Bieres. Cidres.
— *Condiments.*

Clinique Hydrologique
PAR LES D^{rs}
F. BARADUC (de Châtel-Guyon),
Félix BERNARD (de Plombières), **M. E. BINET** (de Vichy),
J. COTTET (d'Evian), **L. FURET** (de Brides),
A. PIATOT (de Bourbon-Lancy), **G. SERSIRON** (de La Bourboule),
A. SIMON (d'Uriage), **E. TARDIF** (du Mont-Dore)

1 *volume in-8° de* X-636 *pages* . . . . **7** *fr.*

Les
Agents physiques
usuels

*(Climatothérapie — Hydrothérapie
Crénothérapie — Thermothérapie
Méthode de Bier — Kinésithérapie
Électrothérapie — Radiumthérapie)*

Par les Drs **A. MARTINET, A. MOUGEOT
P. DESFOSSES, L. DUREY, Ch. DUCROCQUET,
L. DELHERM, H. DOMINICI**

1 *vol. in-8° de* XVI-633 *pages, avec* 170 *fig. et* 3 *planches hors texte.* **8** *fr.*

=== MÉDECINE ===

G.-M. DEBOVE
Doyen de la Faculté de Médecine, Membre de l'Académie de Médecine.

Ch. ACHARD
Professeur agrégé à la Faculté,
Médecin des Hôpitaux.

J. CASTAIGNE
Professeur agrégé à la Faculté,
Médecin des Hôpitaux.

DIRECTEURS

Manuel

des

Maladies du Tube digestif

Tome I

BOUCHE, PHARYNX, OESOPHAGE, ESTOMAC

PAR

G. PAISSEAU, F. RATHERY, J.-Ch. ROUX
1 *vol. grand in-8° de 725 pages, avec figures dans le texte.* . **14** *fr.*

Tome II

INTESTIN, PÉRITOINE, GLANDES SALIVAIRES, PANCREAS

PAR

M. LOEPER, Ch. ESMONET, X. GOURAUD, L.-G. SIMON,
L. BOIDIN et F. RATHERY
1 *vol. grand in-8° de* 810 *pages avec* 116 *figures dans le texte.* **14** *fr.*

Manuel

des

Maladies des Reins

et des Capsules surrénales

PAR MM.

J. CASTAIGNE, E. FEUILLIÉ, A. LAVENANT, M. LOEPER,
R. OPPENHEIM, F. RATHERY
1 *vol. grand in-8°, de* VI-792 *pages, avec figures dans le texte.* **14** *fr.*

Pour paraître en Mars 1910 :

Manuel des Maladies du Foie

Par J. CASTAIGNE

1 *vol. grand in-8°, avec nombreuses figures dans le texte.*

CHARCOT — BOUCHARD — BRISSAUD

BABINSKI — BALLET — P. BLOCQ — BOIX — BRAULT — CHANTEMESSE — CHARRIN
CHAUFFARD — COURTOIS-SUFFIT — CROUZON — DUTIL — GILBERT — GRENET
GUIGNARD — GEORGES GUILLAIN — L. GUINON — GEORGES GUINON — HALLION — LAMY
CH. LAUBRY — LE GENDRE — A. LÉRI — P. LONDE — MARFAN — MARIE
MATHIEU — H. MEIGE — NETTER — ŒTTINGER — ANDRÉ PETIT — RICHARDIÈRE
H. ROGER — ROGUES DE FURSAC — RUAULT — SOUQUES — THOINOT
THIBIERGE — TOLLEMER — FERNAND WIDAL

OUVRAGE COMPLET

TRAITÉ DE MÉDECINE

DEUXIÈME ÉDITION (ENTIÈREMENT REFONDUE)

PUBLIÉE SOUS LA DIRECTION DE MM.

BOUCHARD	**BRISSAUD**
Professeur à la Faculté de médecine de Paris,	Professeur à la Faculté de médecine de Paris,
Membre de l'Institut.	Médecin de l'Hôtel-Dieu.

10 volumes grand in-8°, avec figures dans le texte . . . . . 160 fr.

Chaque volume est vendu séparément.

TOME Iᵉʳ. — 1 vol. grand in-8° de 845 pages, avec figures. . . . . 16 fr.
TOME II. — 1 vol. grand in-8° de 896 pages, avec figures . . . . . . 16 fr.
TOME III. — 1 vol. grand in-8° de 702 pages, avec figures . . . . . . 18 fr.
TOME IV. — 1 vol. grand in-8° de 680 pages, avec figures. . . . . . . 16 fr.
TOME V. — 1 vol. grand in-8° de 943 pages, avec figures en noir et en couleurs . . . . 18 fr.
TOME VI. — 1 vol. gr. in-8° de 612 pages, avec figures. . . . . 14 fr.
TOME VII. — 1 vol. gr. in-8° de 550 pages, avec figures. . . . . 14 fr.
TOME VIII. — 1 vol. gr. in-8° de 580 pages, avec figures. . . . . 14 fr.
TOME IX. — 1 vol. gr. in-8° de 1092 pages, avec figures. . . . . 18 fr.
TOME X ET DERNIER. — 1 vol. grand in-8° de 1048 pages, avec figures en noir et en couleurs et 3 planches hors texte en couleurs et Table analytique des 10 volumes . . . . 18 fr.

Traité des
Maladies de l'Enfance

DEUXIÈME ÉDITION, REVUE ET AUGMENTÉE

PUBLIÉE SOUS LA DIRECTION DE MM.

J. GRANCHER	**J. COMBY**
Professeur à la Faculté de Paris,	Médecin
Membre de l'Académie de médecine.	de l'Hôpital des Enfants-Malades

5 volumes grand in-8° avec figures dans le texte. **112 fr.**

================ MÉDECINE ================

MANUEL
de
Pathologie Interne

PAR
G. DIEULAFOY
Professeur de clinique médicale à la Faculté de médecine de Paris,
Médecin de l'Hôtel-Dieu, Membre de l'Académie de medecine.

QUINZIÈME ÉDITION, ENTIÈREMENT REFONDUE
*4 vol. in-16 avec figures en noir et en couleurs,
cartonnés à l'anglaise.* **32 fr.**

Clinique Médicale ❧❧❧❧❧❧❧❧
❧❧❧ de l'Hôtel-Dieu de Paris
PAR **G. DIEULAFOY**

Vient de paraître :

TOME VI (1909).— *1 volume grand in-8° de* IV-292 *pages, avec figures
dans le texte et 5 planches hors texte en couleurs.* . . . . . . **10** fr.

Leçons contenues dans ce volume. — I -II. Pachyméningite syphilitique
de la base de l'encéphale. Discussion sur la localisation et la nature de la
lésion. Remarquable effet des injections mercurielles à haute dose. — III. Histoire d'un Patomime. Escarres multiples et récidivantes depuis deux ans et
demi aux deux bras et au pied. Amputation du bras gauche. Discussion sur la
nature des escarres. — IV-V. Polioencéphalite syphilitique, Ophtalmoplégie
totale et bilatérale accompagnée de symptômes bulbaires. Remarquables effets
des injections mercurielles. — VI-VII. Rapport des pancréatites avec la lithiase
biliaire. (Etude médico-chirurgicale). — VIII-IX. Infection sanguine streptococcique mortelle consécutive à une éraflure du pouce. Etude sur les infections
streptococcique et staphylococcique. — X-XI. Deux cas d'infection sanguine
gonococcique terminés par la guérison et aussitôt suivis de fièvre typhoïde.
Essai de traitement de l'infection gonococcique par le vaccin gonococcique
— XII. Traitement de l'infection gonococcique par les injections de vaccin
gonococcique. La méthode opsonique de Wright. Opsonines. Pouvoir
opsonique. Indice opsonique. — XIII. Comment savoir si une pleurésie
hémorrhagique est ou n'est pas tuberculeuse ? Existe-t-il un hématome
simple de la plèvre. — XIV. Comment savoir si une pleurésie hémorrhagique
est ou n'est pas cancéreuse.

Précédemment publiés :

  I. — 1896-1897, 1 *volume in-8°, avec figures* . . . . **10** fr.
 II. — 1897-1898, 1 *volume in-8°, avec figures* . . . . . . **10** fr.
III. — 1898-1899, 1 *volume in-8°, avec figures* . . . . **10** fr.
IV. — 1901-1902, 1 *volume in-8°, avec figures* . . . . **10** fr.
 V. — 1905-1906, 1 *volume in-8°, avec figures et* 14 *planches.* **10** fr.

Pour paraître en Mars 1910 :

Aide=Mémoire ✦✦✦✦✦✦✦
✦✦✦✦ de Thérapeutique

PAR MM.

G.-M. DEBOVE
Doyen honoraire de la Faculté de Médecine
Professeur de Clinique
Membre de l'Académie de Médecine

G. POUCHET
Professeur de Pharmacologie et Matière
médicale à la Faculté de Médecine
Membre de l'Académie de Médecine

A. SALLARD
Ancien interne des Hôpitaux de Paris

DEUXIÈME ÉDITION ENTIÈREMENT REVUE

Conforme au Codex de 1908

Cet *Aide-Mémoire de Thérapeutique* est destiné à parer aux défaillances de mémoire, inévitables dans l'exercice de la pratique journalière. Il réunit, sous une forme concise mais aussi complète que possible, toutes les notions thérapeutiques indispensables au médecin. Pour faciliter la recherche rapide, les questions sont classées par ordre alphabétique. Elles comprennent: 1º l'exposé du *traitement de toutes les affections médicales et des grands syndromes morbides ;* 2º l'étude résumée des *agents thérapeutiques principaux, médicaments et agents physiques ;* 3º la mention des *principales stations hydro-minérales* (situation, composition, indications) et *climatériques ;* 4º l'exposé des *connaissances essentielles en hygiène et en bromatologie.*

TRAITÉ ÉLÉMENTAIRE
de
Clinique Médicale

PAR

G.-M. DEBOVE et **A. SALLARD**

1 volume grand in-8° de 1296 pages, avec 275 figures, relié toile. . . 25 fr.

THÉRAPEUTIQUE — CLINIQUE

SEPTIÈME ÉDITION, REVUE ET AUGMENTÉE

DU

Traité élémentaire ❧❧❧❧❧❧❧
❧❧❧ de Clinique Thérapeutique

PAR

le Dr Gaston LYON

Ancien chef de clinique médicale à la Faculté de médecine de Paris

I *vol. grand in-8° de* 1732 *pages, relié toile anglaise.* . . . . . **25** *fr.*

Vient de paraître

SEPTIÈME EDITION, REVUE

DU

Formulaire Thérapeutique

PAR MM.

G. LYON   **P. LOISEAU**

Ancien chef de clinique   Ancien préparateur
à la Faculté de médecine   à l'École supérieure de Pharmacie
de Paris   de Paris

AVEC LA COLLABORATION DE MM.

L. Delherm | **Paul-Émile Lévy**

I *vol. in-*18 *tiré sur papier indien très mince, relié*
maroquin souple. **7** *fr.*

Diagnostic et Traitement

des

Maladies de l'Estomac

PAR

G. LYON

Ancien chef de Clinique médicale à la Faculté de Médecine de Paris.

I *vol. in-8° de* 724 *pages, avec figures. Cartonné toile.* . . **12** *fr.*

=== HISTOLOGIE — PATHOLOGIE GÉNÉRALE ===

Traité d'Histologie

PAR

A. PRENANT
Professeur
à la Faculté de médecine de Nancy.

P. BOUIN
Professeur agrégé
à la Faculté de médecine de Nancy.

L. MAILLARD
Chef des travaux de Chimie biologique
à la Faculté de médecine de Paris.

Pour paraître en Avril 1910 :

TOME II et dernier

HISTOLOGIE ET ANATOMIE MICROSCOPIQUE

1 vol. grand in-8° de 1088 pages, avec nombreuses figures
en noir et en couleurs.

Déjà publié :

TOME I

CYTOLOGIE GÉNÉRALE ET SPÉCIALE

1 vol. gr. in-8"
de 977 pages, avec 791 fig. dont 172 en plusieurs couleurs. **50 fr.**

Vient de paraître :

Digestion et Nutrition

Par G.-H. ROGER
Professeur à la Faculté de Médecine de Paris,
Médecin de l'Hôpital de la Charité.

1 vol. grand in-8°, de XIV-624 pages, avec 33 fig. dans le texte. **10 fr.**

Dans cet ouvrage comme dans le précédent, malgré la large part qui est faite à la physiologie et à la pathologie expérimentale, l'auteur n'oublie jamais les applications cliniques et insiste constamment sur les nouvelles méthodes de diagnostic et sur les indications thérapeutiques. Ainsi tout le monde tirera profit de la lecture de ce volume. Les expérimentateurs y puiseront des idées de recherches, les médecins y trouveront des renseignements pratiques d'une importance indiscutable.

Déjà publié :

Alimentation et Digestion PAR G.-H. ROGER

1 vol. gr. in-8° de XI-524 pages et 57 figures dans le texte. **10 fr.**

Traité
de
Microscopie Clinique

PAR

M. DEGUY	**A. GUILLAUMIN**
Ancien Interne des Hôpitaux de Paris	Docteur en Pharmacie
Ancien Chef de Laboratoire	Ancien Interne des Hôpitaux de Paris
à l'Hôpital des Enfants-Malades	

1 vol. grand in-8° de 428 pages, avec 38 figures dans le texte,
93 planches en couleurs, relié toile anglaise. **50 fr.**

Pathologie générale expérimentale

Les Processus généraux

PAR LES Dʳˢ

| **CHANTEMESSE** | **PODWYSSOTZKY** |
| Professeur à la Faculté de Paris. | Professeur à l'Université d'Odessa. |

TOME I. — 1 *vol. grand in-8°, avec* 162 *figures* . . . . . . **22** *fr.*
TOME II. — 1 *vol. grand in-8°, avec* 94 *figures* . . . . . . **22** *fr.*

Traité de Physiologie

PAR

| **J.-P. MORAT** | **Maurice DOYON** |
| Professeur à l'Université de Lyon. | Professeur adjoint à la Faculté de Médecine de Lyon. |

5 volumes gr. in-8°, avec figures en noir et en couleurs dans le texte.
En souscription : **60** *fr.*

TOME I. Fonctions élémentaires. — Prolégomènes, contraction.
— Sécrétion, milieu intérieur, avec 194 figures . . . . **15** fr.
TOME II. Fonctions d'innervation, avec 263 figures . . . . **15** fr.
TOME III. Fonctions de nutrition. — Circulation. — Calorification,
avec 173 figures . . . . **12** fr.
TOME IV. Fonctions de nutrition (*suite et fin*). — Respiration,
excrétion. — Digestion, absorption, avec 167 figures . . . . **12** fr.

Sous presse : TOME V ET DERNIER
Fonctions de relation et de reproduction.

HYGIÈNE

BIBLIOTHÈQUE
d'Hygiène thérapeutique

FONDÉE PAR

le professeur PROUST

Membre de l'Académie de Médecine, Inspecteur général des Services sanitaires

Chaque ouvrage forme un volume cartonné toile
et est vendu séparément : **4** *francs.*

VOLUMES PUBLIÉS

L'Hygiène du Goutteux (2ᵉ *édition*), par le Dʳ A. MATHIEU.
L'Hygiène de l'Obèse (2ᵉ *édition*), par le Dʳ A. MATHIEU.
L'Hygiène des Asthmatiques, par le Pʳ E. BRISSAUD.
Hygiène et Thérapeutique thermales, par G. DELFAU.
Les Cures thermales, par G. DELFAU.
L'Hygiène du Neurasthénique (3ᵉ *édition*), par le Pʳ G. BALLET
L'Hygiène des Albuminuriques, par le Dʳ SPRINGER.
L'Hygiène du Tuberculeux (2ᵉ *édition*), par le Dʳ CHUQUET.
Hygiène et Thérapeutique des Maladies de la bouche (2ᵉ *édition*),
    par le Dʳ CRUET.
L'Hygiène des Diabétiques, par le Pʳ PROUST et le Dʳ A. MATHIEU.
L'Hygiène des Maladies du cœur, par le Dʳ VAQUEZ.
L'Hygiène du Dyspeptique (2ᵉ *édition*), par le Dʳ LINOSSIER.
Hygiène thérapeutique des Maladies des Fosses nasales, par
    les Dʳˢ LUBET-BARBON et R. SARREMONE.
Hygiène des Maladies de la Femme, par le Dʳ A. SIREDEY.
Hygiène du Syphilitique (2ᵉ *édition*), par le Dʳ H. BOURGES.

L'Alimentation et les Régimes
chez l'homme sain ou malade
Par Armand GAUTIER
Professeur à la Faculté de Médecine, Membre de l'Institut.

TROISIÈME ÉDITION, REVUE ET CORRIGÉE

1 *volume in-8° de* VIII-756 *pages, avec figures.* . . . . . . **12** *fr.*

Ce qu'il faut savoir d'Hygiène

PAR

R. WURTZ | **H. BOURGES**
Professeur agrégé à la Faculté | Ancien chef du Laboratoire d'hygiène
de Médecine de Paris | de la Faculté de Médecine
Médecin des Hôpitaux. | de Paris.

1 *vol. petit in-8°, de* VI-333 *pages, avec figures dans le texte* . . **4** *fr.*

La Syphilis

Expérimentation, Microbiologie, Diagnostic

PAR

C. LEVADITI
Assistant à l'Institut Pasteur.

ET

J. ROCHÉ
Ancien Interne des Hôpitaux.

Préface par E. METCHNIKOFF
Sous-directeur de l'Institut Pasteur

1 *vol. in-8° de* IV-396 *pages, avec* 59 *fig. et* 2 *planches hors texte en couleurs.* . **12** *fr.*

Fig. 5. — Chancre syphilitique de l'orang-outang.

Les récentes découvertes de la syphilis expérimentale des animaux et du microbe de la syphilis ont amené une précision beaucoup plus grande dans la théorie et la pratique de cette maladie. La possibilité d'essayer les nouvelles méthodes sur les singes avant de les appliquer à l'homme a permis de réaliser un grand progrès dans la lutte contre la syphilis. Tant de progrès ont rendu nécessaire un traité comme celui de MM. LEVADITI et ROCHÉ, que leurs travaux à l'Institut Pasteur, sur le microbe de la syphilis et son évolution, désignaient pour cette tâche. En réunissant en un volume, sous une forme concise, toute la masse des notions acquises sur la syphilis, les auteurs ont rendu un grand service à ceux qui désirent se faire une idée exacte de l'état actuel de la syphiligraphie.

Thérapeutique clinique de la Syphilis

Par E. ÉMERY
Médecin de Saint-Lazare.

ET

A. CHATIN
Médecin des Eaux d'Uriage.

I vol. in-8° de VIII-640 *pages, avec figures* . . . . **10** *fr.*

Ce volume est divisé en deux parties : la première est consacrée à l'étude des médicaments antisyphilitiques, à leur mode d'administration et au traitement de la syphilis en général. Dans la seconde, les auteurs étudient les traitements locaux des accidents cutanés ou muqueux les plus habituels de la syphilis et ses principales manifestations viscérales. Pour donner toute sa valeur à l'exposé du traitement, les auteurs n'ont pas hésité à décrire aussi brièvement que possible les différentes affections.

==== DERMATOLOGIE — OPHTALMOLOGIE ====

La Pratique ❦❦❦❦❦❦❦❦❦

❦❦❦❦❦❦ Dermatologique

Traité de Dermatologie appliquée

PUBLIÉ SOUS LA DIRECTION DE MM.

ERNEST BESNIER, L. BROCQ, L. JACQUET

PAR MM.

AUDRY, BALZER, BARBE, BAROZZI, BARTHÉLEMY, BÉNARD, ERNEST BESNIER
BODIN, BRAULT, BROCQ, DE BRUN, COURTOIS-SUFFIT,
DU CASTEL, A. CASTEX, J. DARIER, DEHU, DOMINICI, W. DUBREUILH, HUDELO
L. JACQUET, JEANSELME, J.-B. LAFFITTE, LENGLET, LEREDDE,
MERKLEN, PERRIN, RAYNAUD, RIST, SABOURAUD, MARCEL SÉE, GEORGES
THIBIERGE, TRÉMOLIÈRES, VEYRIÈRES.

4 volumes reliés toile formant ensemble 3870 pages, et illustrés de 823 figures en noir et de 89 planches en couleurs. **156 *fr.***
Chaque volume est vendu séparément.

Tome I. 36 fr.; Tomes II, III, IV, chacun . . . . **40** fr.

Depuis la publication de la *PRATIQUE DERMATOLOGIQUE*, les applications électrothérapiques ont acquis une grande importance. Aussi MM. BESNIER, BROCQ et JACQUET ont-ils fait refondre entièrement, en Janvier 1907, l'article **Electricité**.

En outre, à chacune des dermatoses justiciables de ces méthodes, on trouvera les renvois et indications nécessaires.

Vient de paraître.

Manuel

de

Neurologie Oculaire

PAR

F. de LAPERSONNE
Professeur de clinique
ophtalmologique

A. CANTONNET
Chef de clinique ophtalmologique

à la Faculté de Médecine de Paris.

1 vol. in-8 carré de XVI-368 pages, avec 106 figures dans le texte et une planche hors texte en couleurs . . . . 6 fr.

================ DIVERS ================

Guide pratique du Médecin dans les Accidents du travail

et leurs suites médicales et judiciaires

PAR

E. FORGUE
Professeur à la Faculté de Montpellier.

E. JEANBRAU
Agrégé à la Faculté de Montpellier.

PRÉFACE DE M. JEAN CRUPPI
Ministre du Commerce et de l'Industrie

DEUXIÈME ÉDITION

Augmentée et mise au courant de la jurisprudence, revue par M. MOURRAL,
Conseiller à la Cour de Rouen

1 *vol. in-8° de xx-576 pages avec figures dans le texte,
cartonné toile souple.* **8 fr.**

L'Éducation de soi-même

Par le D* DUBOIS
professeur de Neuropathologie à l'Université de Berne.

TROISIÈME ÉDITION. 1 *volume in-8° de 266 pages, broché* . . . **4 fr.**

Les Psychonévroses
et leur traitement moral

Leçons faites à l'Université de Berne

Par le D* DUBOIS, professeur de Neuropathologie.

PRÉFACE DU PROFESSEUR DEJERINE

TROISIÈME ÉDITION. 1 *volume in-8° de 560 pages*. . . . . **8 fr.**

Les Affections du Système digestif
en Neuropathologie

Leçons faites à la Faculté de Médecine de Genève

Par le D* H. ZBINDEN
Privat-docent de Neuropathologie à l'Université

PRÉFACE DU D* J. AUCLAIR, Médecin des Hôpitaux de Paris.

1 *volume in-8° de xvi-230 pages, broché.* . . . . **3 fr.**

Vient de paraître :

OUVRAGE COMPLET

Abrégé d'Anatomie

PAR

P. POIRIER
Professeur d'Anatomie
à la Faculté de Médecine de Paris.

A. CHARPY
Professeur d'Anatomie
à la Faculté de Médecine de Toulouse.

B. CUNÉO
Professeur agrégé à la Faculté de Médecine de Paris.

TOME I. — EMBRYOLOGIE — OSTÉOLOGIE — ARTHROLOGIE — MYOLOGIE.

TOME II. — CŒUR — ARTÈRES — VEINES — LYMPHATIQUES — CENTRES NERVEUX — NERFS CRÂNIENS — NERFS RACHIDIENS.

TOME III. — ORGANES DES SENS — APPAREIL DIGESTIF ET ANNEXES — APPAREIL RESPIRATOIRE — CAPSULES SURRÉNALES — APPAREIL URINAIRE — APPAREIL GÉNITAL DE L'HOMME — APPAREIL GÉNITAL DE LA FEMME — PÉRINÉE — MAMELLES — PÉRITOINE.

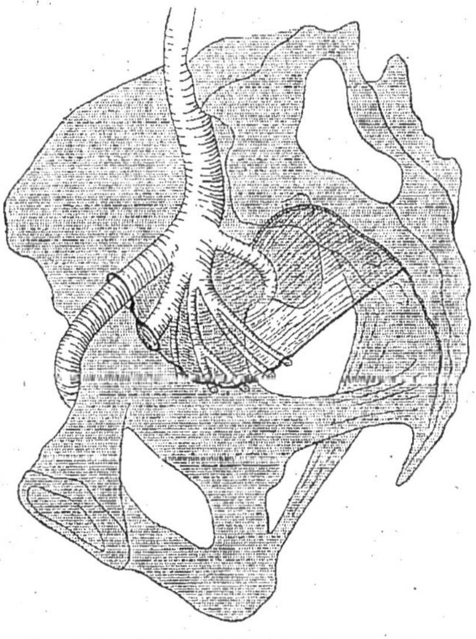

Fig. 953. — Schéma de la gaine hypogastrique
(d'après Marcille).

3 volumes in-8°, formant ensemble 1620 pages avec 976 figures en noir et en couleurs dans le texte, richement reliés toile. . . . . **50** *fr.*

OUVRAGE COMPLET

Traité
d'Anatomie Humaine

PUBLIÉ SOUS LA DIRECTION DE

P. POIRIER   ET   **A. CHARPY**
Professeur d'anatomie à la Faculté de   Professeur d'anatomie à la Faculté
médecine de Paris. Chirurgien des hôpitaux.   de médecine de Toulouse.

AVEC LA COLLABORATION DE

O. AMOEDO — A. BRANCA — A. CANNIEU — B. CUNÉO — G. DELAMARE — PAUL DELBET
A. DRUAULT — P. FREDET — GLANTENAY
A. GOSSET — M. GUIBÉ — P. JACQUES — TH. JONNESCO — E. LAGUESSE
L. MANOUVRIER — M. MOTAIS — A. NICOLAS — P. NOBÉCOURT — O. PASTEAU — M. PICOU
A. PRENANT — H. RIEFFEL — CH. SIMON — A. SOULIÉ

5 volumes grand in-8°, avec figures noires et en couleurs. **160 fr.**

TOME I. — (*3ᵉ édition refondue*) : Introduction. Notions d'embryologie.
Ostéologie. Arthrologie, *avec figures*. . . . . (*Sous presse*).

TOME II. — 1.ᵉʳ Fasc. (*2ᵉ édit. entièrement revue*): Myologie, *avec 331 fig.* **12 fr.**

2ᵉ Fasc. (*2ᵉ édition entièrement revue*) : Angéiologie. Cœur, et Artères.
Histologie. *avec 150 figures*. . . . . **8** fr.

3ᵉ Fasc. (*2ᵉ édition entièrement revue*): Angéiologie. Capillaires. Veines, *avec
83 figures*. . . . . **6** fr.

4ᵉ Fasc. : Les Lymphatiques (*2ᵉ édit. entièrement revue*) *avec 126 fig.* **8** fr.

TOME III. — 1ᵉʳ Fasc. (*2ᵉ édition entièrement revue*) : **Système nerveux.**
Méninges. Moelle. Encéphale. Embryologie. Histologie, *avec 265 fig.* **10** fr.

2ᵉ Fasc. (*2ᵉ édition entièrement revue*) : **Système nerveux.** Encéphale, *avec
131 figures* . . . . **10** fr.

3ᵉ Fasc. (*2ᵉ édition entièrement revue*) : **Système nerveux. Les Nerfs.** Nerfs
crâniens. Nerfs rachidiens, *avec 228 figures*. . . . . **12** fr.

TOME IV. — 1ᵉʳ Fasc. (*2ᵉ édition entièrement revue*) : Tube digestif, *avec
201 figures*. **12** fr.

2ᵉ Fasc. (*2ᵉ édit. entièrement revue*): Appareil respiratoire, *avec 121 fig.* **6** fr.

3ᵉ Fasc. (*2ᵉ édit. entièrement revue*) : Annexes du tube digestif. Péritoine.
1 vol. avec 448 figures. . . . . **16** fr.

TOME V. — 1ᵉʳ Fasc. : Organes génito-urinaires (*2ᵉ édition entièrement
revue*), *avec 431 figures*. . . . . **20** fr.

2ᵉ Fasc. : Les Organes des sens. Les Glandes surrénales, *avec 544 figures*. . . . . **20** fr.

Vient de paraître :

Quelques
Dissections d'Anatomie

PAR

Paul HALLOPEAU
Ancien prosecteur
à la Faculté de médecine de Paris.
Chef de Clinique chirurgicale.

Eugène DOUAY
Aide d'anatomie
à la Faculté de médecine de Paris.
Interne des hôpitaux.

1 *vol. grand in-8° de* IV-114 *pages, avec 55 planches en couleurs.*

Parmi les préparations qui se donnent à l'examen d'anatomie et dans les concours, les auteurs ont choisi les plus importantes, et particulièrement celles dont l'exécution est malaisée. Ils se sont efforcés de montrer les points délicats de la dissection, d'indiquer les moyens pratiques facilitant la recherche des organes difficiles à conserver, d'expliquer enfin la façon la plus simple de mettre la préparation en valeur.

Des figures en deux teintes, dessinées d'après nature, reproduisent avec une scrupuleuse exactitude les diverses régions anatomiques avec leurs aspects successifs, montrant les étapes que l'élève devra suivre pour arriver au résultat définitif. Ce manuel de technique répond à un besoin qu'ont éprouvé tous ceux qui se sont occupés de dissection : il sera précieux à l'étudiant en le guidant à chaque instant dans l'exécution de sa préparation d'examen, il sera utile au candidat aux concours en lui rappelant les temps délicats et les procédés fidèles et rapides d'exécution.

Précis de Manuel Opératoire

Par L.-H. FARABEUF

Professeur à la Faculté de Médecine de Paris

**NOUVELLE ÉDITION, COMPLÈTEMENT REVUE ET AUGMENTÉE
DE FIGURES NOUVELLES**

LIGATURES DES ARTÈRES — AMPUTATIONS
RÉSECTIONS — APPENDICE

1 *vol. in-8° de* XVIII-1092 *pages, avec* 862 *fig. dans le texte.* **16 fr.**

<u>OUVRAGE COMPLET</u>

Traité de
Technique Opératoire

PAR

CH. MONOD
Professeur agrégé à la Faculté de Médecine
de Paris,
Chirurgien honoraire des hôpitaux
Membre de l'Académie de Médecine.

J. VANVERTS
Chirurgien des hôpitaux de Lille.
Ancien interne lauréat des hôpitaux
de Paris, Membre correspondant
de la Société de Chirurgie.

DEUXIÈME ÉDITION

ENTIÈREMENT

REFONDUE

❦ ❦ ❦

2 volumes grand in-8°, formant ensemble XII-2016 pages avec 2337 figures dans le texte . . . **40 fr.**

Le tome I n'est plus vendu séparément. Le tome II est vendu aux acheteurs du tome I . . . . . . **18 fr.**

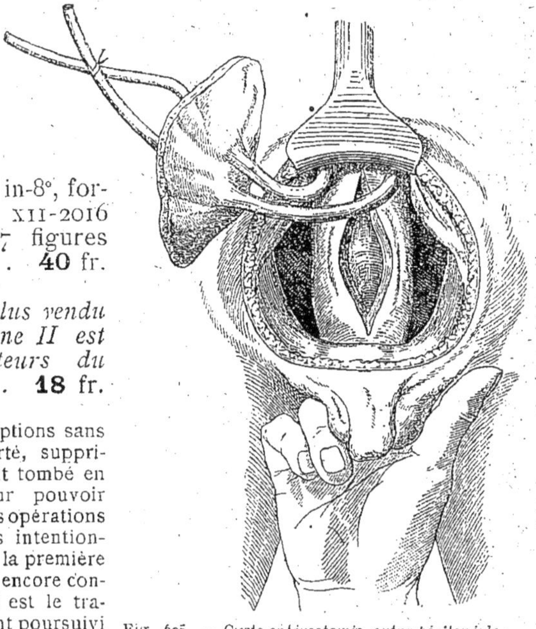

Condenser les descriptions sans rien sacrifier de la clarté, supprimer tout ce qui semblait tombé en désuétude, et cela pour pouvoir donner place à certaines opérations nouvelles ou à d'autres intentionnellement omises dans la première édition parce que non encore consacrées par l'usage, tel est le travail considérable qu'ont poursuivi les auteurs dans cette deuxième édition. La plupart des chapitres anciens ont été remaniés, quelques-uns même complètement transformés. Les index bibliographiques ont été intégralement mis au courant en même temps que nombre d'indications anciennes, et aujourd'hui sans intérêt pratique, étaient supprimées.

Enfin l'illustration a été à la fois augmentée et entièrement révisée : nombre de clichés de la première édition ont fait place à des figures nouvelles.

Fig. 693. — *Cysto-entérostomie extra-péritonéale pour exstrophie vésicale. Abouchement rectal des uretères* (Peters). — Les uretères sont libérés. — La paroi antérieure sous-péritonéale du rectum est ouverte.

Vient de paraître :

PRÉCIS DE
Technique Opératoire

PAR

LES PROSECTEURS DE LA FACULTÉ DE MÉDECINE DE PARIS

AVEC INTRODUCTION

Par le professeur Paul BERGER

7 volumes in-8°, cartonnés toile anglaise souple.

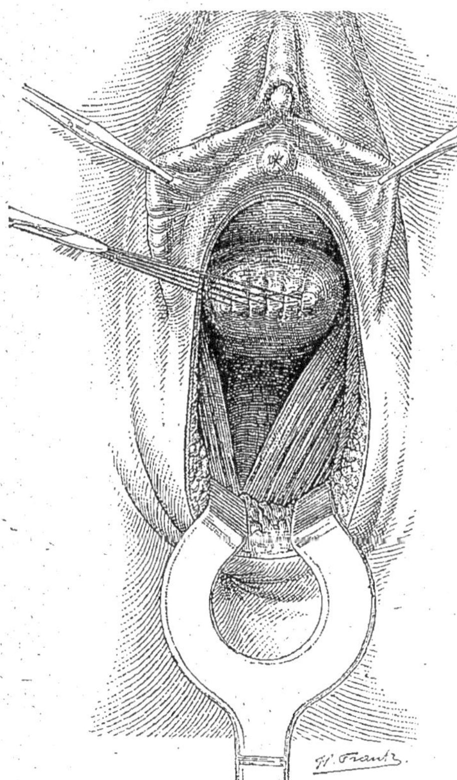

Fig. 162. — Colpo-hystérectomie totale par voie vulvo-péri-néale. Agrandissement du champ opératoire par l'incision de Schuchardt. On voit nettement les bords des Releveurs. (*R. Proust. Appareil génital de la femme.*)

Pratique courante et Chirurgie d'urgence, par Victor Veau. 3ᵉ *édition, revue et augmentée.*

Tête et cou, par Ch. Lenormant. 2ᵉ *édition, revue et augmentée.*

Thorax et membre supérieur, par A. Schwartz, 2ᵉ *édition, revue et augmentée.*

Abdomen, par M Guibé. 2ᵉ *édition, revue et augmentée.*

Appareil urinaire et appareil génital de l'homme, par Pierre Duval. 3ᵉ *édition, revue et augmentée.*

Appareil génital de la femme, par R. Proust. 2ᵉ *édition, revue et augmentée.*

Membre inférieur, par Georges Labey. 2ᵉ *édition, revue et augmentée.*

Chaque vol. illustré de plus de 200 figures, la plupart originales. . . . **4 fr. 50**

SIXIÈME ÉDITION, REVUE ET AUGMENTÉE DU

Traité de
Chirurgie d'urgence

PAR

Félix LEJARS

Professeur agrégé à la Faculté de Médecine de Paris,
Chirurgien de l'hôpital Saint-Antoine, Membre de la Société de chirurgie.

1 *vol. grand in-8° de* VIII-1185 *pages, avec* 994 *figures, et* 20 *planches hors texte, relié toile.* . . . . **30** *fr.*

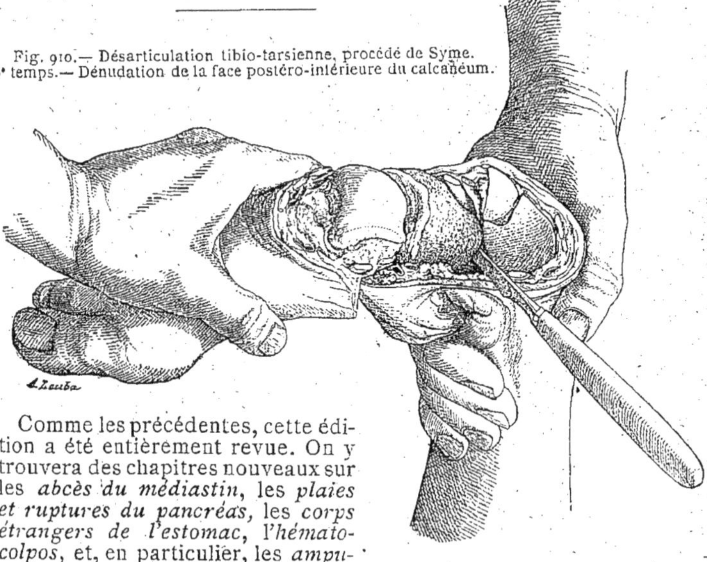

Fig. 910.— Désarticulation tibio-tarsienne, procédé de Syme.
3ᵉ temps.— Dénudation de la face postéro-inférieure du calcanéum.

Comme les précédentes, cette édition a été entièrement revue. On y trouvera des chapitres nouveaux sur les *abcès du médiastin*, les *plaies et ruptures du pancréas*, les *corps étrangers de l'estomac*, l'*hématocolpos*, et, en particulier, les *amputations d'urgence*. De nombreux chapitres ont été singulièrement étendus ou remaniés, spécialement ceux qui ont trait aux *coups de feu de l'oreille*, à la *mastoïdite (thrombose du sinus)*, aux *plaies de poitrine*, aux *plaies de l'uretère* et aux *modes de réunion ou d'anastomose de l'uretère divisé*, aux *luxations et fractures du carpe*. Du reste le chapitre des *fractures, de leurs divers types, de leurs modes de réduction et de traitement* a été l'objet cette fois encore d'additions nombreuses et d'une revision détaillée.

90 figures nouvelles portent à 994 le nombre total des illustrations, auxquelles s'ajoutent 20 planches hors texte.

Vient de paraître :

Manuel de
Dentisterie Opératoire

PAR

Edward C. KIRK, D. D. S.

Professeur de clinique dentaire à l'Université de Philadelphie
Directeur de " The Dental Cosmos ".

TROISIÈME ÉDITION REVUE ET AUGMENTÉE

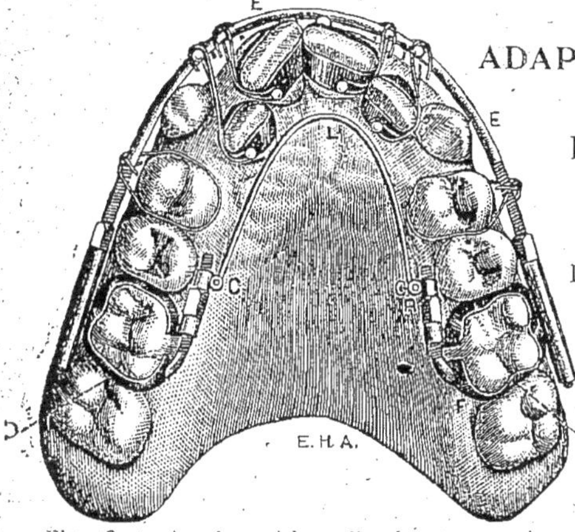

Fig. 734. — Arcade supérieure élargie au moyen de
l'arcade d'expansion, ajustée de la façon habituelle
et renforcée par le levier à ressort L.

ADAPTATION FRANÇAISE

PAR

Raymond LEMIÈRE

Docteur en Médecine
et chirurgien dentiste
de l'Université de Paris
Docteur en chirurgie dentaire
à l'Université
de Philadelphie

Démonstrateur à l'Ecole
dentaire de Paris.

1 *vol. grand in-8° de*
iv-856 pages avec 875 fig.
dans le texte . . **30** *fr.*

Vient de paraître

La Période
Post-Opératoire
Soins, Suites et Accidents

PAR

Salva MERCADÉ

Ancien interne, Lauréat (médaille d'or) des hôpitaux de Paris.

1 *vol. gr. in-8° de vi-550 pages avec 82 figures dans le texte* . **12** *fr.*

MÉDECINE OPÉRATOIRE

DES

VOIES URINAIRES

Anatomie Normale et
Anatomie Pathologique Chirurgicale

Par J. ALBARRAN

Professeur de clinique des Maladies des Voies urinaires
à la Faculté de Médecine de Paris, Chirurgien de l'Hôpital Necker.

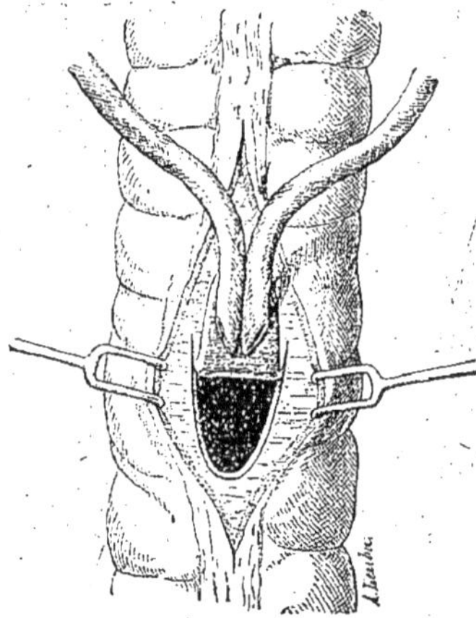

Fig. 200. — Anastomose de l'uretère à l'intestin (Procédé de Fowler).

*Un volume grand in-8°
de XII-992 pages, avec 561 figures
dans le texte en noir
et en couleurs*

Relié toile . . . . . . 35 fr.

Dans ce volume, l'auteur a voulu exposer les procédés opératoires employés par lui, pour le traitement des maladies de l'appareil urinaire qui nécessitent l'intervention chirurgicale; il n'a pas cru utile d'indiquer toutes les variantes, il a voulu seulement, par sélection, exposer les procédés opératoires, dont il a reconnu, à l'expérience, la supériorité.

Enfin, sachant l'importance capitale des soins post-opératoires et n'ignorant pas qu'il y a là une source de graves difficultés, le professeur Albarran n'a pas hésité à donner un grand et parfois minutieux développement à la description des soins à donner aux opérés.

EXPLORATION DE

L'APPAREIL URINAIRE

(Ouvrage couronné par l'Académie de Médecine de Paris. Prix Laborie, 1907)

Par le Dr Georges LUYS

Lauréat de la Faculté et de l'Académie de Médecine de Paris

DEUXIÈME ÉDITION, REVUE ET AUGMENTÉE

Avec 226 figures dans le texte et 6 planches hors texte en couleurs

I *volume in-8° de XII-610 pages, relié toile anglaise.* **20 fr.**

TRAITÉ
de
GYNÉCOLOGIE
Clinique et Opératoire
PAR **Samuel POZZI**

Professeur de Clinique gynécologique à la Faculté de Médecine de Paris,
Membre de l'Académie de Médecine, Chirurgien de l'hôpital Broca.

QUATRIÈME ÉDITION, ENTIÈREMENT REFONDUE
AVEC LA COLLABORATION DE F. JAYLE

2 vol. grand in-8° formant ensemble 1500 pages avec 894 figures dans le texte. Reliés toile. . . . . **40** fr.

Cette édition est profondément remaniée. Les derniers progrès de la technique chirurgicale ont été tels qu'il a paru nécessaire de refondre presque entièrement les chapitres relatifs au traitement. Le Professeur Pozzi s'est aussi attaché à formuler plus nettement les indications opératoires et à conseiller tel ou tel procédé dont l'expérience lui a démontré la supériorité. L'anatomie pathologique a également dû être complètement mise a la hauteur de nos connaissances actuelles. Le texte a été sensiblement augmenté; le nombre de figures a été notablement accru.

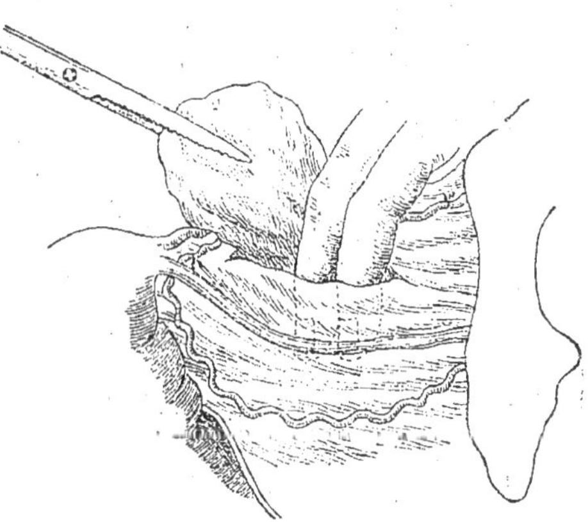

Fig. 633. — Énucléation aux doigts d'un kyste préalablement ponctionné ou rompu (Ahston).

Cliniques de " la Charité "
sur la
Chirurgie journalière
Par Paul RECLUS

Professeur de Clinique chirurgicale à la Faculté de Médecine de Paris,
Chirurgien de la Charité, Membre de l'Académie de Médecine.

1 vol. in-8° de VIII-614 pages, avec figures . . . . **10** *fr.*

OBSTÉTRIQUE

Précis ❧ ❧ ❧ ❧ ❧ ❧ ❧ ❧ ❧
❧ ❧ ❧ d'Obstétrique

PAR MM.

A. RIBEMONT-DESSAIGNES
Professeur à la Faculté de médecine
Accoucheur de l'hôpital Beaujon
Membre de l'Académie de médecine

G. LEPAGE
Professeur agrégé à la Faculté de médecine
de Paris
Accoucheur de l'hôpital de la Pitié

SIXIÈME ÉDITION

AVEC 568 FIGURES DANS LE TEXTE, DONT 400 DESSINÉES PAR M. RIBEMONT-DESSAIGNES

1 *vol. grand in-8° de 1420 pages, relié toile.* **30 *fr*.**

Iconographie Obstétricale
Par A. RIBEMONT-DESSAIGNES
Professeur à la Faculté de Médecine de Paris

FASCICULE I

Rétention du Fœtus mort dans l'Utérus
avec intégrité des membranes

12 *planches en couleurs gr. in-8°, avec texte explicatif et observations* . . . . **12 *fr*.**

FASCICULE II

Anomalies et Monstruosités fœtales

12 *planches en couleurs gr. in-8°, avec texte explicatif et observations* . . . . **12 *fr*.**

Vient de paraître :

FASCICULE III

Anomalies et Monstruosités fœtales
Anomalies de la colonne vertébrale

12 *planches en couleurs gr. in-8°, avec texte explicatif et observations* . . . . **12 *fr*.**

========= COLLECTIONS =========

L'ŒUVRE MÉDICO-CHIRURGICAL (D' CRITZMAN, Directeur).

Suite de Monographies Cliniques

SUR LES QUESTIONS NOUVELLES

EN MÉDECINE, EN CHIRURGIE ET EN BIOLOGIE

Chaque Monographie est vendue séparément. . . . . **1 fr. 25**

Il est accepté des Abonnements pour une série de 10 Monographies consécutives, au prix à forfait et payable d'avance de **10** francs pour la France et **12** francs pour l'Etranger (port compris).

DERNIÈRES MONOGRAPHIES PUBLIÉES :

37. **Pathogénie et traitement des névroses intestinales,** par le D' GASTON LYON.
38. **De l'Enucléation des fibromes utérins,** par le D' Th. TUFFIER.
39. **Le Rôle du sel en pathologie,** par Ch. ACHARD, professeur agrégé.
40. **Le Rôle du sel en thérapeutique,** par Ch. ACHARD.
41. **Le Traitement de la Syphilis,** par le professeur E. GAUCHER.
42. **Tics,** par le D' HENRY MEIGE.
43. **Diagnostic de la Tuberculose par les nouveaux procédés** de laboratoire, par le D' NATTAN-LARRIER.
44. **Traitement de l'hypertrophie prostatique par la prostatecto-** mie, par R. PROUST, professeur agrégé à la Faculté de Paris.
45. **De la Lactosurie** (*Études urologiques de médecine comparée sur les états de grossesse, de puerpéralité et de lactation chez la femme et les femelles domestiques*), par M. CH. PORCHER, professeur à l'Ecole vétérinaire de Lyon.
46. **Les Gastro-entérites des nourrissons,** par le D' A. LESAGE.
47. **Le Traitement des Gastro-entérites des nourrissons et du** Choléra infantile, par A. LESAGE.
48. **Les Ions et les médications ioniques** par le P' S. LEDUC.
49. **Physiologie de l'acide urique,** par P. FAUVEL, docteur ès sciences, professeur à l'Université catholique d'Angers.
50. **Le Diagnostic fonctionnel du cœur,** par W. JANOWSKI, professeur agrégé à l'Académie médicale de Saint-Pétersbourg.
51. **Les Arriérés scolaires,** par R. CRUCHET, professeur agrégé à la Faculté de Médecine de Bordeaux.
52. **Artério-Sclérose et Athéromasie,** par le P' J. TEISSIER.
53. **Les Sulfo-éthers urinaires** (*physiologie et valeur clinique dans l'auto-intoxication intestinale*) par H. LABBÉ, chef de laboratoire et G. VITRY, chef de clinique à la Faculté de Paris.
54. **Les Injections mercurielles intra-musculaires dans le trai-** tement de la Syphilis, par le D' A. LEVY-BING.
55. **Anticorps antigènes et Méthode de déviation du Complé-** ment (*Le Mécanisme de l'Immunité*) par P.-F. ARMAND-DELILLE, ancien chef de clinique à la Faculté de Paris (2° *tirage*).
56. **L'Anaphylaxie et les réactions anaphylactiques** (*Maladie du sérum; cuti et ophtalmo-réaction à la tuberculine*), par le D' P.-F. ARMAND-DELILLE.
57. **Les Sutures vasculaires,** par L. IMBERT, professeur de clinique chirurgicale et J. FIOLLE, chef de clinique chirurgicale à l'Ecole de Médecine de Marseille.

=== COLLECTIONS ===

Encyclopédie Scientifique ✿ ✿ ✿ ✿ ✿ ✿

✿ ✿ ✿ ✿ ✿ des Aide-Mémoire

Publiée sous la direction de H. LÉAUTÉ, Membre de l'Institut

Au 15 Février 1910, 400 VOLUMES publiés

Chaque ouvrage forme un volume petit in-8°, vendu : Broché, **2 fr. 50**

Cartonné toile, **3 fr.**

DERNIERS VOLUMES PUBLIÉS DANS LA SECTION DU BIOLOGISTE

MALADIES DES VOIES URINAIRES, URÈTRE, VESSIE, par le Dʳ Bazy, chirurgien des hôpitaux, membre de la Société de chirurgie, 4 vol.
>   I. *Moyens d'exploration et traitement.* 2ᵉ édition. II. *Séméiologie.* III. *Thérapeutique générale. Médecine opératoire.* IV. *Thérapeutique spéciale.*

BIOLOGIE GÉNÉRALE DES BACTÉRIES, par le Dʳ E. Bodin, professeur de Bactériologie à l'Université de Rennes.

LES BACTÉRIES DE L'AIR, DE L'EAU ET DU SOL, par E. Bodin.

LES CONDITIONS DE L'INFECTION MICROBIENNE ET L'IMMUNITÉ, par E. Bodin.

L'OREILLE, par Pierre Bonnier, 5 vol.
>   I. *Anatomie de l'oreille.* II. *Pathogénie et mécanisme.* III. *Physiologie : Les Fonctions.* IV. *Symptomatologie de l'oreille.* V. *Pathologie de l'oreille.*

TECHNIQUE RADIOTHÉRAPIQUE par le Dʳ H. Bordier, professeur agrégé à la Faculté de Médecine de Lyon.

PRÉCIS ÉLÉMENTAIRE DE DERMATOLOGIE, par MM. Brocq et Jacquet, médecins des hôpitaux de Paris. 2ᵉ édition, entièrement revue. 5 vol.
>   I. *Pathologie générale cutanée.* II. *Difformités cutanées, éruptions artificielles, dermatoses parasitaires.* III. *Dermatoses microbiennes et néoplasies.* IV. *Dermatoses inflammatoires.* V. *Dermatoses d'origine nerveuse. Formulaire.*

LA PELADE, par A. Chatin, membre de la Société de Dermatologie, et F. Trémolières, ancien interne à l'hôpital Saint-Louis.

LA CHIRURGIE DU CHAMP DE BATAILLE Méthodes de pansement et interventions d'urgence d'après les enseignements modernes, par le Dʳ Demmler, membre correspondant de la Société de Chirurgie de Paris.

TRAITEMENT DE LA SYPHILIS, par L. Jacquet, médecin de l'hôpital Saint-Antoine, et M. Ferrand, interne à l'hôpital Broca.

LA PSYCHOLOGIE MORBIDE COLLECTIVE, par le Dʳ A. Marie, médecin des Asiles de Villejuif.

EXAMEN ET SÉMÉIOTIQUE DU CŒUR, par les Dʳˢ Pierre Merklen, médecin de l'hôpital Laënnec et Jean Heitz. 2 vol.
>   I. *Inspection, palpation, percussion, auscultation.*
>   II. *Le Rythme du cœur et ses modifications.*

LES APPLICATIONS THÉRAPEUTIQUES DE L'EAU DE MER par le Dʳ Robert-Simon.

LA MÉNOPAUSE par Ch. Vinay, professeur agrégé à la Faculté de Médecine de Lyon.

LES AMÉTROPIES ET LEUR CORRECTION PAR LES LUNETTES, par H. Spindler, médecin major de l'armée.

======= PÉRIODIQUES MÉDICAUX =======

Extrait de la liste des 50 Périodiques scientifiques

Publiés par la Librairie MASSON et Cⁱᵉ

Le plus important des journaux français de médecine

LA

PRESSE MÉDICALE

Journal bi-hebdomadaire, paraissant le Mercredi et le Samedi

— DIRECTION SCIENTIFIQUE —

L. LANDOUZY
Professeur de clinique médicale
Doyen de la Faculté
de Médecine de Paris
Membre de l'Académie de médecine.

F. DE LAPERSONNE
Professeur de clinique ophtalmologique
à l'Hôtel-Dieu.

H. ROGER
Professeur de Pathologie expérimentale
à la Faculté de Paris.
Médecin de l'hôpital de la Charité.

E. BONNAIRE
Professeur agrégé
Accoucheur de l'hôpital Lariboisière.

M. LETULLE
Professeur agrégé
Médecin de l'hôpital Boucicaut.
Membre de l'Académie de Médecine.

M. LERMOYEZ
Médecin
de l'hôpital Saint-Antoine.

J.-L. FAURE
Professeur agrégé
Chirurgien de l'hôpital Cochin.

F. JAYLE
Ex-chef de clinique gynécologique
à l'hôpital Broca
Secrétaire de la Direction.

RÉDACTION :

P. DESFOSSES, *Secrétaire de la Rédaction.*

J. DUMONT — R. ROMME, *Secrétaires.*

ABONNEMENT ANNUEL : *Paris et Départements*, **10** *fr.* — *Union postale*, **15** *fr.*
Le Numéro : Paris, **10** cent. — Départements et Etranger, **15** cent.

Archives de Médecine Expérimentale et d'Anatomie pathologique

Fondées par J.-M. CHARCOT

Publiées tous les 2 mois par MM.
LÉPINE, PIERRE MARIE, ROGER
CH. ACHARD, F. WIDAL, R. WURTZ

Les **Archives de Médecine expérimentale** *sont un recueil de mémoires originaux consacrés à la médecine scientifique. Eclairer la clinique par les recherches de laboratoire, tel est leur but.*

ABONNEMENT ANNUEL : Paris, Seine et Seine-et-Oise, **30** fr.
Départements, **32** fr. — Union postale, **34** fr.

PÉRIODIQUES MÉDICAUX

Revue Générale d'Histologie

Comprenant l'exposé successif des principales questions d'anatomie générale, de structure, de cytologie, d'histogenèse, d'histo-physiologie, et de technique histologique.

PUBLIÉE PAR LES SOINS DE

J. RENAUT	**CL. REGAUD**
Professeur à la Faculté de Lyon.	Agrégé à la Faculté de Lyon.

Paraît sans périodicité rigoureuse par fascicules autant que possible monographiques. Un nombre de fascicules successifs, variable suivant l'importance de chacun d'eux, mais formant un total d'environ 800 pages, avec de nombreuses figures, constitue un volume. Il paraît un volume par année, en moyenne.

L'abonnement est de 35 fr. par volume.

Chaque fascicule est vendu séparément.

Archives

DE

MÉDECINE DES ENFANTS

PUBLIÉES TOUS LES MOIS PAR MM.

V. HUTINEL — O. LANNELONGUE — A. BROCA — J. COMBY — L. GUINON
A.-B. MARFAN — P. MOIZARD — P. NOBÉCOURT

D' **J. COMBY**,	D' **R. ROMME**,
Directeur de la Publication.	Secrétaire de la Rédaction

ABONNEMENT ANNUEL : Paris et Départements, **16** fr. Union postale, **18** fr.

Les Archives sont le plus important des recueils français de pédiatrie. Elles forment chaque année un volume d'environ 960 pages contenant des mémoires, des recueils de faits, des revues générales et près de 300 pages de bibliographie et d'analyses.

Revue d'Hygiène ❦ ❦ ❦ ❦ ❦ ❦ ❦ ❦
❦ ❦ ❦ ❦ ❦ et de Police sanitaire

Fondée par E. VALLIN

DIRIGÉE PAR

A.-J. MARTIN	**A. CALMETTE**
Inspecteur général des Services d'Hygiène de la Ville de Paris.	Directeur de l'Institut Pasteur de Lille.

ABONNEMENT ANNUEL : Paris, Seine et Seine-et-Oise, **25** fr.
Départements, **27** fr. — Étranger, **28** fr.

= 3ɪ =

PÉRIODIQUES MÉDICAUX

REVUE NEUROLOGIQUE

Organe officiel de la Société de Neurologie de Paris

Publiée le 15 et le 30 de chaque mois

Direction : **E. BRISSAUD et P. MARIE**

Rédaction : Henry **MEIGE**

ABONNEMENT ANNUEL : Paris et Départements, 35 fr. — Union postale, 38 fr.
Le N° : 1 fr. 50

Forme 1 volume in-8° d'environ 1000 pages, avec de nombreuses figures et contenant environ 70 mémoires, plus de 1600 analyses et environ 3500 indications bibliographiques sur fiches détachables.

Nouvelle Iconographie ✦ ✦ ✦ ✦
✦ ✦ ✦ ✦ ✦ ✦ ✦ ✦ de la Salpêtrière

J.-M. CHARCOT
GILLES DE LA TOURETTE, PAUL RICHER, ALBERT LONDE
FONDATEURS

ICONOGRAPHIE MÉDICALE ET ARTISTIQUE

Patronage scientifique :

J. Babinski, G. Ballet, E. Brissaud, Dejerine, E. Dupré,
A. Fournier, Grasset, Pierre-Marie, Pitres, Raymond, Régis,
Séglas, et Société de Neurologie de Paris

Direction : Paul **RICHER**. *Rédaction* : Henry **MEIGE**

ABONNEMENT ANNUEL : Paris, **30** fr. Départ., **32** fr. Union post., **33** fr. Le numéro, **6** fr.

REVUE D'ORTHOPÉDIE

Paraissant tous les deux mois sous la direction de
M. le Dr KIRMISSON
PROFESSEUR A LA FACULTÉ DE PARIS
CHIRURGIEN DE L'HÔPITAL DES ENFANTS-MALADES

Avec la collaboration des Professeurs
O. LANNELONGUE — A. PONCET — DENUCÉ — PHOCAS

Secrétaire de la Rédaction : Dr GRISEL

Paraît par fascicules grand in-8° d'environ 112 pages,
avec figures dans le texte et nombreuses planches hors texte.

ABONNEMENT ANNUEL : Paris, **15** fr. — Départ., **17** fr. — Union postale, **18** fr.

═══ PÉRIODIQUES MÉDICAUX ═══

JOURNAL
DE
CHIRURGIE

Revue critique publiée tous les mois

PAR MM.

B. CUNÉO — A. GOSSET — P. LECÈNE — Ch. LENORMANT — R. PROUST

Professeurs agrégés à la Faculté de médecine de Paris. Chirurgiens des Hôpitaux.

AVEC LA COLLABORATION DE MM :

AMEUILLE — BAROZZI — BASSET — A. BAUMGARTNER — L. BAZY — BENDER

CAPETTE — CARAVEN — CAVAILLON — M. CHEVASSU — CHEVRIER — CHIFOLIAU

DE JONG — DESFOSSES — DESMAREST — DUJARIER — P. FREDET — GRISEL

GUIBÉ — GUYOT — P. HALLOPEAU — IMBERT — JEANBRAU — KENDIRDJY — KÜSS

LABEY — LANGLOIS — GEORGES LAURENS — LERICHE — LÉTIENNE — LEW

P. LUTAUD — MASCARENHAS — P. MATHIEU — MAYER — MERCADÉ — MICHEL

MOCQUOT — MOUCHET — MUNCH — OKINCZYC — PAPIN — PICOT

ROUDINESCO — SAUVÉ — SENCERT — WIART

SECRÉTAIRE GÉNÉRAL

J. DUMONT

Paraît le 15 de chaque mois. Chaque numéro contient : les *Sommaires des principaux Périodiques chirurgicaux* spéciaux et de médecine générale, — les *Sommaires des comptes rendus des Congrès et Sociétés de Chirurgie*, ainsi que des principaux Congrès et Sociétés mixtes de Médecine et de Chirurgie, — l'Index des *Thèses* et des *Livres de Chirurgie* les plus importants, — des *Analyses* très complètes, illustrées au besoin, des principaux articles, communications, ouvrages énumérés dans le Sommaire, — des *Informations* de nature à intéresser le chirurgien, — une *Revue générale* sur une question nouvelle.

En outre, chaque numéro contient une *table analytique et alphabétique*, facilitant toutes les recherches.

ABONNEMENT ANNUEL : Paris, **40** fr. — Départements, **42** fr. — Étranger, **44** fr.
Le Numéro, **4** fr.

Revue de Gynécologie
ET DE
Chirurgie Abdominale

paraissant tous les deux mois sous la direction de

S. POZZI

PROFESSEUR DE CLINIQUE GYNÉCOLOGIQUE A LA FACULTÉ DE MÉDECINE DE PARIS

Secrétaire de la Rédaction : **F. JAYLE**
Secrétaire adjoint : **X. BENDER.**

ABONNEMENT ANNUEL : FRANCE, **28** fr. UNION POSTALE, **30** fr.

65644. — Imprimerie LAHURE, 9, rue de Fleurus, à Paris

A LA MÊME LIBRAIRIE

Le Mécanisme de l'Immunité. *(Anticorps, antigènes et déviation du complément)*, par le Dr P.-F. ARMAND DELILLE, ancien Chef de clinique à la Faculté de médecine de Paris. *(Deuxième tirage)*. Une brochure grand in-8° de 36 pages, avec figures. (Monographie n° 55 de l'*Œuvre médico-chirurgical*).. **1 fr. 25**

L'Anaphylaxie et les Réactions anaphylactiques. *(Maladie du sérum; cuti et ophtalmo-réaction à la tuberculine)*, par le Dr P.-F. ARMAND DELILLE. Une brochure grand in-8° de 27 pages. (Monographie n° 56 de l'*Œuvre médico-chirurgical*).. **1 fr. 25**

La Syphilis. *Expérimentation, Microbiologie, Diagnostic*, par C. LEVADITI, assistant à l'Institut Pasteur, et J. ROCHÉ, ancien interne des hôpitaux, avec une préface de M. le Profr METCHNIKOFF. Un vol. in-8° de VI-396 pages, avec 59 fig. dans le texte et 2 planches hors texte en couleurs.. **12 fr.**

Recherches sur l'Epuration biologique et chimique des Eaux d'égout, *effectuées à l'Institut Pasteur de Lille et à la station expérimentale de la Madeleine*, par le Dr A. CALMETTE, membre de l'Institut et de l'Académie de Médecine, avec la collaboration de MM. E. ROLANTS, E. BOULLANGER, L. MASSOL, chefs de laboratoire, et F. CONSTANT, préparateur, à l'Institut Pasteur de Lille, et de M. le Professeur A. BUISINE, de la Faculté des Sciences de Lille.

> **Vient de paraître** : *Tome V.* 1 vol. grand in-8° de II-172 pages, avec figures et graphiques dans le texte, et 4 planches hors texte.. **6 fr.**
>
> **Déjà publiés** : *Tome I.*.. *Épuisé.*
> *Tome II.*.. *Épuisé.*
> *Tome III.* Un vol. grand in-8° de VIII-274 pages, avec 50 fig. dans le texte.... **8 fr.**
> *Tome IV.* Un vol. grand in-8° de IV-214 pages, avec 18 fig. et 12 graphiques dans le texte, et 5 planches hors texte.. **8 fr.**
> 1er *Supplément* : **Analyse des Eaux d'égouts,** par E. ROLANTS. Un vol. grand in-8° de IV-132 pages avec 31 fig. dans le texte.. **4 fr.**

Archives de Médecine expérimentale et d'Anatomie pathologique, fondées par J.-M. CHARCOT, publiées par MM. LÉPINE, ROGER, PIERRE-MARIE, CH. ACHARD, FERNAND WIDAL, WURTZ. Paraissant tous les 2 mois. *Abonnement annuel* : Paris, **30 fr.**; départements, **32 fr.**; union postale.. **34 fr.**

Annales de l'Institut Pasteur, fondées sous le patronage de M. PASTEUR, par M. E. DUCLAUX. Comité de rédaction : MM. les Drs CALMETTE, CHANTEMESSE, LAVERAN, METCHNIKOFF, ROUX, VAILLARD. Les *Annales* paraissent tous les mois dans le format grand in-8° avec planches et figures. *Abonnement annuel* : Paris, **18** fr.; départements et union postale .... **20 fr.**

Bulletin de l'Institut Pasteur, fondé en 1903. Revue et analyses des travaux de bactériologie, médecine, biologie générale, physiologie, chimie biologique, dans leurs rapports avec la microbiologie. Paraissant les 15 et 30 de chaque mois. Comité de rédaction : MM. GAB. BERTRAND, A. BESREDKA, A. BORREL, DELEZENNE, A. MARIE, F. MESNIL, de l'Institut Pasteur de Paris. Chaque année forme un volume d'environ 1000 pages grand in-8°. *Abonnement annuel* : Paris, Seine et Seine-et-Oise, **24** fr.; départements, **25** fr.; union postale. **26 fr.**

1352-09. — Coulommiers. Imp. PAUL BRODARD. — 1-10.

BIBLIOTHEQUE NATIONALE DE FRANCE

3 753102 194684 4

A LA MÊME LIBRAIRIE

Le Mécanisme de l'Immunité,
(Anticorps, antigènes et déviation du complément), par le Dʳ P.-F. ARMAND DELILLE, ancien Chef de clinique à la Faculté de médecine de Paris. (*Deuxième tirage*). Une brochure grand in-8° de 36 pages, avec figures. (Monographie n° 55 de l'*Œuvre médico-chirurgical*).. **1 fr. 25**

L'Anaphylaxie et les Réactions anaphylactiques.
(Maladie du sérum; cuti et ophtalmo-réaction à la tuberculine), par le Dʳ P.-F. ARMAND DELILLE. Une brochure grand in-8° de 27 pages. (Monographie n° 56 de l'*Œuvre médico-chirurgical*).. **1 fr. 25**

La Syphilis.
Expérimentation, Microbiologie, Diagnostic, par C. LEVADITI, assistant à l'Institut Pasteur, et J. ROCHÉ, ancien interne des hôpitaux, avec une préface de M. le Profʳ METCHNIKOFF. Un vol. in-8° de vɪ-396 pages, avec 59 fig. dans le texte et 2 planches hors texte en couleurs.. **12 fr.**

Recherches sur l'Epuration biologique et chimique des Eaux d'égout,
effectuées à l'Institut Pasteur de Lille et à la station expérimentale de la Madeleine, par le Dʳ A. CALMETTE, membre de l'Institut et de l'Académie de Médecine, avec la collaboration de MM. E. ROLANTS, E. BOULLANGER, L. MASSOL, chefs de laboratoire, et F. CONSTANT, préparateur, à l'Institut Pasteur de Lille, et de M. le Professeur A. BUISINE, de la Faculté des Sciences de Lille.

> **Vient de paraître :** *Tome V.* 1 vol. grand in-8° de II-172 pages, avec figures et graphiques dans le texte, et 4 planches hors texte.. **6 fr.**
>
> **Déjà publiés :** *Tome I.*.. *Épuisé.*
> *Tome II.*.. *Épuisé.*
> *Tome III.* Un vol. grand in-8° de VIII-274 pages, avec 50 fig. dans le texte.... **8 fr.**
> *Tome IV.* Un vol. grand in-8° de IV-214 pages, avec 18 fig. et 12 graphiques dans le texte, et 5 planches hors texte.. **8 fr.**
> 1ᵉʳ *Supplément :* Analyse des Eaux d'égouts, par E. ROLANTS. Un vol. grand in-8° de IV-132 pages avec 31 fig. dans le texte.. **4 fr.**

Archives de Médecine expérimentale et d'Anatomie pathologique,
fondées par J.-M. CHARCOT, *publiées* par MM. LÉPINE, ROGER, PIERRE-MARIE, CH. ACHARD, FERNAND WIDAL, WURTZ. Paraissant tous les 2 mois. *Abonnement annuel :* Paris, **30 fr.**; départements, **32 fr.**; union postale.. **34 fr.**

Annales de l'Institut Pasteur,
fondées sous le patronage de M. PASTEUR, par M. E. DUCLAUX. Comité de rédaction : MM. les Dʳˢ CALMETTE, CHANTEMESSE, LAVERAN, METCHNIKOFF, ROUX, VAILLARD. Les *Annales* paraissent tous les mois dans le format grand in-8° avec planches et figures. *Abonnement annuel :* Paris, **18** fr.; départements et union postale.. **20** fr.

Bulletin de l'Institut Pasteur,
fondé en 1903. Revue et analyses des travaux de bactériologie, médecine, biologie générale, physiologie, chimie biologique, dans leurs rapports avec la microbiologie. Paraissant les 15 et 30 de chaque mois. Comité de rédaction : MM. GAB. BERTRAND, A. BESREDKA, A. BORREL, DELEZENNE, A. MARIE, F. MESNIL, de l'Institut Pasteur de Paris. Chaque année forme un volume d'environ 1000 pages grand in-8°. *Abonnement annuel :* Paris, Seine et Seine-et-Oise, **24** fr.; départements, **25** fr.; union postale. **26** fr.

1352-09. — Coulommiers. Imp. PAUL BRODARD. — 1-10.

BIBLIOTHEQUE NATIONALE DE FRANCE

3 753102194684 4

www.ingramcontent.com/pod-product-compliance
Lightning Source LLC
LaVergne TN
LVHW050411060726
842524LV00002B/539